中等职业学校规划教材
获中国石油和化学工业优秀教材奖一等奖

无 机 化 学

第 四 版

党 信　苏红伟　编

化学工业出版社

·北京·

本教材内容起点是以初中化学为基础。在内容的深度和广度上不仅注意了无机化学本身固有的科学体系，更重要的是充分考虑到无机化学要为专业课服务、要为培养目标服务所必需具有的知识容量。全书共分十四章，一至八章主要介绍了物质结构、元素周期律、化学平衡、电解质溶液和氧化还原反应等的基本理论和基本计算；九至十四章主要介绍一些重要的元素及其化合物的性质及典型的化学反应规律。同时还编排了化学实验。

本教材还配有可供学生课后使用的无机化学练习册。

该书可供中等职业学校化工工艺、工业分析等专业使用，也可作为其他相关专业和职工培训及工人自学等用书。

图书在版编目（CIP）数据

无机化学/党信，苏红伟编. —4版. —北京：化学工业出版社，2012.7（2024.8重印）
中等职业学校规划教材
ISBN 978-7-122-14530-7

Ⅰ. 无… Ⅱ. ①党…②苏… Ⅲ. 无机化学-中等专业学校-教材 Ⅳ. O61

中国版本图书馆CIP数据核字（2012）第127871号

责任编辑：陈有华　蔡洪伟　　　　　　　文字编辑：林　媛
责任校对：陈　静　　　　　　　　　　　装帧设计：杨　北

出版发行：化学工业出版社（北京市东城区青年湖南街1号　邮政编码100011）
印　　装：河北延风印务有限公司

787mm×1092mm　1/16　印张17　彩插1　字数400千字　2024年8月北京第4版第12次印刷

购书咨询：010-64518888　　　　　　　　　售后服务：010-64518899
网　　址：http://www.cip.com.cn
凡购买本书，如有缺损质量问题，本社销售中心负责调换。

定　　价：39.80元　　　　　　　　　　　　　　　　　　　版权所有　违者必究

前　言

本书自 1985 年出版以来，备受中等职业学校化工类专业广大师生和进行化工职业培训人员的厚爱与欢迎。在教学和培训过程中发挥了积极作用。该教材并被评为"中国石油和化学工业优秀教材奖一等奖"。

本书在内容的取舍方面充分考虑了中等职业教育化学工艺类专业培养目标所必需的无机化学基本知识、基本理论、基本运算和基本技能等，贯彻应用性、技能性人才培养的教育理念，适当降低了难度，删去了偏深的内容，更易于学生和培训人员学习和掌握。修订后的教材内容基本保持原教材的特色不变，仍保持了原教材的科学性、系统性和适用性等。

修订后的教材仍由教材课本和与教材课本配套的无机化学练习册两部分组成。教材部分由十四章内容、十个实验和附表组成。

本次教材的修订工作由党信、苏红伟负责。

本次在修订过程中得到了化学工业出版社和云南省化工高级技工学校陈建军副校长的支持和帮助，同时参考了现已出版的各类无机化学教材中的有关内容，在此一并表示衷心的感谢。

由于编者水平有限，书中难免有疏漏和不妥之处，欢迎广大师生批评指正。

编者

2012 年 5 月

第一版前言

无机化学是化工技工学校重要的基础课之一。本书是根据1982年8月在上海召开的全国化工技工学校教材编写会议确定的教学大纲而编写的。

本书是技工学校化工专业的统编教材。教材的内容与现行的初中化学教材相衔接，既注意了为后继专业课打好基础，又注意了为今后从事化工生产提供必要的理论知识。全书共分15章，1~8章主要是系统介绍无机化学中的基本概念和基础理论；9~15章主要是系统介绍重要的元素及其化合物，此外附有8个化学实验，总计需140学时。

本书保持了无机化学的科学体系，并根据技工学校教育特点，特别注意了理论联系实际，加强了知识转化为技能方面内容的选材，把教材内容的深度、广度与培养中级技术工人应具备的理论知识结合起来。为考虑各专业的要求不同，书中有些部分内容供选学用。

本书照顾了在职工人自学和培训的需要，在文字叙述上尽量做到由浅入深、循序渐进、通俗易懂、有利自学。

本书由广西柳州化工技工学校解惟鼎老师任主审。参加审阅的老师还有成都四川化工厂技工学校李杏英，上海高桥化工厂技工学校王代娣，抚顺市化工局技工学校孙秀俊，陕西兴平化工技工学校熊开元，吉林化工技工学校陈玉生，上海吴泾化工厂技工学校邵志慧、黄丁义。在编写过程中还得到吉林化工学院、吉林化学公司有关教师和工程技术人员的帮助，在此一并表示谢意。

由于水平有限，时间仓促，书中疏漏在所难免。因此，欢迎读者特别是使用本书的师生提出批评和修改意见。

编者

1985年1月

第二版前言

原教材自 1985 年第一次印刷至今已印十多次，总印数达 35 万之多，在此对全国化工技工学校广大师生给予本教材的支持和厚爱表示谢意！

这次修订是以 1997 年原化学工业部颁发的全国化工技工学校教学计划和无机化学教学大纲的要求为依据，并结合第一版教材的使用情况进行的。其中删掉了原教材中偏深、偏难的内容，术语、单位采用了最新的国家标准，引入新知识，同时也对内容结构作了一定的调整，力争使修订后的教材内容更加具有科学性、先进性和适用性，进而服务于培养目标和满足教育改革的需要。修订后的教材仍由三部分组成，教材共十四章、实验十二项，并有附表。大约需 142 学时。

本教材配有"无机化学练习册"，其内容编排顺序与教材章节顺序相对应，题型有填空题、判断题、选择题、计算题及问答题等，并配有自测题，可直接作为作业本使用。

在修订过程中曾得到化学工业出版社、陕西兴平化工技工学校和吉林化工技工学校等大力支持和帮助，在此一并表示感谢！

由于本人水平有限，书中疏漏或不妥之处在所难免，竭诚希望广大师生予以批评指正。

编者
1999 年 1 月

第三版前言

《无机化学》自第一版、第二版出版以来，已有 20 多年，承蒙中等专业学校和各有关技工学校化工类专业广大师生的关爱和支持，使它已成为化工类专业重要的基础课教材之一。

从第二版教材使用情况看还有部分内容偏深、偏多，与目前中等专业学校和技工学校无机化学的教学实际有一定的差距，同时几年来又有些新知识、新概念应及时引入教材内容中，因此决定对第二版教材内容进行修订。修订后的教材内容除保留了原教材固有的特色外，仍保持了原教材固有的科学性、系统性和适用性等，同时也对教材内容的深度、广度作了适当的调整，力争教材内容少而精。

第三版与第二版相比，教材内容主要改动如下。

1. 根据法定计量单位规定量的名称，将电离理论改为解离理论，故电离度相应改为解离度。

2. 在采用 1988 年 IUPAC 建议使用的元素周期表（分为 18 个族）的同时也兼顾国内现行使用的元素周期表，在族的编号上沿用惯用的方法（用罗马数字表示族号，分别在数字右侧加 A、B 表示主族和副族，如ⅡA、ⅤB 等），以利教与学。

3. 对第八章物质结构和元素周期表及有关元素章节中的内容再次精选，使教材内容更加精练。

4. 为了有利教与学，按"了解"、"理解"、"掌握"和"应用"四个不同层次的要求，在每章开始增加了学习目标的内容。

修订后的教材仍由教材课本和与教材课本配套使用的无机化学练习册两部分组成。教材部分由十四章内容、十二个实验和附表组成，大约需 120 学时。

本次修订得到了化学工业出版社和吉林化工技工学校有关领导和老师的支持和帮助，也参考了现已出版的各类教材中的有关内容，在此一并表示衷心的感谢。

限于个人水平，书中难免有疏漏和欠妥之处，敬请广大师生批评指正。

编者
2006 年 1 月

目 录

绪论 ··· 1
    一、化学的研究对象 ··· 1
    二、化学在国民经济中的作用 ·· 1
    三、无机化学课程的重要任务及学习方法 ·· 2

第一章　化学基本概念和基本计算 ·· 3
  第一节　无机物及其相互关系 ·· 3
    一、无机物的分类 ··· 3
    二、无机物的命名 ··· 5
    三、无机物化学反应的基本类型 ··· 6
    四、无机物之间的转化关系 ·· 7
  第二节　物质的量及其单位 ··· 8
    一、物质的量及其单位 ·· 8
    二、摩尔质量 ··· 8
    三、物质的量的计算 ·· 9
  第三节　气体摩尔体积 ··· 9
    一、气体的摩尔体积及其计算 ·· 9
    二、阿伏加德罗定律 ·· 10
  第四节　有关化学方程式和热化学方程式的计算 ·· 11
    一、根据化学方程式的计算 ··· 11
    二、根据热化学方程式的计算 ··· 13

第二章　分压定律 ·· 15
  第一节　理想气体状态方程式 ··· 15
    一、理想气体状态方程式 ·· 15
    二、摩尔气体常数 ··· 16
  第二节　分压及分压定律 ·· 17
    一、分体积及体积分数 ··· 17
    二、分压及分压定律 ·· 18
    三、分压定律的应用 ·· 19

第三章　溶液 ··· 21
  第一节　溶液和胶体 ··· 21
    一、分散系 ··· 21
    二、胶体（选学内容） ··· 22
  第二节　物质的溶解 ··· 24
    一、溶解平衡 ··· 24
    二、溶解过程中能量的变化 ·· 24

第三节　溶解与结晶 ……………………………………………………… 25
　　　一、溶解度 ………………………………………………………………… 25
　　　二、影响溶解度的因素 …………………………………………………… 27
　　　三、有关溶解度的计算 …………………………………………………… 27
　　　四、结晶在化工生产中的应用 …………………………………………… 28
　　第四节　溶液的组成 ……………………………………………………… 29
　　　一、溶质质量分数 ………………………………………………………… 30
　　　二、物质的量浓度及其计算 ……………………………………………… 30
　　　三、等物质的量反应规则 ………………………………………………… 32

第四章　化学反应速率和化学平衡 ……………………………………… 34
　　第一节　化学反应速率 …………………………………………………… 34
　　　一、化学反应速率概念 …………………………………………………… 34
　　　二、化学反应速率的表示方法 …………………………………………… 34
　　第二节　影响化学反应速率的因素 ……………………………………… 35
　　　一、浓度、压力对化学反应速率的影响 ………………………………… 35
　　　二、温度对化学反应速率的影响 ………………………………………… 37
　　　三、催化剂对化学反应速率的影响 ……………………………………… 37
　　第三节　化学平衡 ………………………………………………………… 38
　　　一、可逆反应与化学平衡 ………………………………………………… 38
　　　二、平衡常数 K_c 和 K_p ……………………………………………… 38
　　　三、平衡常数的计算及其应用 …………………………………………… 40
　　第四节　化学平衡移动 …………………………………………………… 42
　　　一、浓度对化学平衡移动的影响 ………………………………………… 42
　　　二、压力对化学平衡移动的影响 ………………………………………… 43
　　　三、温度对化学平衡移动的影响 ………………………………………… 44
　　　四、催化剂与化学平衡移动 ……………………………………………… 44
　　　五、勒夏特列原理 ………………………………………………………… 44
　　　六、化学平衡原理在化工生产中的应用 ………………………………… 45

第五章　电解质溶液 ………………………………………………………… 47
　　第一节　电解质的解离 …………………………………………………… 47
　　　一、电解质的强弱与解离度 ……………………………………………… 47
　　　二、弱电解质的解离平衡 ………………………………………………… 49
　　　三、同离子效应 …………………………………………………………… 52
　　第二节　离子互换反应和离子反应方程式 ……………………………… 53
　　　一、离子反应和离子反应方程式 ………………………………………… 53
　　　二、离子互换反应进行的条件 …………………………………………… 54
　　第三节　水的解离和溶液的 pH …………………………………………… 55
　　　一、水的解离 ……………………………………………………………… 55
　　　二、溶液的酸碱性 ………………………………………………………… 55
　　　三、溶液的 pH ……………………………………………………………… 56

四、酸碱指示剂 ………………………………………………………………… 57
　第四节　盐类的水解 ……………………………………………………………… 58
　　一、盐类的水解 ………………………………………………………………… 58
　　二、盐类水解的应用 …………………………………………………………… 59
　第五节　缓冲溶液 ………………………………………………………………… 60
　　一、缓冲溶液 …………………………………………………………………… 60
　　二、缓冲作用的原理 …………………………………………………………… 61
第六章　沉淀反应 …………………………………………………………………… 62
　第一节　溶度积 …………………………………………………………………… 62
　　一、溶度积常数 K_{sp} ………………………………………………………… 62
　　二、溶解度与溶度积的换算 …………………………………………………… 63
　第二节　沉淀与溶解 ……………………………………………………………… 64
　　一、溶度积规则 ………………………………………………………………… 64
　　二、沉淀的生成 ………………………………………………………………… 66
　第三节　溶度积规则的应用 ……………………………………………………… 67
　　一、分步沉淀 …………………………………………………………………… 67
　　二、沉淀的转化 ………………………………………………………………… 67
第七章　氧化还原反应与电化学 …………………………………………………… 69
　第一节　氧化还原反应 …………………………………………………………… 69
　　一、氧化还原反应的本质 ……………………………………………………… 69
　　二、氧化剂与还原剂 …………………………………………………………… 70
　第二节　氧化还原反应方程式的配平 …………………………………………… 71
　　一、配平原则 …………………………………………………………………… 71
　　二、配平的主要步骤 …………………………………………………………… 71
　第三节　原电池 …………………………………………………………………… 72
　　一、原电池装置 ………………………………………………………………… 72
　　二、原电池装置的表示方法 …………………………………………………… 73
　第四节　电极电势 ………………………………………………………………… 74
　　一、电极电势的概念 …………………………………………………………… 74
　　二、电极电势的应用 …………………………………………………………… 75
　第五节　电解 ……………………………………………………………………… 77
　　一、电解与电解装置 …………………………………………………………… 77
　　二、电解的应用 ………………………………………………………………… 78
　第六节　金属的电化学腐蚀与防腐 ……………………………………………… 80
　　一、电化学腐蚀 ………………………………………………………………… 81
　　二、金属的防腐蚀 ……………………………………………………………… 82
第八章　物质结构和元素周期律 …………………………………………………… 83
　第一节　原子结构 ………………………………………………………………… 83
　　一、电子的发现 ………………………………………………………………… 83
　　二、原子的组成 ………………………………………………………………… 83

三、同位素 ··· 84
第二节　核外电子的运动状态 ··· 85
　　一、电子云 ··· 85
　　二、核外电子的运动状态 ··· 86
第三节　核外电子的排布 ·· 87
　　一、能量最低原理 ·· 87
　　二、泡利不相容原理 ··· 87
　　三、洪德规则 ··· 88
第四节　原子结构与元素周期表 ·· 89
　　一、元素周期律和元素周期表 ·· 89
　　二、元素的性质和原子结构的关系 ······································· 92
第五节　分子结构 ·· 94
　　一、化学键 ··· 94
　　二、化学键的分类 ·· 94
第六节　分子的极性 ··· 97
　　一、键的极性 ··· 97
　　二、分子的极性 ·· 97
第七节　晶体 ·· 98
　　一、离子晶体 ··· 98
　　二、原子晶体 ··· 98
　　三、分子晶体 ··· 98
　　四、金属晶体 ··· 99
　　五、层状晶体 ··· 99
第八节　配合物的基本概念 ··· 100
　　一、配合物 ·· 100
　　二、配合物的结构和命名 ·· 101
　　三、配合物的应用 ·· 102

第九章　卤素 ·· 103
第一节　卤素及其通性 ·· 103
　　一、卤素元素 ·· 103
　　二、卤素的性质 ··· 103
第二节　氯及其化合物 ·· 104
　　一、氯气的主要性质 ··· 105
　　二、氯化氢和盐酸 ·· 106
　　三、氯的含氧化合物 ··· 107
第三节　氟、溴、碘及其化合物 ··· 108
　　一、氟、溴、碘的氢化物及其盐 ·· 109
　　二、溴、碘的含氧化合物 ·· 109
　　三、氟、溴和碘及其化合物的应用 ····································· 110
第十章　碱金属与碱土金属 ··· 111

  第一节　碱金属及其通性 ……………………………………………………………… 111
    一、碱金属 ………………………………………………………………………… 111
    二、碱金属的通性 ………………………………………………………………… 111
  第二节　钾、钠及其化合物 …………………………………………………………… 112
    一、钾、钠的氧化物 ……………………………………………………………… 112
    二、钾、钠的氢氧化物 …………………………………………………………… 113
    三、钾、钠的氢化物 ……………………………………………………………… 114
  第三节　碱土金属及其通性 …………………………………………………………… 114
    一、碱土金属 ……………………………………………………………………… 114
    二、碱土金属的通性 ……………………………………………………………… 114
    三、几种重要的盐 ………………………………………………………………… 116
  第四节　镁、钙及其化合物 …………………………………………………………… 117
    一、镁及其化合物 ………………………………………………………………… 117
    二、钙及其化合物 ………………………………………………………………… 117
  第五节　硬水及其软化 ………………………………………………………………… 119
    一、暂时硬水的软化方法 ………………………………………………………… 119
    二、永久硬水的软化 ……………………………………………………………… 120

第十一章　氧族元素 ……………………………………………………………………… 121
  第一节　氧族元素及其通性 …………………………………………………………… 121
    一、氧族元素 ……………………………………………………………………… 121
    二、氧族元素的通性 ……………………………………………………………… 121
  第二节　氧及其化合物 ………………………………………………………………… 122
    一、氧的同素异形体 ……………………………………………………………… 122
    二、过氧化氢 ……………………………………………………………………… 122
  第三节　硫及其化合物 ………………………………………………………………… 123
    一、硫 ……………………………………………………………………………… 123
    二、硫化氢 ………………………………………………………………………… 123
    三、二氧化硫与亚硫酸 …………………………………………………………… 124
    四、三氧化硫 ……………………………………………………………………… 125
  第四节　硫酸及其盐 …………………………………………………………………… 125
    一、硫酸 …………………………………………………………………………… 125
    二、硫酸盐 ………………………………………………………………………… 127
    三、硫代硫酸及其盐 ……………………………………………………………… 127

第十二章　氮族元素 ……………………………………………………………………… 128
  第一节　氮族元素及其通性 …………………………………………………………… 128
    一、氮族元素 ……………………………………………………………………… 128
    二、氮族元素的通性 ……………………………………………………………… 128
  第二节　氮及其化合物 ………………………………………………………………… 129
    一、氮 ……………………………………………………………………………… 129
    二、氮的化合物 …………………………………………………………………… 129

第三节　硝酸及其硝酸盐 130
　　　一、硝酸 130
　　　二、硝酸盐 131
　　第四节　磷、磷酸及其磷酸盐 132
　　　一、磷 132
　　　二、磷酸及其盐 133
第十三章　碳族元素 135
　　第一节　碳族元素及其通性 135
　　　一、碳族元素 135
　　　二、碳族元素的通性 135
　　第二节　碳及其化合物 136
　　　一、碳 136
　　　二、碳的重要化合物 136
　　第三节　硅、锗、锡、铅及其化合物 138
　　　一、硅及其化合物 138
　　　二、锗、锡、铅 140
第十四章　几种常见的金属元素及其化合物 142
　　第一节　金属的通性 142
　　　一、金属的物理性质 142
　　　二、金属的化学性质 143
　　　三、合金 143
　　第二节　铝及其化合物 144
　　　一、金属铝 144
　　　二、铝的重要化合物 145
　　第三节　铜族及其化合物 145
　　　一、铜及其化合物 146
　　　二、银及其化合物 147
　　第四节　锌族及其化合物 148
　　　一、锌及其化合物 148
　　　二、汞及其化合物 149
　　第五节　钒、铬、锰及其化合物 150
　　　一、钒 150
　　　二、铬、锰及其化合物 151
　　第六节　钢铁 152
　　　一、铁 152
　　　二、钢 152

实验部分 154
　实验须知与常用仪器 154
　实验一　玻璃仪器的洗涤和煤气灯等的使用 158
　实验二　玻璃管操作和塞子钻孔 160

  实验三 粗食盐的精制 ·· 163
  实验四 影响化学反应速率的因素 ·· 164
  实验五 离子反应和盐类的水解 ·· 165
  实验六 铜-锌原电池 ·· 167
  实验七 卤素及其化合物的性质 ·· 167
  实验八 硫化合物的性质 ·· 169
  实验九 硝酸盐的性质 ·· 170
  实验十 高锰酸钾的氧化性 ·· 170
附表 ·· 172
  附表一 国际单位制（SI）基本单位 ·· 172
  附表二 用于构成十进倍数和分数单位的词头 ·· 172
  附表三 国际相对原子质量表 ·· 172
  附表四 强酸、强碱、氨溶液的质量分数与密度（ρ）和物质的量浓度（c）的
      关系 ·· 173
  附表五 弱酸及氨水的解离常数 ·· 174
  附表六 溶度积常数 ·· 175
  附表七 标准电极电势（298.15K） ·· 176
  附表八 无机化合物的俗名 ·· 178
参考文献 ·· 179
元素周期表

绪 论

一、化学的研究对象

我们人类生活的世界，虽然是由千变万化的形形色色的物质组成，大到太阳系，小到看不见的分子、原子和电子，但是它们都有一个共同的特征，就是所有的物质都在运动。根据这些运动形态的不同，大致把物质的运动分为物理的、化学的、机械的、生物的和社会的五种。这些不同形态的运动既有区别又有联系。这些不同的运动形式，都有不同的学科进行研究。

人们为了研究各种运动形态的规律和特点，相继出现了各种自然科学，化学就是其中之一，它同其他自然科学，如数学、物理学一样，都有着明确的研究对象。化学主要是研究物质的化学变化规律的一门自然科学。由于物质的化学性质与物质的组成、结构有关，为了更深入、更广泛地掌握化学变化的规律，化学还必须要研究物质的组成、结构、性质、变化以及它们之间的内在联系。具体地说，从物质的结构层次看，化学是研究由分子分割到原子这个层次的运动规律的。因此，化学是研究物质的组成、结构、性质及其变化规律的一门基础自然科学。其涉及的内容十分广泛，已成为门类繁多的一门科学。到目前为止可分为以下几门分支学科。

无机化学：它是以物质结构和元素周期律为理论，研究除碳氢化合物以外的一切元素及其化合物的一门学科。

有机化学：它是专门研究碳氢化合物的一门学科。

分析化学：它是研究物质的化学组成、结构、分析方法、测定手段及其原理的一门学科。

物理化学：它是应用物理学中的基本原理和方法去研究化学的一门学科。

随着科学的发展和各个学科之间的互相渗透，又出现了化学与其他自然科学交叉的交叉科学和应用科学。例如，生物化学、地球化学、农业化学、工业化学、环境化学、高分子化学、放射化学等。

由于化学的发展往往都是从无机物研究开始，所以无机化学已成为其他化学发展的基础。无机化学本身的发展又使自身产生了许多分支科学，如稀有元素化学、配位化学、同位素化学等。随着自然科学的不断发展，无机化学又与其他科学交叉渗透形成了生物无机化学、固体无机化学等，这为无机化学的发展又开辟了新的途径。当前无机化学和其他化学分支一样，正在从定性向定量，从描述性科学向推理性科学进展，从宏观向微观深入，相信一个比较完整的、理论的定量论和微观化的无机化学新体系必将迅速发展起来。

二、化学在国民经济中的作用

化学与国民经济中各行各业都有着广泛的联系。例如，为了发展现代化的国防、现代化的工业，需要各种特殊性能的耐高温、耐辐射、耐磨损的结构材料，敏感、记录光导纤维，液晶高分子等信息工程材料，以及超导体、离子交换树脂和交换膜等功能材料等；为了发展现代化的交通运输事业，需要大量的优质燃料；为了发展现代化的农业，需要有廉价的化肥和各种高效低毒的农药；为了提高人民生活，又需要各种物美价廉的合成材料和治疗各种疾病的药物等。

特别是20世纪末以来，在人类面临的能源有效利用、粮食、环境、人口与资源的五大问题中，材料、能源、信息成为现代文明社会的三大支柱，其中材料又是能源和信息工业技术的物质基础等。所有这些关系到人类能否与自然和谐发展，我国能否早日富强，早日使我国进入创新型国家行列，人民生活能否早日全面实现"小康"。

三、无机化学课程的重要任务及学习方法

无机化学仅仅是门类繁多的化学之中的一个分支，但它却是学习其他化学学科的向导和基础；是化工类专业中的一门重要的基础课。

无机化学课程的重要任务是通过讲授，使学生对无机化学中的物质结构、化学平衡、电解质溶液、氧化还原等重要理论和某些重要的元素及化合物的性质、典型的重要化学反应规律和化学计算等能正确地理解和应用；并通过实验，不仅使学生能对已学过的某些知识得到验证，而且更重要的是使学生能熟悉和掌握一些化学中最基本的实验操作技能，所有这些任务的实现，都是为学校能高质量地实现培养目标服务的。

既然无机化学如此重要，那么我们应如何学好这门课程呢？学好这门课程的关键要有一个好的学习方法，如学习元素及其化合物的性质时，必须要用所学到的有关物质结构理论、元素周期律的知识去分析、推理、归纳、概括它们的性质，从而不仅可以系统地掌握元素及其化合物的性质，而且还能触类旁通，达到举一反三的学习效果。在做实验时，必须听从教师的指导，按教师要求预习实验内容，做出实验方案，设计出进行实验的操作方法和步骤，记好实验现象，写好实验报告。这样做不仅能加深和巩固所学到的理论知识，而且还能更好地培养自己分析问题和解决问题的能力。

第一章 化学基本概念和基本计算

1. 了解无机物分类、命名及无机物反应基本类型和无机物互相转化反应发生的必要条件。

2. 了解物质的量的定义及其单位，掌握使用摩尔时必须注意的几点规定，能应用摩尔质量、气体摩尔体积、阿伏加德罗定律等基本概念进行有关物质的量计算。

3. 能应用收率、利用率概念进行化学方程式的计算。

4. 了解热化学方程式的正确书写规定，以及简单的热化学方程式的计算。

在生产和科学实验中，我们不仅需要了解各种物质之间如何发生化学反应，而且还需要对参加化学反应的各种物质进行必要的定量计算。例如，根据化学方程式可以从已知原料的消耗量计算出理论的产品量，也可以从计划生产的产品量计算出所需要的各种原料量。如果再能把计算出的数据与生产实际得到的产品数量或原料的消耗量进行对比，就能发现该产品的生产工艺过程是否完全合理，进而为改进工艺过程、加强生产管理、不断提高生产的经济效益提供可靠的技术数据。因此，学好化学计算非常重要。而对化学基本概念的正确理解，不仅是正确地进行化学计算的基础，而且也是学好化学课的有力向导。

第一节 无机物及其相互关系

一、无机物的分类

我们在进行生产和科学实验时，总是离不开各种无机物，而每一种无机物的分子都具有各自的性质和组成，同时各种物质之间也往往有某些相似的性质，这种相似的性质叫物质的通性。

根据物质的性质和组成的不同，一般把无机物分为单质和化合物两大类。单质又分为金属、非金属和惰性气体；化合物分为氧化物、碱、酸和盐等。

1. 单质

凡由同种元素的原子组成的分子叫单质。气体单质的分子，除惰性气体是单原子分子以外，一般都是双原子分子。固体单质的分子比较复杂，因此经常用一个原子来代表一个分子。例如氧气（O_2）、氦气（He）、硫（S）、铁（Fe）等。

2. 化合物

凡由不同种元素的原子组成的分子叫化合物。例如二氧化碳（CO_2）、氯化氢（HCl）、碳酸钠（Na_2CO_3）、氢氧化镁［$Mg(OH)_2$］等。

（1）碱 凡在水溶液中解离时，生成的阴离子只是氢氧根离子的化合物叫碱。例如：

$$NaOH \rightleftharpoons Na^+ + OH^-$$

$$Mg(OH)_2 \rightleftharpoons Mg^{2+} + 2OH^-$$

通过碱的解离方程式，可以看出碱在水溶液中显出的碱性实质是氢氧根离子的性质，与解离时生成的阳离子无关。

（2）酸　凡在水溶液中解离时，生成的阳离子只是氢离子的化合物叫酸。例如：

$$HCl \Longrightarrow H^+ + Cl^-$$
$$HNO_3 \Longrightarrow H^+ + NO_3^-$$

酸在水溶液中显示的酸性实质是氢离子的性质，与解离时生成的阴离子无关。

如酸的分子中含有几个可被解离的氢离子时，则发生解离时是分步进行的，即先解离出一个氢离子，然后再解离出第二个、第三个等。例如：

$$H_2SO_4 \rightleftharpoons H^+ + HSO_4^-$$
$$HSO_4^- \rightleftharpoons H^+ + SO_4^{2-}$$
$$H_3PO_4 \rightleftharpoons H^+ + H_2PO_4^-$$
$$H_2PO_4^- \rightleftharpoons H^+ + HPO_4^{2-}$$
$$HPO_4^{2-} \rightleftharpoons H^+ + PO_4^{3-}$$

这类酸解离时，第一个氢离子最容易解离，第二个比较困难，再后就更困难了。在酸的分子中，除去氢离子剩下的部分叫酸根。酸根可能是由一种或几种不同元素的原子组成，如酸根中不含氧原子，这种酸叫无氧酸，如盐酸（HCl）、氢氟酸（HF）、氢氰酸（HCN）等；如在酸根中含有氧原子，这种酸叫含氧酸，如硫酸（H_2SO_4）、磷酸（H_3PO_4）等。

（3）盐　凡在水溶液中解离时，生成的阳离子有金属离子（包括 NH_4^+），阴离子是酸根的化合物叫盐。例如：

$$NaCl \Longrightarrow Na^+ + Cl^-$$
$$KNO_3 \Longrightarrow K^+ + NO_3^-$$

根据盐的分子组成的不同，盐还可分为以下几种。

① 正盐　解离时生成的离子只有金属离子和酸根的盐叫正盐。如氯化钠（NaCl）、硫酸钾（K_2SO_4）等。

② 酸式盐　解离时生成的阳离子，除金属离子外，还有氢离子的盐叫酸式盐。例如硫酸氢钠（$NaHSO_4$）等。

$$NaHSO_4 \Longrightarrow Na^+ + HSO_4^-$$
$$HSO_4^- \rightleftharpoons H^+ + SO_4^{2-}$$

③ 碱式盐　解离时生成的阴离子，除酸根外，还有氢氧根离子的盐叫碱式盐。例如碱式碳酸镁 [$Mg_2(OH)_2CO_3$] 等。

$$Mg_2(OH)_2CO_3 \Longrightarrow 2Mg^{2+} + 2OH^- + CO_3^{2-}$$

④ 复盐　分子中含有一种酸根、两种金属原子，并在水溶液中仍能解离出其组成盐的离子的盐叫复盐。如硫酸铝钾[$KAl(SO_4)_2$]等。

$$KAl(SO_4)_2 \cdot 12H_2O \Longrightarrow K^+ + Al^{3+} + 2SO_4^{2-} + 12H_2O$$

（4）氧化物　凡分子中含有氧原子和另一种元素的原子形成的化合物叫氧化物。例如氧化铜（CuO）、二氧化硫（SO_2）等。根据氧化物的性质又分为以下几种。

① 碱性氧化物　能与酸反应并能生成盐和水的氧化物叫碱性氧化物，主要是金属氧化物。例如氧化钙（CaO）与盐酸反应生成盐和水，反应式如下：

$$CaO + 2HCl \Longrightarrow CaCl_2 + H_2O$$

② 酸性氧化物　能和碱反应并生成盐和水的氧化物叫酸性氧化物，大多数的非金属氧化物都是酸性氧化物。例如三氧化硫（SO_3）与氢氧化钠反应生成盐和水，反应式如下：

$$SO_3 + 2NaOH =\!=\!= Na_2SO_4 + H_2O$$

③ **两性氧化物** 既能和酸反应，又能和碱反应，并且都生成盐和水的氧化物叫两性氧化物。比较典型的两性氧化物有 ZnO 和 Al_2O_3，如 Al_2O_3 与酸、碱的反应式如下：

$$Al_2O_3 + 3H_2SO_4 =\!=\!= Al_2(SO_4)_3 + 3H_2O$$

$$Al_2O_3 + 2NaOH \xrightarrow{熔融} 2NaAlO_2 + H_2O$$

或

$$Al_2O_3 + 6NaOH =\!=\!= 2Na_3AlO_3 + 3H_2O$$

以上三种氧化物与酸或碱反应后，都能生成盐，因此它们都是成盐氧化物。还有一种氧化物既不与酸、碱反应，又不能生成盐，因此把这类氧化物叫不成盐氧化物。如一氧化氮（NO）等。

根据上述无机物的分类，可归纳成表 1-1。

表 1-1 无机物的分类

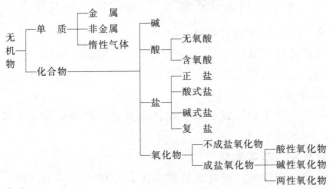

二、无机物的命名

1. 氧化物的命名

氧化物的命名有两种方法。一种是根据氧化物分子式中除去氧元素以外的另一种元素及化合价来命名，如果这个元素是可变化合价的金属元素，它和氧就能生成两种或两种以上的氧化物，对显低价态的氧化物称为"氧化亚某"，对显高价态的氧化物称为"氧化某"。例如，$\overset{+2}{Cu}O$ 称氧化铜，$\overset{+1}{Cu_2}O$ 称氧化亚铜。

另一种是根据氧化物分子式中氧元素和另一种元素的原子数目来命名，称为"几氧化某"或"几氧化几某"等。例如，CO_2 称二氧化碳，SO_2 称二氧化硫，SO_3 称三氧化硫，MnO_2 称二氧化锰，P_2O_5 称五氧化二磷，P_2O_3 称三氧化二磷。

由于非金属元素大多是变价元素，所以非金属元素的氧化物大多不止一种。在这种情况下，采用后一种命名方法比较方便。

2. 酸的命名

（1）**无氧酸** 一般采用在氢字后面加上所含有另一种元素的名称，称为"氢某酸"。例如，HCl 称为盐酸（俗名），应称氢氯酸，HF 称氢氟酸，H_2S 称氢硫酸。

（2）**含氧酸** 一般根据组成酸的元素名称（H、O 元素除外）来命名，称"某酸"。例如，H_2SO_4 称硫酸，H_3PO_4 称磷酸。如果组成酸的元素是可变价的元素，则根据该元素化合价的高低，分别在某酸前面加"高"、"亚"、"次"字样。如 $H\overset{+7}{Cl}O_4$ 称高氯酸，$H\overset{+5}{Cl}O_3$ 称氯酸，$H\overset{+3}{Cl}O_2$ 称亚氯酸，$H\overset{+1}{Cl}O$ 称次氯酸。

3. 碱的命名

一般根据组成碱分子中金属元素的名称来命名，如果这种金属元素是可变价元素，则它形成的碱就不止一种,对显低价态的碱称为"氢氧化亚某",对显高价态的碱称为"氢氧化某"。例如,$\overset{+3}{Fe}(OH)_3$ 称氢氧化铁,$\overset{+2}{Fe}(OH)_2$ 称氢氧化亚铁。

4. 盐的命名

一般是按无氧酸盐和含氧酸盐两类分别命名。

无氧酸盐的命名是把非金属元素的名称放在金属元素名称前面称"某化某";如果金属元素是可变价元素,则由该金属元素形成的盐也不止一种,对低价态的盐称为"某化亚某"。例如,$\overset{+3}{Fe}Cl_3$ 称氯化铁,$\overset{+2}{Fe}Cl_2$ 称氯化亚铁。无氧酸形成的酸式盐称"某氢化某"。如 KHS 称硫氢化钾。

含氧酸盐的命名是在含氧酸名称后面加上金属名称,称为"某酸某";如果金属元素是可变价元素,则由该金属元素形成的盐就不止一种,对低价态的盐称为"某酸亚某"。例如,$\overset{+3}{Fe}_2(SO_4)_3$ 称硫酸铁,$\overset{+2}{Fe}SO_4$ 称硫酸亚铁。

含氧酸形成的酸式盐称"某酸氢某"。如 $NaHCO_3$ 称碳酸氢钠。

碱式盐的命名是在盐的名称之前加上"碱式"二字。如 $Cu_2(OH)_2CO_3$ 称碱式碳酸铜,$Mg(OH)Cl$ 称碱式氯化镁。

复盐的命名一般是按分子的组成从后往前读出复盐的两种金属元素名称,称为"某酸某某"。如 $KAl(SO_4)_2$ 称硫酸铝钾。

三、无机物化学反应的基本类型

化学反应虽然是多种多样的,但在无机化学中,常把它归纳为四种反应类型。

1. 化合反应

由两种或两种以上的物质生成一种新物质的化学反应叫化合反应。例如:

$$H_2 + Cl_2 =\!=\!= 2HCl$$
$$CaO + H_2O =\!=\!= Ca(OH)_2$$
$$NH_3 + CO_2 + H_2O =\!=\!= NH_4HCO_3$$

2. 分解反应

由一种物质生成两种或两种以上新物质的化学反应叫分解反应。例如:

$$2KClO_3 \xrightarrow[MnO_2]{\triangle} 2KCl + 3O_2 \uparrow$$

$$2NaHCO_3 \xrightarrow{\triangle} Na_2CO_3 + H_2O + CO_2 \uparrow$$

3. 置换反应

由一种单质和一种化合物作用生成另一种新的单质和另一种新的化合物的反应叫置换反应。例如:

$$CuSO_4 + Fe =\!=\!= FeSO_4 + Cu \downarrow$$
$$2NaBr + Cl_2 =\!=\!= 2NaCl + Br_2$$

4. 复分解反应

由两种化合物互相交换成分生成两种新的化合物的反应叫复分解反应。例如:

$$AgNO_3 + NaCl =\!=\!= AgCl \downarrow + NaNO_3$$
$$HCl + NaOH =\!=\!= NaCl + H_2O$$
$$FeS + H_2SO_4(稀) =\!=\!= FeSO_4 + H_2S \uparrow$$

复分解反应不是任意两种化合物互相混合就能发生的,而必须是在生成物之中有难溶物质（沉淀析出）、气体或水之类物质的生成，否则不能发生复分解反应。

实际上有很多化学反应是比较复杂的，并不是某种单一的反应类型，而是几种反应类型的组合。例如：

$$Na_2CO_3+2HCl=\!\!=\!\!=2NaCl+H_2O+CO_2\uparrow$$

这个反应实际上是由复分解和分解两个反应类型组合而成的：

$$Na_2CO_3+2HCl=\!\!=\!\!=2NaCl+H_2CO_3 \quad （复分解反应）$$
$$H_2CO_3=\!\!=\!\!=H_2O+CO_2\uparrow \quad （分解反应）$$

在无机化学中，有时把化学反应分为氧化还原反应和非氧化还原反应两大类。

如果参加反应的物质中，各元素的化合价在反应前后都没有发生变化的反应叫非氧化还原反应；反之，在化学反应中，某些元素的化合价在反应前后发生改变的反应叫氧化还原反应。按这种分类方法，上述的反应类型中，置换反应是氧化还原反应，复分解反应是非氧化还原反应，化合反应和分解反应情况比较复杂，有的是氧化还原反应，有的就不是氧化还原反应。例如：

$$H_2+Cl_2=\!\!=\!\!=2HCl \quad （氧化还原反应）$$
$$2KClO_3\xrightarrow[MnO_2]{\triangle}2KCl+3O_2\uparrow \quad （氧化还原反应）$$
$$CaO+H_2O=\!\!=\!\!=Ca(OH)_2 \quad （非氧化还原反应）$$
$$2NaHCO_3=\!\!=\!\!=Na_2CO_3+H_2O+CO_2\uparrow \quad （非氧化还原反应）$$

因此，化合反应和分解反应是否是氧化还原反应，需要通过具体分析后才能确定。

四、无机物之间的转化关系

单质、氧化物和酸、碱、盐之间是有联系的，可以相互发生化学反应，而且必须在一定的条件下才能互相转化。转化的关系可以用图1-1表示。

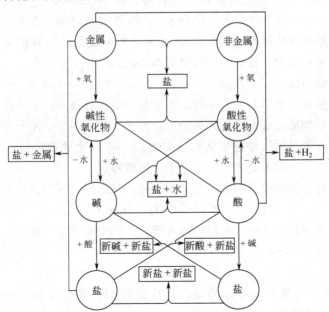

图1-1 无机物的相互转化关系

通过图1-1不仅能清楚地看出各类物质之间相互转化的关系，而且还能加深对它们的主要化学性质的了解，同时为我们提供了制取某些物质所应采用的反应途径。例如，金属与盐发生置换反应，必须是用活泼的金属去置换盐中较不活泼的金属，否则就不能发生置换反应。又如，同是要制取金属的氢氧化物，但是所采用的反应途径区别很大，如金属氢氧化物对应的氧化物是易溶于水的，则直接将氧化物与水作用制取对应的氢氧化物。例如：

$$CaO + H_2O = Ca(OH)_2$$

反之，就必须采用其他途径，如制取 $Cu(OH)_2$，由于 CuO 难溶于水，因此不能直接用 CuO 与水作用制取 $Cu(OH)_2$，一般要采用易溶性的铜盐与碱作用制取 $Cu(OH)_2$。

$$CuSO_4 + 2NaOH = Cu(OH)_2 + Na_2SO_4$$

因此，只有准确地掌握有关各类物质的化学性质，才能达到正确地理解和较熟练地运用无机物之间互相转化的关系图。

第二节 物质的量及其单位

一、物质的量及其单位

在国际单位制（SI）中第七个基本单位的符号为 mol，单位的中文名称是摩〔尔〕，简称为摩。它对应量的名称是物质的量，符号为 n。物质的量同其他量的名称如长度、质量、时间一样，是一个整体，名称不能拆开使用。物质的量所计量的对象是微观粒子。那么多少个微观粒子才是 1mol 呢？科学上规定任何物质所含有的结构微粒（分子、离子、电子等）只要与 0.012kg（12g）碳-12 中所含有的碳原子数相同，其物质的量就是 1mol。那么 0.012kg 碳-12 中所含有的碳原子数是多少呢？一个碳-12 的原子质量为 1.993×10^{-26} kg，所以 0.012kg 碳-12 中所含有的碳原子个数为：$\frac{0.012 \text{kg}}{1.993 \times 10^{-26} \text{kg}} \approx 6.022 \times 10^{23}$，这个数称阿伏加德罗常数，符号为 N_A。经许多科学方法测定，阿伏加德罗常数都约等于 6.022×10^{23}。因此说 1mol 是 6.022×10^{23} 个结构微粒的集合体。如 1mol 水含有 6.022×10^{23} 个水分子，1mol 氧气含有 6.022×10^{23} 个氧分子；同理 n mol 的氮气就含有 n 倍的 6.022×10^{23} 个氮分子。可见物质的量是以阿伏加德罗常数（N_A）为计数单位的，如某物质的结构粒子数恰好等于 3 倍的阿伏加德罗常数，则该物质的量就为 3mol。

在使用摩尔时必须注意以下几点。

（1）摩尔虽然是表示物质的量的单位，但它与一般的计量单位有本质的区别：一是摩尔所计量的对象是微观物质的基本单元，如分子、原子、离子等，而不是计量宏观物体，如汽车、苹果等；二是摩尔以阿伏加德罗常数（6.022×10^{23}）为计数单位，因此摩尔是表示一个"大批量"的集合体，而不是表示一两个的个体微粒。

（2）使用摩尔时必须准确指明物质的基本单元，基本单元可以是物质的任何自然存在的微粒（如分子、原子、离子等），例如，1mol H_2，2mol OH^-。

（3）用摩尔表示物质的量时，可以用等式形式，式中基本单元用括号置于物质的量符号（n）后面，如 $n(H_2O) = 4$mol，$n(S) = 4$mol 等。

二、摩尔质量

通常称 1mol 物质的质量为摩尔质量，其符号为 M，单位为 $kg \cdot mol^{-1}$ 或 $g \cdot mol^{-1}$，单位的中文名称为千克每摩尔或克每摩尔。

由于不同物质的摩尔质量不同，因此在使用摩尔质量符号 M 时，必须在符号后面用括号把物质的化学式或元素符号括上。如硫的摩尔质量 $M(S) = 32g \cdot mol^{-1}$，铜的摩尔质量 $M(Cu) = 63.5g \cdot mol^{-1}$，氧原子的摩尔质量 $M(O) = 16g \cdot mol^{-1}$ 等。

国际上规定以碳-12原子质量的1/12作标准，其他原子的质量与它相比所得的比值称为该原子的相对原子质量。如氧原子的相对质量为16，硫原子的相对质量32，因此1个碳-12原子与1个氧原子的相对原子质量之比为12∶16，又由于1mol的任何物质所含有的结构微粒都是$6.022×10^{23}$，所以1mol碳-12原子与1mol氧原子的摩尔质量比也是12∶16。即碳-12原子的相对原子质量为12，摩尔质量为$12g·mol^{-1}$；氧原子的相对原子质量是16，摩尔质量为$16g·mol^{-1}$。也就是说，任何元素的原子的摩尔质量用$g·mol^{-1}$表示时，在数值上等于其相对原子质量。这种关系可以推广到分子、离子等一切微粒。如水的摩尔质量为$18.02g·mol^{-1}$，则水的相对分子质量为18.02。这样可以很方便地通过相对原子质量、相对分子质量、离子式量直接确定一个相对应的基本单元的摩尔质量，反之也可以通过摩尔质量确定对应的相对分子质量、相对原子质量等。通过这种对应关系，可以进行有关物质的量的计算。

三、物质的量的计算

一定量的某物质究竟物质的量是多少？这就需要进行有关物质的量的计算。如果用m代表物质的质量，单位为g；M代表物质的摩尔质量，单位为$g·mol^{-1}$；n代表物质的量，单位是mol，三者的关系可用下式表示：

$$n=\frac{m}{M} \tag{1-1}$$

【例1-1】 求64g硫原子的物质的量是多少？[$M(S)=32.06g·mol^{-1}$]

解 设64g硫的物质的量为n

已知　　　　　　　$m=64g，M(S)=32.06g·mol^{-1}$

则　　　　　$n(S)=\frac{m(S)}{M(S)}=\frac{64g}{32.06g·mol^{-1}}≈2mol$

答：64g硫原子的物质的量为2mol。

【例1-2】 计算2mol氢氧化钠的质量是多少？[$M(NaOH)=40g·mol^{-1}$]

解 设氢氧化钠的质量为m

已知　　　　　　$n(NaOH)=2mol，M(NaOH)=40g·mol^{-1}$

因为　　　　　　　$n(NaOH)=\frac{m(NaOH)}{M(NaOH)}$

所以　　　$m(NaOH)=M(NaOH)n(NaOH)=40g·mol^{-1}×2mol=80g$

答：2mol氢氧化钠的质量为80g。

【例1-3】 计算32g二氧化硫含有多少二氧化硫分子？[$M(SO_2)=64g·mol^{-1}$]

解 设含二氧化硫分子数为$n×6.022×10^{23}$个

已知　　　　　　$m(SO_2)=32g，M(SO_2)=64g·mol^{-1}$

因为　　　　　$n(SO_2)=\frac{m(SO_2)}{M(SO_2)}=\frac{32g}{64g·mol^{-1}}=0.5mol$

所以二氧化硫分子数为$0.5mol×6.022×10^{23}$个$/mol=3.011×10^{23}$个

答：32g二氧化硫含二氧化硫分子个数为$3.011×10^{23}$。

第三节　气体摩尔体积

一、气体的摩尔体积及其计算

在化工生产和科学实验中，经常碰到各种气体，如氧气、氮气等，因此必然要对气体的质量进行测量，但是由于测量气体的体积比测量气体的质量方便，所以气体的质量测量和计量往往都用气体的体积表示。由于气体的体积与温度、压力有关。即一定质量的气体，当压力不变时，温度升高，体积增大；如温度不变，压力增加，体积变小。因此，要测量气体的体积或比较各种气体的体积大小时，都必须在相同的温度和压力条件下进行。于是规定：温度为273.15K（0℃）和压力（压强）为101.325kPa时的状态叫标准状态。

经科学实验测定，在标准状态下1L氢气的质量是0.899g，即密度为$0.899 \text{g} \cdot \text{L}^{-1}$，氢气的摩尔质量$M(H_2)=2.016 \text{g} \cdot \text{mol}^{-1}$，所以1mol氢气在标准状态下占有的体积为：

$$\frac{氢气的摩尔质量/\text{g} \cdot \text{mol}^{-1}}{氢气的密度/\text{g} \cdot \text{L}^{-1}} = \frac{2.016 \text{g} \cdot \text{mol}^{-1}}{0.899 \text{g} \cdot \text{L}^{-1}} \approx 22.4 \text{L} \cdot \text{mol}^{-1}$$

在标准状态下，对许多气体进行测量，得出1mol气体所占的体积都约等于22.4L，因此得出结论：在标准状态下，1mol的任何气体所占有的体积都约等于22.4L。这个体积叫气体摩尔体积，其符号用$V_{m,0}$表示，单位符号$\text{L} \cdot \text{mol}^{-1}$，单位名称升每摩尔。

【例1-4】 计算45g氮气在标准状态下所占的体积是多少升？$[M(N_2)=28 \text{g} \cdot \text{mol}^{-1}]$

解 设所占的体积为$n \times V_{m,0}$

已知 $m(N_2)=45\text{g}, M(N_2)=28 \text{g} \cdot \text{mol}^{-1}, V_{m,0}=22.4 \text{L} \cdot \text{mol}^{-1}$

因为 $V=nV_{m,0} \quad n(N_2)=\frac{m(N_2)}{M(N_2)}$

所以 $V(N_2)=\frac{m(N_2)}{M(N_2)}V_{m,0}=\frac{45\text{g}}{28\text{g} \cdot \text{mol}^{-1}} \times 22.4 \text{L} \cdot \text{mol}^{-1} = 36.00\text{L}$

答：45g氮气在标准状态下所占的体积为36.00L。

【例1-5】 计算在标准状态下11.2L氧气的质量为多少克？$[M(O_2)=32 \text{g} \cdot \text{mol}^{-1}]$

解 设11.2L氧气的质量为m

已知 $V(O_2)=11.2\text{L}, V_{m,0}=22.4 \text{L} \cdot \text{mol}^{-1}, M(O_2)=32 \text{g} \cdot \text{mol}^{-1}$

因为 $n(O_2)=\frac{m(O_2)}{M(O_2)}$ 又 $n(O_2)=\frac{V(O_2)}{V_{m,0}}$

所以 $m(O_2)=M(O_2)n(O_2)=M(O_2)\frac{V(O_2)}{V_{m,0}}=32 \text{g} \cdot \text{mol}^{-1} \times \frac{11.2\text{L}}{22.4 \text{L} \cdot \text{mol}^{-1}} = 16.00\text{g}$

答：在标准状态下，11.2L氧气的质量为16.00g。

【例1-6】 已知在标准状态下0.25L某气体的质量为0.491g，求该气体的相对分子质量。

解 设该气体的摩尔质量为M

已知 $V=0.25\text{L}, m=0.491\text{g}$

因为 $V_{m,0}=\frac{M}{\rho}=22.4 \text{L} \cdot \text{mol}^{-1}(\rho 为密度), \rho=\frac{m}{V}=\frac{0.491\text{g}}{0.25\text{L}}$

所以 $M=V_{m,0}\rho=22.4 \text{L} \cdot \text{mol}^{-1} \times \frac{0.491\text{g}}{0.25\text{L}} \approx 44 \text{g} \cdot \text{mol}^{-1}$

答：该气体的相对分子质量为44。

二、阿伏加德罗定律

由于在标准状态下，1mol的任何气体所占有的体积都是22.4L，而且每1mol气体所含有的分子数又相同（6.022×10^{23}个），因此，只要在相同温度、相同压力下，1mol任何气体所占有的气体也是相等的（但不是22.4L）。于是有如下结论：在相同温度、相同压力下，相同体积的任何气体，所含有的分子数都相等（但不是 $6.022×10^{23}$ 个）。这一结论叫阿伏加德罗定律。

第四节　有关化学方程式和热化学方程式的计算

一、根据化学方程式的计算

1. 化学方程式

用元素符号和分子式表示化学反应的等式叫化学方程式。它不仅表示了化学反应过程中反应物转化为生成物的变化关系，而且还表示了反应物转化为生成物的过程中的定量关系。因此，化学方程式就成为化学计算的理论依据。通过化学方程式能进行很多的计算。例如，通过原料（反应物）的用量可以计算出应该得到的理论产品量（生成物量），也可以通过要得到的产品量（生成物量）计算出所需要的各种原料量（反应物量）。如果把计算得到的各种数据同生产过程实际得到的产品或消耗的原料量进行对比，就能帮助人们查找生产过程中的损失，为开展增产节约、提高产量、降低生产成本等方面提供可靠的数据。

【例 1-7】 试计算在标准状态下，制取 44.8L 氢气需要多少克锌与足够的稀硫酸反应？

解　设需要锌量为 x

$$Zn + H_2SO_4(稀) = ZnSO_4 + H_2 \uparrow$$

　　65g　　　　　　　　　　　　　22.4L
　　x　　　　　　　　　　　　　44.8L

$$x = \frac{65g}{22.4L} × 44.8L = 130g$$

答：需要 130g 锌与足够的稀硫酸反应。

【例 1-8】 用 1.5g 工业碳酸钠与足够的盐酸反应，得到 $0.61gCO_2$ 气体，计算工业碳酸钠的纯度。

解　设制取 $0.61gCO_2$ 气体需要的纯碳酸钠量为 x

$$Na_2CO_3 + 2HCl = 2NaCl + H_2O + CO_2 \uparrow$$

　　106g　　　　　　　　　　　　　　　　44g
　　x　　　　　　　　　　　　　　　　　0.61g

$$x = \frac{106g}{44g} × 0.61g = 1.47g$$

碳酸钠的纯度为 $\frac{1.47g}{1.5g} × 100\% = 98\%$

答：工业碳酸钠的纯度为 98%。

【例 1-9】 假定硫酸生产过程的化学反应式如下，问生产 1kg 纯硫酸需多少千克 FeS_2？

$$4FeS_2 + 11O_2 = 2Fe_2O_3 + 8SO_2 \tag{1}$$

$$2SO_2 + O_2 \xrightarrow[450℃]{V_2O_5} 2SO_3 \tag{2}$$

$$SO_3 + H_2O = H_2SO_4 \tag{3}$$

对这类复杂的化学反应过程方程的计算，一般是采用把各步反应方程式等号两端相加的办法。为了计算方便，必须要调整各步反应方程中的分子前面的系数，使其相同的分子式在等号两端能消掉。具体步骤如下：

解 (1) 设需要 FeS_2 量为 x

(2) 把方程式（2）×4，方程式（3）×8；然后 3 个方程式相加得：

$$4FeS_2 + 11O_2 = 2Fe_2O_3 + 8SO_2$$
$$8SO_2 + 4O_2 = 8SO_3$$
$$+)\ 8SO_3 + 8H_2O = 8H_2SO_4$$
$$\overline{4FeS_2 + 15O_2 + 8H_2O = 8H_2SO_4 + 2Fe_2O_3}$$

$(120×4)$kg　　　　　　　　$(98×8)$kg
x　　　　　　　　　　　　1kg

$$x = \frac{(120×4)\text{kg}}{(98×8)\text{kg}} × 1\text{kg} = 0.612\text{kg}$$

答：需要 FeS_2 为 0.612kg。

应该指出的是：相加后的化学反应方程式，只表示反应物和生成物之间的定量关系，不表示反应物和生成物之间的转化关系。

在化工生产和科学实验中，化学方程式的计算往往很复杂。例如，有的化学反应不能进行到底，反应物不能 100% 地转化为生成物；有的是存在副反应或在反应过程中有损失等原因，使产品量不能按理论量获得；还有的是反应中使用的各种原料不纯，使原料实际消耗的量比理论量要多，如此等等。因此，根据实际情况进行计算有很重要的意义。

2. 几个基本概念

(1) 物质的纯度（%）

$$物质的纯度 = \frac{纯物质的质量}{不纯物质的质量} × 100\% \qquad (1-2)$$

(2) 产品收率（%）

$$产品收率 = \frac{实际得到的产品质量}{理论产品的质量} × 100\% \qquad (1-3)$$

(3) 原料利用率（%）

$$原料利用率 = \frac{理论耗用原料的质量}{实际耗用原料的质量} × 100\% \qquad (1-4)$$

【例 1-10】 合成氨反应过程中，为了使氢气反应完全，控制氮气过量 10%（质量分数），求每小时通入 1kg 氢气时需要多少千克的氮气？

解 设理论氮气的用量为 x，则实际氮气的用量为 $(1+10\%)x$

$$N_2\ +\ 3H_2\ =\ 2NH_3$$
28kg　　6kg
x　　　1kg

$$x = \frac{28\text{kg}}{6\text{kg}} × 1\text{kg} = 4.67\text{kg}$$

实际用量为　$4.67\text{kg} × (1+10\%) = 5.14\text{kg}$

答：氮气实际用量为 5.14kg。

【例 1-11】 假定硫酸生产过程中的化学反应同［例 1-9］一样。硫酸生产中条件如下：FeS_2 纯度 70%（质量分数），FeS_2 利用率为 90%，产品为纯度 98%（质量分数）的浓 H_2SO_4，而 H_2SO_4 收率为 96%，试计算生产 1kg98%（质量分数）的浓 H_2SO_4 需要多少千克纯度为 70%（质量分数）的 FeS_2？

解 （1）计算 H_2SO_4 的收率为 96% 时，要获得 1kg 98%（质量分数）的浓 H_2SO_4 而应该生产的纯 H_2SO_4 量：

$$1kg \div 96\% \times 98\% = 1.02kg$$

（2）生产 1.02kg 纯 H_2SO_4 需纯 FeS_2 的量为：

由［例 1-9］结果得知每生产 $1kg H_2SO_4$ 需用 FeS_2 的量为 0.612kg

所以 $\qquad 0.612kg \times 1.02 = 0.624kg$

（3）把纯的 FeS_2 用量换算为纯度 70% 的 FeS_2 量为：

$$0.624kg \div 70\% = 0.89kg$$

（4）FeS_2 的利用率为 90% 时，实际应耗用纯度为 70% 的 FeS_2 量为：

$$0.89kg \div 90\% = 0.989kg$$

答：每生产 1kg 纯度为 98% 的浓 H_2SO_4，需用纯度 70% 的 FeS_2 量为 0.989kg。

二、根据热化学方程式的计算

实验证明，在化学反应中质量是守恒的，能量也是守恒的。也就是说能量既不能消灭，也不能创生，只能严格地从一种形式的能量转化为另一种形式的能量。因此，在化学反应过程中必然有能量的吸收或放出。这种能量的变化在化学反应中是以热量表现出来的（吸热或放热）。我们把化学反应中放出或吸收的热量叫做化学反应热效应，一般用 Q 表示，放热在 Q 的前面用"＋"号，吸热用"－"号。如：

$$H_2 + Cl_2 = 2HCl + Q$$

$$CaCO_3 \xrightarrow{\triangle} CaO + CO_2 \uparrow - Q$$

把能表示出热效应的化学方程式叫做热化学方程式。例如：

$$H_2(气) + \frac{1}{2}O_2(气) = H_2O(气) + 241.8kJ$$

$$H_2(气) + \frac{1}{2}O_2(气) = H_2O(液) + 285.8kJ$$

比较这两个反应方程式中的热效应，发现两个同样的化学反应方程式热效应值相差 44kJ，正好是 1mol 水从液态变为气态应吸收的热量。这说明热效应值的大小与物质的聚集状态有关，因此，在书写热化学方程式时要注意以下三点。

（1）必须在分子式右侧，用固、液、气字样表示物质的聚集状态。

（2）热效应分吸热、放热两种，因此，在热效应前加"＋"表示放热，"－"表示吸热。

（3）由于热化学方程式中的热效应值与反应物的物质的量的多少有关，因此，分子式前的系数可以用分数。

还需指出，反应热效应必须是反应方程式表示的反应物完全反应时所具有的。

例如，在标准状况下生成 1mol 和 2mol 水的热化学方程式中热效应值是不一样的，在其他条件完全相同时热效应与生成物的物质的量成正比。即

$$H_2(气) + \frac{1}{2}O_2(气) = H_2O(气) + 241.8kJ$$

$$2H_2(气) + O_2(气) = 2H_2O(气) + 483.6kJ$$

【例 1-12】 已知 $C(固) + O_2(气) = CO_2(气) + 393.5kJ$，计算在相同条件下燃烧 1gC 放出的热量。

解 设燃烧 1gC 放出的热量为 x

$$C(固)+O_2(气)=\!\!=\!\!=CO_2(气)+393.5kJ$$

12g　　　　　　　　393.5

1g　　　　　　　　　x

所以　　　　　　　　$x=\dfrac{393.5\text{kJ}}{12\text{g}}\times 1\text{g}=32.79\text{kJ}$

答：燃烧 1gC 放出的热量为 32.79kJ。

第二章 分压定律

1. 理解理想气体状态方程式 $pV=\dfrac{m}{M}RT$ 公式中各符号所代表的物理量及其单位，并能应用公式进行有关计算。

2. 理解混合气体的总压、分压、分体积、体积分数及分压定律数学表达式 $p_总=p_1+p_2+p_3+\cdots+p_i$ 和 $p_i=x_ip_总$ 等基本概念，并能应用这些概念进行有关计算。

在化工生产和科学实验中，经常接触的气体不仅有单一组分的纯气体，而且还有由各种组分组成的混合气体（不发生化学反应）；反应条件都是在非标准状态下进行。因此有必要找出气体的体积与热力学温度和压力三者之间的变化规律。为便于研究，先讨论单一组分的纯气体，再讨论混合气体，并将所讨论的气体都视为理想气体。

第一节 理想气体状态方程式

在标准状态下，任何气体的摩尔体积都是 $22.4\text{L}\cdot\text{mol}^{-1}$。但是在化工生产和科学实验中，技术条件要求的温度、压力往往都不在标准状态下。这时应该如何计算气体的体积呢？

一、理想气体状态方程式

从实践中人们已经认识到，一定质量的气体，在温度不变时，它的体积随压力的增大而变小；当在压力不变时，它的体积随温度升高而变大。根据这种物理现象，科学家们做了大量的实验，结果如下。

（1）当温度不变时，一定质量的气体的体积（V）和它所受的压力（p）成反比，即

$$V\propto\dfrac{1}{p} \quad (\text{即波义耳定律})$$

（2）当压力不变时，一定质量的气体的体积（V）和热力学温度（T❶）成正比，即

$$V\propto T \quad (\text{即盖·吕萨克定律})$$

若把影响气体体积的温度、压力两个因素结合起来，就可以得出一定质量的气体的体积（V）与热力学温度（T）成正比，与它所受压力（p）成反比的关系式：

$$V\propto\dfrac{T}{p}$$

设 K 为常数，则把上式变为等式：

$$V=K\dfrac{T}{p} \quad \text{或} \quad pV=KT \tag{2-1}$$

K 是常数，它的数值与气体的质量有关而与气体的种类无关。对 1mol 气体而言，K 有

---

❶ 热力学温度（T）的单位名称是开尔文，简称开，单位符号为 K。摄氏温度（t）的单位名称是摄氏度，单位符号为℃，是具有专门名称的 SI 导出单位。T 和 t 之间的数值关系是：$\dfrac{T}{\text{K}}=\dfrac{t}{℃}+273.15$。

固定的值，这时要用 R 代替 K，用 V_m 表示气体的摩尔体积。则上式可写为：

$$pV_m = RT \tag{2-2}$$

这个公式仅仅适用 1mol 气体的计算。对 $n$mol 气体的计算公式推导如下：

设 $n$mol 气体的体积为 V，它应等于在相同条件下 1mol 气体体积 V_m 的 n 倍。即

$$V = nV_m \tag{2-3}$$

当把式（2-2）等号两边都乘上 n，再把式（2-3）代入，则得

$$pV = nRT \tag{2-4}$$

又因为 $n = \dfrac{m}{M}$，代入式（2-4）则得

$$pV = \dfrac{m}{M}RT \quad \text{（即理想气体状态方程式）} \tag{2-5}$$

式中　p——压力，Pa；

　　　V——体积，m³；

　　　T——热力学温度，K；

　　　R——摩尔气体常数；

　　　n——气体的物质的量，mol；

　　　m——气体的质量，kg；

　　　M——气体的摩尔质量，kg·mol^{-1}。

这个方程式之所以称为理想气体状态方程式，因为它是以波义耳定律和盖·吕萨克定律为依据，在推导过程中，假定气体是理想气体（即气体分子之间无作用力；分子本身没有体积）的前提下得出的公式。尽管理想气体与真实气体有很大的差别，但是在通常条件下，特别在低压（不高于 101.325kPa）和温度较高时（不低于 0℃），用理想气体状态方程式对真实气体进行计算，结果比较准确，误差一般不超过 2%，所以本书中有关气体的计算均按理想气体处理。

二、摩尔气体常数

摩尔气体常数（R）是一个很重要的常数，从式（2-2）可得 R 的表达式：$R = \dfrac{pV_m}{T}$，因此 R 值不仅与压力（p）、气体摩尔体积（V_m）和热力学温度（T）的数值大小有关，还与它们的单位有关。如规定压力 p 的单位用帕（Pa）、气体体积单位用立方米（m³），又在标准状态下，即 $p = 101.325$kPa，$T = 273$K，$V_m = V_{m,0} = 22.4$L·mol^{-1} = 22.4×10^{-3} m³·mol^{-1}，将这些数值代入 R 的表达式，则得

$$R = \dfrac{pV_{m,0}}{T} = \dfrac{101.325 \times 10^3 \text{Pa} \times 22.4 \times 10^{-3} \text{m}^3 \cdot \text{mol}^{-1}}{273\text{K}}$$

$$\approx 8.314 \text{Pa} \cdot \text{m}^3 \cdot \text{K}^{-1} \cdot \text{mol}^{-1} = 8.314 \text{J} \cdot \text{K}^{-1} \cdot \text{mol}^{-1}$$

【例 2-1】 温度为 298K、压力为 101.325kPa 的 0.3L 某气体的质量为 0.39g，求该气体的相对分子质量。

解 设该气体的摩尔质量为 M

已知　　　　$p = 101.325$kPa，$V = 0.3$L $= 0.3 \times 10^{-3}$ m³，$m = 0.39$g，

　　　　　　$T = 298$K，$R = 8.314$Pa·m³·K^{-1}·mol^{-1}

因为　　　　　　　　　　$pV = \dfrac{m}{M}RT$

所以 $M=\dfrac{m}{pV}RT=\dfrac{0.39\text{g}\times 8.314\text{Pa}\cdot\text{m}^3\cdot\text{K}^{-1}\cdot\text{mol}^{-1}\times 298\text{K}}{101.325\times 10^3\text{Pa}\times 0.3\times 10^{-3}\text{m}^3}\approx 32\text{g}\cdot\text{mol}^{-1}$

答：该气体的相对分子质量为32。

【例2-2】 温度为25℃、压力为2.5×10^5Pa时，在100L容器中，装入二氧化碳$[M(CO_2)=44\text{g}\cdot\text{mol}^{-1}]$气体，求其物质的量和质量各是多少？

解 设装入二氧化碳的物质的量为n，其质量为m

已知 $p=2.5\times 10^5\text{Pa}$，$V=100\text{L}=100\times 10^{-3}\text{m}^3$，$T=\left(\dfrac{t}{℃}+273.15\right)\text{K}=\left(\dfrac{25℃}{℃}+273.15\right)\text{K}\approx 298\text{K}$，$R=8.314\text{Pa}\cdot\text{m}^3\cdot\text{K}^{-1}\cdot\text{mol}^{-1}$，$M(CO_2)=44\text{g}\cdot\text{mol}^{-1}$

因为 $pV=nRT$

所以 $n=\dfrac{pV}{RT}=\dfrac{2.5\times 10^5\text{Pa}\times 100\times 10^{-3}\text{m}^3}{8.314\text{Pa}\cdot\text{m}^3\cdot\text{K}^{-1}\cdot\text{mol}^{-1}\times 298\text{K}}=10.09\text{mol}$

$m=Mn=44\text{g}\cdot\text{mol}^{-1}\times 10.09\text{mol}=443.96\text{g}$

答：装入二氧化碳的物质的量为10.09mol，其质量是443.96g。

【例2-3】 温度为25℃、压力为202.7×10^3Pa时，测得某气体体积为0.28L，其质量是1.00g，求该气体的相对分子质量。

解 设该气体的摩尔质量为M

已知 $m=1.00\text{g}$，$p=202.7\times 10^3\text{Pa}$，$T=\left(\dfrac{t}{℃}+273.15\right)\text{K}=\left(\dfrac{25℃}{℃}+273.15\right)\text{K}\approx 298\text{K}$，

$R=8.314\text{Pa}\cdot\text{m}^3\cdot\text{K}^{-1}\cdot\text{mol}^{-1}$，$V=0.28\text{L}=0.28\times 10^{-3}\text{m}^3$

因为 $pV=\dfrac{m}{M}RT$

所以 $M=\dfrac{m}{pV}RT=\dfrac{1.00\text{g}\times 8.314\text{Pa}\cdot\text{m}^3\cdot\text{K}^{-1}\cdot\text{mol}^{-1}\times 298\text{K}}{202.7\times 10^3\text{Pa}\times 0.28\times 10^{-3}\text{m}^3}\approx 44\text{g}\cdot\text{mol}^{-1}$

答：该气体的相对分子质量为44。

第二节 分压及分压定律

在化工生产和科学实验中，很多化学反应的原料气体都是气体混合物。例如合成氨的原料气就是按一定比例混合的氢气和氮气的混合气体。对这种混合气体的组分含量及其气体体积的计算，将是分压定律要讨论的内容。

一、分体积及体积分数

实验证明，在恒温恒压下，不发生化学反应的混合气体的总体积$V_总$等于各组分气体分体积V_i之和，即

$V_总=V_1+V_2+V_3+\cdots+V_i$（严格地说，这种关系只对理想气体才成立）

所谓分体积是指在相同温度下，组分气体具有与混合气体相同压力时所占有的体积。例如，空气中4/5是氮气，1/5是氧气（不计空气中的微量组分）。那么在5L空气中，氮气的分体积为4L，氧气的分体积为1L。这就相当于，在通常状况❶下的5L空气中，分离出的氮气和氧气，又在通常状况下所占有的体积分别为4L和1L。

---

❶ 通常状况一般指的是温度20℃（293K）左右和压力101.325kPa左右。

混合气体的组成常用体积分数表示。所谓体积分数，是指各组分的分体积与混合气体总体积之比值（当该比值用百分数表示时，则称为体积百分数）。体积分数常用 x_i 表示，即

$$x_i = \frac{V_i}{V_{总}} \tag{2-6}$$

例如，在101.325kPa压力下，将1L氮气和3L氢气在同温下混合，得到4L的混合气体。这时氮气和氢气的体积分数分别为：

$$x(N_2) = \frac{3}{4} = 0.75$$

$$x(H_2) = \frac{1}{4} = 0.25$$

二、分压及分压定律

1. 总压与分压

空气（大气）主要是由氮气和氧气组成的天然混合气体。因此，空气具有的压力（大气压）实际上是由氮气和氧气共同做出的贡献，所以大气压就是空气的总压，它等于氮气和氧气分别产生的那一部分压力之和，而氮气和氧气所产生的那部分压力，分别叫做空气中氮气和氧气的分压。

从上述例子中，不难得出分压的定义：在一定温度下，各组分气体单独占有与混合气体相同体积时，对容器所产生的压力叫做该组分气体的分压。例如，把三种不发生化学反应的气体，在相同的条件下，按同体积混合、放置在一个密闭的容器中，此时，假定测得压力为 3×10^5 Pa，它就是混合气体的总压。若在上述条件下分别将三种同体积的气体单独放置在那个密闭容器中，这时每一种气体所产生的压力应该都是 1×10^5 Pa，它就是该组分在混合气体中的分压。

由此可以得出，混合气体的总压 $p_{总}$ 应等于各组分气体的分压 p_i 之和，即

$$p_{总} = p_1 + p_2 + p_3 + \cdots + p_i \tag{2-7}$$

2. 分压定律

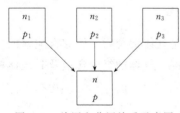

图 2-1 总压和分压关系示意图

为了推导出分压定律。现用每一方块代表一个同样大小的密闭容器，如图2-1所示。混合气体由三种不同气体组成，它们在混合气体中的物质的量分别为 n_1、n_2 和 n_3。在某一恒定的温度 T 时，将混合气体放置在密闭的容器中，此时混合气体所产生的总压为 p，若在同样条件下，分别将三种气体放置在密闭容器中产生的压力为 p_1、p_2 和 p_3。

根据理想气体状态方程式，分别写出混合气体组分的状态方程式：

$$p_1 V = n_1 RT \tag{2-8}$$

$$p_2 V = n_2 RT \tag{2-9}$$

$$p_3 V = n_3 RT \tag{2-10}$$

由于各式中 V 都是指混合气体的体积，因此 V 是相同的；又因在同一温度下进行，故把三个式子两端相加，则得

$$(p_1 + p_2 + p_3)V = (n_1 + n_2 + n_3)RT$$

因为

$$p = p_1 + p_2 + p_3$$

$$n = n_1 + n_2 + n_3$$

所以
$$pV = nRT \tag{2-11}$$

用式（2-11）分别除式（2-8）、式（2-9）和式（2-10），则得

$$p_1 = \frac{n_1}{n} p \tag{2-12}$$

$$p_2 = \frac{n_2}{n} p \tag{2-13}$$

$$p_3 = \frac{n_3}{n} p \tag{2-14}$$

由于 n_1、n_2 和 n_3 分别代表混合气体中组分的物质的量，n 代表混合气总物质的量，因此，$\frac{n_1}{n}$、$\frac{n_2}{n}$ 和 $\frac{n_3}{n}$ 分别是混合气体中组分的物质的量分数，可分别用 x_1、x_2 和 x_3 代替。把它们分别代入式（2-12）、式（2-13）和式（2-14），则得

$$p_1 = x_1 p \tag{2-15}$$

$$p_2 = x_2 p \tag{2-16}$$

$$p_3 = x_3 p \tag{2-17}$$

或写成通式

$$p_i = x_i p \tag{2-18}$$

综上所述，混合气体的分压定律（也叫道尔顿分压定律）为：混合气体的总压等于组分气体分压之和；组分气体分压的大小和该组分在混合气体中的物质的量分数成正比。其数学表达式为：

$$p = p_1 + p_2 + p_3 + \cdots + p_i$$
$$p_i = x_i p$$

由于在标准状态下，任何气体的摩尔体积都约是 $22.4\text{L} \cdot \text{mol}^{-1}$，那么，在非标准状态下，只要是在同温、同压下任何气体的摩尔体积就应相等。在此情况下，混合气体的物质的量分数应等于其体积分数，即

$$x_i = \frac{n_i}{n} = \frac{V_i}{V} \quad 或 \quad x_i = \frac{V_i}{V} \tag{2-19}$$

把式（2-19）代入式（2-18），则得

$$p_i = \frac{V_i}{V} p \quad 或 \quad \frac{p_i}{p} = \frac{V_i}{V} \tag{2-20}$$

这就是说，在混合气体中组分 i 的分压 p_i 与混合气体的总压 p 之比，在数值上等于该组分 i 在混合气体中的体积分数。

三、分压定律的应用

在化工生产中，遇到的气体几乎都是混合气体。对混合气体进行计算，主要是应用分压定律，下面举例说明。

【例 2-4】 合成氨的原料气体主要是由氢气和氮气组成的混合气体，它们在原料气体中的体积比为 3:1。如果混合气体总压为 $150 \times 10^5 \text{Pa}$，试计算氢气和氮气的分压各是多少？

解 设氢气和氮气的分压分别为 $p(\text{H}_2)$、$p(\text{N}_2)$
已知 $V(\text{H}_2) = 3$，$V(\text{N}_2) = 1$，$V = 3+1$，$p = 150 \times 10^5 \text{Pa}$

$$p(\text{H}_2) = p \frac{V(\text{H}_2)}{V} = 150 \times 10^5 \text{Pa} \times \frac{3}{3+1} = 112.5 \times 10^5 \text{Pa}$$

$$p(\text{N}_2)=150\times10^5\text{Pa}-112.5\times10^5\text{Pa}=37.5\times10^5\text{Pa}$$

答：氢气和氮气在混合气体的分压分别为 $112.5\times10^5\text{Pa}$ 和 $37.5\times10^5\text{Pa}$。

【**例 2-5**】 在温度为 298K 时，将 17g 氨气、48g 氧气和 14g 氮气装入一个体积为 5L 的密闭容器中，计算：(1) 混合气体中三种气体的物质的量分数；(2) 混合气体的总压；(3) 混合气体各组分的分压 $[M(\text{NH}_3)=17\text{g}\cdot\text{mol}^{-1}, M(\text{O}_2)=32\text{g}\cdot\text{mol}^{-1}, M(\text{N}_2)=28\text{g}\cdot\text{mol}^{-1}]$。

解 已知 $T=298\text{K}$，$m(\text{NH}_3)=17\text{g}$，$m(\text{O}_2)=48\text{g}$，$m(\text{N}_2)=14\text{g}$，

$$V=5\times10^{-3}\text{m}^3, \quad R=8.314\text{Pa}\cdot\text{m}^3\cdot\text{K}^{-1}\cdot\text{mol}^{-1}$$

(1) 因为

$$n=\frac{m}{M}$$

所以

$$n(\text{NH}_3)=\frac{m(\text{NH}_3)}{M(\text{NH}_3)}=\frac{17\text{g}}{17\text{g}\cdot\text{mol}^{-1}}=1\text{mol}$$

$$n(\text{O}_2)=\frac{m(\text{O}_2)}{M(\text{O}_2)}=\frac{48\text{g}}{32\text{g}\cdot\text{mol}^{-1}}=1.5\text{mol}$$

$$n(\text{N}_2)=\frac{m(\text{N}_2)}{M(\text{N}_2)}=\frac{14\text{g}}{28\text{g}\cdot\text{mol}^{-1}}=0.5\text{mol}$$

$$n=n(\text{NH}_3)+n(\text{O}_2)+n(\text{N}_2)=1\text{mol}+1.5\text{mol}+0.5\text{mol}=3\text{mol}$$

三种气体的物质的量分数为：

$$x(\text{NH}_3)=\frac{n(\text{NH}_3)}{n}=\frac{1\text{mol}}{3\text{mol}}=\frac{1}{3}$$

$$x(\text{O}_2)=\frac{n(\text{O}_2)}{n}=\frac{1.5\text{mol}}{3\text{mol}}=\frac{1}{2}$$

$$x(\text{N}_2)=\frac{n(\text{N}_2)}{n}=\frac{0.5\text{mol}}{3\text{mol}}=\frac{1}{6}$$

(2) 因为 $pV=nRT$

所以 $$p=\frac{nRT}{V}=\frac{3\text{mol}\times8.314\text{Pa}\cdot\text{m}^3\cdot\text{K}^{-1}\cdot\text{mol}^{-1}\times298\text{K}}{5\times10^{-3}\text{m}^3}=1.49\times10^6\text{Pa}$$

(3) 因为 $p_i=x_i p$

所以

$$p(\text{NH}_3)=\frac{1}{3}\times1.49\times10^6\text{Pa}=4.97\times10^5\text{Pa}$$

$$p(\text{O}_2)=\frac{1}{2}\times1.49\times10^6\text{Pa}=7.45\times10^5\text{Pa}$$

$$p(\text{N}_2)=\frac{1}{6}\times1.49\times10^6\text{Pa}=2.48\times10^5\text{Pa}$$

答：三种气体的物质的量分数分别为 $x(\text{NH}_3)=\frac{1}{3}$，$x(\text{O}_2)=\frac{1}{2}$，$x(\text{N}_2)=\frac{1}{6}$；混合气体的总压为 $1.49\times10^6\text{Pa}$；各组分分压分别为 $p(\text{NH}_3)=4.97\times10^5\text{Pa}$，$p(\text{O}_2)=7.45\times10^5\text{Pa}$，$p(\text{N}_2)=2.48\times10^5\text{Pa}$。

第三章 溶 液

1. 了解溶液和分散系、胶体和胶体性质。
2. 理解固体溶质与溶液中的溶质动态平衡的含义，并能应用溶解度概念，进行结晶析出量等计算。
3. 了解溶液组成的表示方法，并能应用物质的量浓度、质量分数定义进行有关计算。
4. 了解等物质的量反应规则表达式［式（3-6）］与稀释公式［式（3-5）］的区别。

在自然界里溶液与人类的生存、动植物的生长以及与工农业生产和科学实验都有着密切的关系，特别在化工生产中许多化学反应都是在溶液中进行的。因此，研究溶液的性质，学习掌握溶液的有关基本概念，较熟练地进行溶液组成的计算和配制等是本章的重点。

第一节 溶液和胶体

一、分散系

在初中化学中，把"一种物质（或几种物质）分散到另一种物质中形成均一的、稳定的混合物叫做溶液"。而把能溶解其他物质的物质叫溶剂，被溶解的物质叫溶质。溶液是由溶质和溶剂组成的。水是最常用的溶剂，通常，不指明溶剂的溶液都是指水溶液。另外，对气体或固体物质溶解在液体物质中形成的溶液，固体或气体物质为溶质，液体物质是溶剂。当多种液体互相溶解时，一般把含量最多的组分物质叫溶剂，少的组分物质叫溶质。酒精水溶液例外，人们习惯把水叫溶剂。

溶液的性质与溶质和溶剂的种类及其性质有关，但所有的溶液都是溶质以分子、离子状态分散在另一物质中形成的均匀体系，这是所有溶液的共性。一种物质或几种物质的微粒分散在另一物质中形成均匀的体系叫做分散系，而其中被分散的物质叫做分散质，另一种物质叫分散剂。按此规定，悬浊液、乳浊液和溶液同属分散系。

实验证明，不同分散系中的分散质的粒子大小是不同的。常按分散质的粒子大小不同，把分散系分为三种，见表 3-1。

表 3-1 分散系分类

项 目	分 散 系		
	分子分散系	粗分散系	胶体分散系
颗粒直径/nm	0.1~1	>100	1~100
某些性质	能透过滤纸，稳定性、均匀性好	不能透过滤纸，稳定性、均匀性差	能透过滤纸

（1）溶液（分子分散系） 它是分散质（溶质）以分子、离子的状态均匀地分布在分散剂（溶剂）中所形成的分散系，它的粒子大小在 0.1~1nm 之间，这种溶液也叫分子溶液或真溶液（包括高分子物质溶液）。这类溶液具有高度的稳定性，只要外界条件（如温度）不变或溶剂没有蒸发，无论放置多久，溶质都不会析出。

（2）粗分散系 它包括悬浊液和乳浊液。悬浊液是固体分散质以微小的颗粒分散在液体物质中形成的分散系。自然界中混浊的江水、河水就是一例。乳浊液是液体分散质以微小的珠滴分散在另一液体中形成的分散系。粗分散系中的粒子都在 100nm 以上。

悬浊液、乳浊液与溶液的主要不同点是均匀性和稳定性差，这主要是由于粗分散系的颗粒比溶液的大而造成的。

（3）**胶体分散系**　它是分散质的粒子大小介于溶液和粗分散系之间的一种分散系。

以上这种分类方法只是为了研究方便，三种分散系虽然有明显的区别，但有时却没有截然的界线。如现已发现粒子在 500nm 以上的分散系仍然表现出胶体的性质。因此，以粒子大小范围区分分散系只有相对性。

二、胶体（选学内容）

胶体在自然界普遍存在，它对工农业生产和科学实验都有重要作用，几乎在各行各业都要应用胶体。例如，石油、造纸、染料、纺织、肥料、制药、食品、选矿、铸造工艺等无一不和胶体发生关系。

分散质或分散剂物质的种类和聚集状态（固、液、气三态）不同，可以配成不同的胶体。本节只讨论以水为分散剂的胶体。

胶体具有如下性质。

（1）**光学性质——丁达尔效应**　用一束通过聚光镜会聚的强光照射盛有胶体溶液的烧杯，这时在光束照射的垂直方向上能看到有一条发亮的光柱，这种现象称为丁达尔效应，如图 3-1 所示。

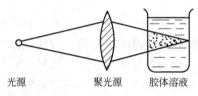

图 3-1　丁达尔效应

这种现象在实际生活中也存在。例如，在天气晴朗的时候，如果有一束阳光射入一间小黑屋，我们就能看见一颗颗尘埃在阳光下闪烁不定、上下跳动，这种现象也叫丁达尔效应。

丁达尔效应是由于胶体粒子对光的散射而形成的一种光学现象。当一束光线照射分散系时，如果分散系的粒子的直径大于光的波长，则光就要从粒子的表面反射回来；而当分散系的粒子直径小于光的波长时，则光就要发生散射，此时，每一个粒子都像一个小小的光源，向各个方向发射出光线，形成一条明亮的光柱。

（2）**动力学性质——布朗运动**　用一台超显微镜观察胶体溶液，能看到胶体粒子不断地进行无规则运动——布朗运动，如图 3-2 所示。

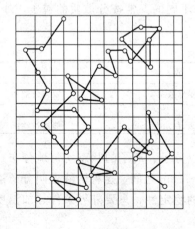

图 3-2　布朗运动

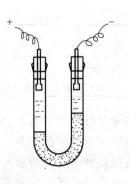

图 3-3　电泳实验装置

布朗运动的产生是由于胶体粒子周围分散剂的分子作热运动时，产生对胶体粒子不均匀的碰击，致使胶体粒子发生无规则的运动。

(3) 电学性质——电泳　如果把两个电极插入胶体溶液中，可以发生胶体粒子的定向运动。这种在电场中，分散质的粒子在分散剂中的定向运动叫做电泳。电泳实验装置见图3-3。

那么胶体粒子为什么会带电呢？这主要是由于胶体粒子具有吸附作用和解离作用。

① 吸附作用　主要是指固体表面对周围介质中的分子、离子的吸附作用。

吸附作用发生在固体表面上，表面积越大，吸附能力越强。固体的粒子越小，表面积越大，而胶体粒子正具备这个特点，因此，表现出很强的吸附作用。但吸附作用是有选择性的，一般固体优先吸附与它组成有关的离子。例如，用 $AgNO_3$ 和 KI 制备 AgI 溶胶时反应式如下：

$$AgNO_3 + KI = AgI + KNO_3$$

溶液中存在 Ag^+ 和 I^-，这两种离子都是 AgI 胶体的组成离子，它们都能被吸附在胶粒表面上。如果形成胶体过程中 KI 过量，则 AgI 胶体粒子能吸附 I^- 使胶粒带负电；当 $AgNO_3$ 过量时，则 AgI 胶粒就吸附 Ag^+ 使胶粒带正电。如 $AgNO_3$ 与 KI 的用量正好时，则溶液中的 K^+ 和 NO_3^- 都不被吸附，这说明胶体粒子的吸附作用有很强的选择性，致使胶体粒子带有不同种类的电荷，见表3-2。

② 解离作用　主要指某些胶体粒子表面上的基团解离而产生电荷，使胶体粒子带电的作用。

表 3-2　某些胶体粒子的带电情况

带正电荷的胶体	带负电荷的胶体
氢氧化铁	硫化砷
氢氧化铝	硫化锑
氢氧化铬	硅酸
卤化银（在 $AgNO_3$ 过量时）	

胶体粒子的带电是胶体具有很大稳定性的主要原因。由于胶体粒子带有同种电荷，一般情况下总要产生斥力，虽然在布朗运动过程中可以发生碰撞，但很难聚集成较大的颗粒而析出沉淀，所以胶体溶液一般都相当稳定，有的胶体放置时间少则几年，多则几十年也不发生沉淀。

胶体的稳定性能给生产带来益处，如感光材料的生产，要求把溴化银制成高度分散的稳定胶体。

必要时，还可加入少量的动物胶或高分子化合物来提高胶体的稳定性，这种作用叫做胶体的保护作用。

胶体的保护作用在人体的新陈代谢过程中起重要作用。人体的血液中含有的难溶无机盐都是以胶体状态存在的，并被血清蛋白保护着。一旦体内某些疾病发作时，起保护作用的物质在血液中含量就要降低，使胶体的稳定性受到破坏，于是那些难溶的无机盐就要在身体内部的某些组织中产生堆积，使新陈代谢受到影响，严重时变成了某些器官的结石。

在生产中有时也要破坏胶体的稳定性。例如，物质的分离要采用沉淀过滤方式进行时，一定要防止产生胶体。因为胶体不仅能透过滤纸，而且胶体粒子还有吸附作用，使被吸附的杂质难以除去，致使过滤分离失败。

破坏胶体的方法是设法减弱或消除胶体粒子的电性。破坏胶体的目的是使胶体粒子聚集变成大颗粒而沉淀下来，便于分离。

破坏胶体常用两种方法：①加入少量电解质，这是加速胶体粒子聚集的主要方法。加入电解质后，使胶体中离子总数增多，有利于胶粒吸引带有相反电荷的离子，这样就能减少甚至中和胶粒所带的电荷，从而使它们失去稳定的因素，当发生互相碰撞时便聚集成大颗粒并产生沉淀，从而达到破坏胶体的目的。②加热是破坏胶体最简单的方法，通过加热，能强化粒子的热运动，增加粒子互相碰撞形成大颗粒的机会。如分析化学中对某些溶液过滤要在加热条件下进行，目的之一就是为了防止产生胶体。

第二节　物质的溶解

一、溶解平衡

在一个 200mL 的烧杯中，加入 100mL 水，室温下，将质量约为 50g 的 $CuSO_4 \cdot 5H_2O$ 放入水中，立刻就会看到溶液的颜色由无色变成浅蓝色，而硫酸铜固体附近的溶液颜色深，越往上颜色越浅，但经过一段时间后，全杯溶液颜色一样，而且固体的硫酸铜不再继续溶解。这说明，当一种可溶的固体投入水中时，固体表面上的粒子（分子、离子）由于水分子的作用，首先离开固体的表面进入溶液，并通过扩散作用均匀地分散在整个溶液中，这种过程叫溶解。与此同时，在溶液中还进行着与溶解过程相反的作用，就是溶液中的溶质粒子由于热运动，其中有些粒子又碰到了没有溶解的固体表面，由于粒子与固体表面存在作用力，使粒子又重新回到固体表面上来变成固体析出。这种从溶液中析出固体溶质的过程叫结晶。溶解和结晶在溶质形成溶液时是同时存在的一个可逆过程。一般常用下面的式子表示溶解和结晶的关系。

$$\text{固体溶质} \underset{\text{结晶}}{\overset{\text{溶解}}{\rightleftharpoons}} \text{溶液中的溶质} \tag{3-1}$$

从上面的关系式可以看出，溶解和结晶是溶解过程中的互相矛盾着的双方，二者互相依存在一个溶解过程中，并在一定的条件下互相转化。当溶解刚刚开始时，溶液里的粒子较少，溶解的速率大于结晶的速率，整个溶解过程表现为溶质的不断溶解；随着溶解的进行，溶液里的溶质粒子不断增多，使溶质粒子重新回到固体表面的结晶速率增大。当结晶速率与溶解速率相等时，两个过程达到平衡，这时固体溶质的质量不再减少，而溶液的浓度不再增加，但两个过程仍然在继续进行，只不过是两者的速率相等，因此这样的平衡是一个动态平衡。

达到动态平衡时的溶液浓度达到最大值。因此，我们把在一定温度下，溶解和结晶达到动态平衡时的溶液叫饱和溶液。反之，在一定的温度下溶解速率大于结晶速率的非平衡状态的溶液叫非饱和溶液。

二、溶解过程中能量的变化

从溶解过程中看溶质发生的变化，溶解前是溶质的粒子之间自身互相作用，溶解后是溶质的粒子与水分子之间互相作用（或与溶剂互相作用）。由于溶解前后溶质粒子之间作用情况不同，因此溶解过程中常常伴随着能量的变化，即吸热或放热。例如，氢氧化钠固体溶于水时放热，而硝酸钾或硝酸铵溶于水时要吸热。如图 3-4 中，(a) 是将 KNO_3 或 NH_4NO_3 溶解在水中时，由于溶液的温度显著地降低，使烧杯与沾水的木板冻结在一起；(b) 是将 KOH 固体或浓 H_2SO_4 溶解在水时，溶液的温度显著升高，能使插在溶液中装有乙醇的试管受热，使乙醇沸腾。通常把在溶解过程中放热或吸热统称为溶解热效应。

为什么溶质的溶解热效应有的吸热，有的放热呢？这是由于在溶解过程中存在着两个过程。一是溶剂（或水）对溶质作用，使溶质的粒子（分子、离子）之间作用力减弱，最终使溶质的粒子以热运动的形式进入溶液，这一物理过程粒子要吸收热量，来增加自己的动能以便克服粒子之间的作用力。另一过程是溶质的粒子与溶剂分子作用，产生一种叫溶剂化合物的物质，这一化学过程往往要放出热量。整个溶解过程中是吸热还是放热，就决定于这两个过程的热效应的代数和。

例如，NaCl 在水中的溶解过程见图 3-5。如果要将 1mol NaCl 完全析为独立的 Na^+ 和

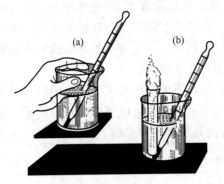

图 3-4 溶解热效应

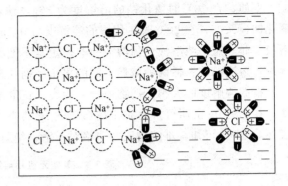

图 3-5 NaCl 溶解过程示意图

Cl^-，则需要相当大的能量，大约为 82kJ；但是当它与水作用时，Na^+ 与 Cl^- 之间的作用力大大降低，在水的作用下以 Na^+、Cl^- 离开固体表面进入溶液，这一物理过程是吸热的；但是溶解在溶液中的 Na^+ 与 Cl^- 不是单独存在的，一般要与水形成水合离子，这一过程叫溶剂化过程，并放出一定的热量，这个热量基本上与前一过程吸收的热量相当，因此 NaCl 溶解热效应很小。

溶质的粒子和溶剂粒子之间的作用叫溶剂化作用，这种作用普遍存在，有时表现出很强的作用力，甚至溶质已经从溶液中析出结晶，溶剂分子（H_2O）还随溶质一起离开溶液，进入到晶体内部，形成了该化合物的结晶水。如 $CuSO_4 \cdot 5H_2O$ 等无机化合物中的结晶水一般都是这样形成的。

综上所述，溶解过程应是一个物理-化学过程。而结晶是溶解的逆过程，如果溶解过程吸热，则结晶过程一定放热，而且热量必然相等。

第三节 溶解与结晶

糖和食盐都是易溶于水的，而油脂就难溶于水。可见不同物质在同一溶剂（H_2O）中的溶解能力是不一样的。通常把一种物质溶解在另一物质中的能力叫溶解性，溶解性的大小用溶解度表示。

一、溶解度

在一定的温度下，某些物质在 100g 水中达到溶解平衡时所能溶解的质量（g），叫做该物质的溶解度。如果不指明溶剂，则溶解度都指物质在水中的溶解度，某些物质的溶解度见表3-3。溶解度是表示在一定温度下，在一定溶剂量中，溶质溶解的最大质量（g）。如超过这个量，溶液中就会有结晶析出，因此，达到溶解度的溶液必是饱和溶液。

表 3-3 某些物质的溶解度　　单位：$g \cdot (100g\ H_2O)^{-1}$

物 质	0℃	10℃	20℃	30℃	40℃	60℃	80℃	100℃
NaCl	35.6	35.7	36.0	36.1	36.3	37.1	38.1	39.2
KCl	28.2	31.3	34.4	37.3	40.3	45.6	51.0	56.2
KNO_3	13.9	21.2	31.6	45.6	61.3	106.2	166.5	245.0
$MgCl_2$	52.8	53.5	54.3	55.3	57.5	60.7	65.87	72.7
$(NH_4)_2SO_4$	70.4	72.7	75.4	78.1	81.2	87.4	94.1	102.0
NH_4Cl	29.7	33.5	37.4	41.9	46.0	55.3	65.6	77.3
NH_4HCO_3	11.9	16.1	21.7	—	36.6	59.2	109.2	335.0
$Al_2(SO_4)_3 \cdot 18H_2O$	31.2	—	36.3	—	45.6	58.0	73.0	89.0
$CuSO_4$	14.8	17.4	20.7	25.0	29.0	39.1	53.6	73.6
$CaSO_4$	0.176	0.1925	0.2036	0.210	0.2122	0.200	0.158	0.067
$Ca(OH)_2$	0.185	0.176	0.165	0.153	0.141	0.116	0.094	0.077
$NaNO_3$	73	80	88	96	104	124	149	180

例如，在20℃时氯化钠的溶解度为36g，这就是说，在该温度下100g水中能溶解36g氯化钠；又如，在20℃时氯化银的溶解度为0.15mg。从这两个溶解度的数值可看出，饱和溶液并非一定是浓溶液；稀溶液并非一定是不饱和溶液。因此，一定要把饱和溶液和非饱和溶液与溶液的浓、稀两种截然不同的概念区别开来，不要互相混淆。

根据溶解度的大小，把物质分为四类：在室温（20℃）下的溶解度大于10g的叫易溶物质；在1～10g的叫可溶物质；在0.01～1g的叫微溶物质；在0.01g以下的叫难溶物质。见表3-4。由此可知，难溶物质并非绝对不溶，绝对不溶的物质是不存在的。

表3-4 某些无机物溶解性表（20℃）

阴离子＼阳离子	H^+	NH_4^+	K^+	Na^+	Ba^{2+}	Ca^{2+}	Mg^{2+}	Al^{3+}	Mn^{2+}	Zn^{2+}
OH^-		溶、挥	溶	溶	溶	微	不	不	不	不
NO_3^-	溶、挥	溶	溶	溶	溶	溶	溶	溶	溶	溶
Cl^-	溶、挥	溶	溶	溶	溶	溶	溶	溶	溶	溶
SO_4^{2-}	溶	溶	溶	溶	不	微	溶	溶	溶	溶
S^{2-}	溶、挥	溶	溶	溶	溶	微	溶	—	不	不
SO_3^{2-}	溶、挥	溶	溶	溶	不	不	溶	—	微	不
CO_3^{2-}	溶、挥	溶	溶	溶	不	不	微	—	不	不
SiO_3^{2-}	微	溶	溶	溶	不	不	不	不	不	不
PO_4^{3-}	溶	溶	溶	溶	不	不	不	不	不	不

阴离子＼阳离子	Cr^{3+}	Fe^{2+}	Fe^{3+}	Sn^{2+}	Pb^{2+}	Bi^{3+}	Cu^{2+}	Hg^+	Hg^{2+}	Ag^+
OH^-	不	不	不	不	不	不	不	—	—	—
NO_3^-	溶	溶	溶	溶	溶	溶	溶	溶	溶	溶
Cl^-	溶	溶	溶	溶	微	—	溶	不	溶	不
SO_4^{2-}	溶	溶	溶	溶	不	溶	溶	微	溶	微
S^{2-}	—	不	不	不	不	不	不	不	不	不
SO_3^{2-}										
CO_3^{2-}	—	不	—	不	不	不	不	不	不	不
SiO_3^{2-}	不	不	不	不	不	不	不	不	不	不
PO_4^{3-}	不	不	不	不	不	不	不	不	不	不

注："溶"表示那种物质可溶于水；"不"表示不溶于水；"微"表示微溶于水；"挥"表示挥发性；"—"表示那种物质不存在或遇到水就分解了。

物质溶解度的大小与溶质和溶剂的种类、性质有关，但至今为止，还没有能找到一个普遍适用的溶解性规律。相似相溶理论是目前唯一的有关溶解性能的经验理论，其主要观点是认为溶质能溶解在与它结构相似的溶剂中。分子结构理论认为，油脂的分子属于非极性分子，汽油或有机溶剂的分子也属于非极性分子，这两种物质分子结构相似，因此可以互溶。水的分子是极性分子，大多数无机物的分子是极性分子，因此，它们一般能溶解于水。

气体的溶解度有几种表示方法。常用的有两种，一种是用在20℃、压力为101.325kPa（气体本身的分压）下，在1L水中能溶解气体溶质的体积（L）表示。例如，在20℃时，氨的溶解度为700L，就是说，氨在20℃时，在每1L水中能溶解700L。另一种是用在20℃和101.325kPa下，在100g水中能溶解气体溶质的质量（g）表示。例如，CO_2气体在20℃和压力为101.325kPa下的溶解度为0.1688g。

二、影响溶解度的因素

大多数固体物质的溶解度随温度的上升而增加,例如 KNO_3 和 $(NH_4)_2SO_4$ 等。少数固体物质的溶解度受温度的影响比较小,如 NaCl 等。也有些固体物质随温度上升而降低,如 $Ca(OH)_2$。各种物质溶解度与温度的关系可用溶解度曲线表示,见图 3-6。

气体的溶解度受温度影响比较大,几乎所有气体的溶解度都随温度升高而减小,见表 3-5 和表 3-6。

气体的溶解度还随气体本身压力增加而增大,见表 3-7。从表中数据明显看出,增加气体的压力可增加气体的溶解度。气体的这一性质,在生产实践中得到应用。例如,在合成氨的生产过程中,为了把 CO_2 气从原料混合气体中除去,采用了在加压条件下进行水洗,使 CO_2 气体在水洗过程中最大限度地溶解于水,进而达到除去的目的。另外在汽水生产中,也是在加压下把 CO_2 气体溶解在水中的。

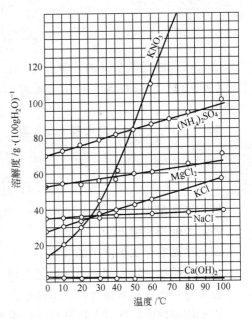

图 3-6 溶解度曲线

表 3-5 几种气体在常压下不同温度的溶解度　　单位:$L \cdot (L\ H_2O)^{-1}$

温度/℃	O_2	N_2	H_2	CO_2	NH_3
0	0.0492	0.0235	0.0215	1.713	1176
20	0.0310	0.0154	0.0182	0.878	702

表 3-6 几种气体在常压下不同温度的溶解度　　单位:$g \cdot (100g\ H_2O)^{-1}$

温度/℃	O_2	H_2S	SO_2	CO_2	NH_3
0	6.9×10^{-3}	0.7066	22.83	0.3346	89.5
10	5.4×10^{-3}	0.5112	16.21	0.2318	65.1(12℃)
20	4.3×10^{-3}	0.3846	11.28	0.1688	53.1

表 3-7 不同温度、压力下 CO_2 在水中的溶解度　　单位:$g \cdot L^{-1}$

压力/kPa	温度/℃				
	0	10	15	20	30
1×101.325	3.53	2.29	2.14	1.69	1.28
10×101.325	30.20	19.59	18.51	15.00	12.68
20×101.325	50.56	36.28	32.90	28.46	24.22
30×101.325	64.53	48.94	44.61	39.58	32.88

三、有关溶解度的计算

根据溶解度的定义,可以进行有关溶解度的计算。

【例 3-1】 在 20℃将 33.5g KCl 的饱和溶液蒸干后,得到 8.5g KCl,求在该温度下的溶解度。

解 设 KCl 在该温度下的溶解度为 x

根据溶液的质量等于溶质和溶剂的质量和,求水量:

$$33.5g - 8.5g = 25g$$

$$8.5 : 25 = x : 100$$
$$x = \frac{8.5\text{g}}{25\text{g}} \times 100\text{g} = 34\text{g}$$

答：在该温度下 KCl 的溶解度为 34g。

【例 3-2】 已知 $CuSO_4$ 的溶解度为 17.4g，求在该温度下 50g $CuSO_4$ 能配制饱和溶液多少克？

解 设 50g $CuSO_4$ 用水量为 x，则
$$100 : 17.4 = x : 50$$
$$x = \frac{100\text{g}}{17.4\text{g}} \times 50\text{g} = 287.36\text{g}$$

饱和溶液量为 287.36g＋50g＝337.36g

答：可配饱和溶液为 337.36g。

四、结晶在化工生产中的应用

采用结晶提纯物质和分离某些混合物，是化工生产中常用的方法。

如果对一个饱和溶液加热以蒸发水分，或者对它冷却降低温度，都能在该溶液中产生结晶，直至溶液的浓度达到在该条件下的饱和溶液时，结晶才停止析出。可见饱和溶液是不能析出结晶的，只有在过饱和溶液中才能有溶质析出结晶。所谓过饱和溶液是指溶液浓度高于该温度下饱和溶液浓度的溶液。也就是说，过饱和溶液中溶质的含量超过了它在该温度下的溶解度，因此要有结晶析出。

要使溶质从溶液中析出结晶，可以通过蒸发水分或是降低饱和溶液的温度等方法来实现。究竟采用哪种方法好，这要根据被析出物质的溶解度与温度的关系来确定。如果温度对于该物质的溶解度影响不大，则一般可以用蒸发水分的方法，使它在溶液中析出结晶。例如，在工业上用海水制取食盐时，就是采用阳光和风使海水自然蒸发的方法而得到食盐。如果温度对该物质的溶解度影响很大，则一般可根据不同情况，分别采用直接降低温度，或是先加热蒸发水分而后再降温等方法，使它从溶液中析出结晶。

下面分别介绍这两种方法。

1. 蒸发水分

因为溶质被溶解的多少，在一定的温度下与溶剂量成正比。因此对饱和溶液加热蒸发水分后，必然使饱和溶液变为过饱和溶液，最后使溶质析出结晶。

2. 冷却饱和溶液

因为有些物质的溶解度受温度的影响很大，如果将这种饱和溶液进行冷却降温，这时溶质的溶解度明显下降。两个不同温度下的溶解度之差越大，则析出结晶越多。例如，在80℃和20℃时 KNO_3 的溶解度分别为169g 和31.6g，如果在80℃时的饱和 KNO_3 溶液为269kg，当温度下降到20℃时，就有137.4kg KNO_3 晶体析出，还剩下饱和溶液131.6kg。结晶后剩下的饱和溶液叫母液。

在化工生产中为了降低生产成本，常常把这两种方法结合起来使用，一般是先加热蒸发水分，而后再降低温度。

结晶的温度、溶液的浓度对结晶的晶体外形有很大影响。如溶液浓度较高，冷却降温速度较快，则得到的晶体粒子细小，而且晶体的外形几何形状也很不完整；如溶液的浓度适当，降温速度平缓，则得到的晶体颗粒大，几何形状完整。有时由于晶体结构复杂或者不易

形成晶体，常加入少量该物质的晶体作晶种，或利用机械摩擦器壁、搅拌、振动等办法加速晶体形成。如在白糖的生产过程中，为了提高白糖晶体质量，对使用的晶种常用酒精作分散剂，并把晶种高度分散，然后均匀地撒在待结晶的白糖溶液中，这样得到的白糖晶体粒子均一、外形整齐。

根据物质的溶解度不同，可以对含有几种可溶物质组成的混合物进行分离提纯。例如，在 KCl 中混有少量的 NaCl 时，可先将此混合物在高温时配成饱和溶液，然后降温，由于 NaCl 含量较少而且温度对它的溶解度影响较小，因此产生晶体析出的物质只有 KCl。最后用过滤的方法把晶体和母液分离。如对晶体的纯度要求较高，可以进行多次溶解、结晶、过滤，直至达到要求为止。这种方法可以用来提纯溶解度随温度有显著变化的物质。

【例 3-3】 将在 40℃时 KNO_3 的饱和溶液 1.5kg 加热蒸发掉水分 20g 后，又降温到 10℃，试计算有多少 KNO_3 晶体析出（40℃、10℃时，KNO_3 的溶解度分别为 61.3g 和 21.2g）。

解 设在 40℃、10℃时的溶液含纯 KNO_3 量分别为 x_1 和 x_2

（1）根据溶解度的定义，可列下面关系式：

溶质的质量：溶液的质量＝溶解度：(100＋溶解度)

$$x_1 : 1.5 \times 10^3 = 61.3 : (100+61.3)$$

$$x_1 = \frac{61.3g}{100g+61.3g} \times 1.5 \times 10^3 g$$

$$= 570g$$

（2）溶液含水量为：

$$1.5 \times 10^3 g - 570g = 930g$$

（3）计算在 930g－20g＝910g 水中，在 10℃时能溶解的 KNO_3 量，即 x_2

$$21.2 : 100 = x_2 : 910$$

$$x_2 = \frac{21.2g}{100g} \times 910g = 192.92g$$

（4）应析出 KNO_3 量为 $x_1 - x_2$：

$$570g - 192.92g = 377.08g \approx 0.3771kg$$

答：析出 KNO_3 晶体 0.3771kg。

用结晶的方法，不仅能分离和提纯物质，而且还能制备一些物质。例如，用复分解的方法以 $NaNO_3$ 与 KCl 为原料制取 KNO_3 是根本办不到的，然而用重结晶的方法就能实现上述目的。因为这两种物质在水溶液中可解离出四种离子，即 K^+、Na^+、Cl^- 和 NO_3^-，这四种离子互相作用可以形成下列四种结晶：NaCl、KCl、$NaNO_3$ 和 KNO_3，从溶解度数据可以看出，这些物质的溶解度受温度的影响不同。例如，在 10℃时 KNO_3 的溶解度最小，并且 KNO_3 的溶解度受温度的影响最大。所以这种混合溶液在较低温度下，一旦有结晶析出一定是 KNO_3。在实际生产中为了得到较纯的 KNO_3 晶体，往往采用下面的方法：将这种溶液在较高温度下蒸发浓缩，首先让 NaCl 析出结晶，而 KNO_3 大部分留在溶液中。用水稍加稀释除去 NaCl 晶体后的母液，经冷却后即有 KNO_3 晶体析出。这样制得的 KNO_3 纯度较高。

第四节 溶液的组成

溶液是由溶质和溶剂组成的，为了定量地表示溶质在溶液中的多少，根据生产和科学实验的不同要求，可用各种不同方法表示。下面简要介绍两种最常见的表示方法。

一、溶质质量分数

溶质质量分数简称质量分数,是指溶质的质量与溶液的质量之比,可以用小数、分数或百分数表示。

$$质量分数(w) = \frac{溶质的质量}{溶液的质量} \times 100\% \tag{3-2}$$

$$= \frac{溶质的质量}{溶质的质量+溶剂的质量} \times 100\%$$

【例 3-4】 欲配制质量分数为 15% 的氯化钠溶液 400g,求需氯化钠和水各多少?

解 设需氯化钠的质量为 m

$$m = 400g \times 15\% = 60g$$

水量 = 溶液的质量 − 溶质的质量 = 400g − 60g = 340g

答:需氯化钠和水的质量分别是 60g 和 340g。

关于溶质的计算,有时所用的溶质不是纯物质,而是一种浓溶液,对这种溶质的计算,往往用量取体积比称量质量更方便。此时质量分数可用下式表示:

$$w = \frac{\rho_质 V_质 w_质}{m} \times 100\% \tag{3-3}$$

式中 $\rho_质$——浓溶液的密度;

$V_质$——浓溶液的体积;

$w_质$——浓溶液的质量分数;

m——欲配溶液的质量;

w——欲配溶液的质量分数。

【例 3-5】 欲配质量分数为 20% 的稀硫酸溶液 20kg,问需质量分数为 98%、密度为 1.84kg·L^{-1} 的浓硫酸多少升?

解 设需浓硫酸的体积为 $V_质$

已知 $\rho_质 = 1.84$ kg·L^{-1}, $w_质 = 98\%$, $m = 20$kg, $w = 20\%$

因为 $w = \dfrac{\rho_质 V_质 w_质}{m} \times 100\%$

所以 $V_质 = \dfrac{mw}{\rho_质 w_质} = \dfrac{20\text{kg} \times 20\%}{1.84\text{kg}\cdot\text{L}^{-1} \times 98\%} = 2.22\text{L}$

答:需浓硫酸的体积为 2.22L。

二、物质的量浓度及其计算

1. 物质的量浓度的定义及其计算

物质的量浓度是以 1L 溶液中所含溶质的物质的量来表示的溶液浓度,常用符号 c 表示,其单位为 mol·L^{-1}。物质的量浓度可用下式表示:

$$c_B = \frac{n_B}{V} = \frac{\frac{m_B}{M_B}}{V} \tag{3-4}$$

式中 c_B——B 物质的量浓度,mol·L^{-1};

n_B——溶质 B 的物质的量,mol;

m_B——溶质 B 的质量,g;

M_B——溶质 B 的摩尔质量,g·mol^{-1};

V——溶液的体积，L。

例如，在1L溶液中含有纯硫酸的物质的量为1mol（98g），则该溶液的物质的量浓度为 1mol·L^{-1}，可表示为 $c(H_2SO_4)=1\text{mol}\cdot\text{L}^{-1}$。

可见，使用物质的量浓度符号时，同样必须指明物质的基本单元。

【例3-6】 欲配制 0.1mol·L^{-1} 氢氧化钠溶液 500mL，问需氢氧化钠多少克？

解 设需氢氧化钠的质量为 m

已知 $c(\text{NaOH})=0.1\text{mol}\cdot\text{L}^{-1}$，$V=500\text{mL}=0.5\text{L}$，$M(\text{NaOH})=40\text{g/mol}$

因为 $$c_B=\frac{\dfrac{m_B}{M_B}}{V} \quad 即 \quad c(\text{NaOH})=\frac{\dfrac{m(\text{NaOH})}{M(\text{NaOH})}}{V}$$

所以 $$m(\text{NaOH})=c(\text{NaOH})VM(\text{NaOH})$$
$$=0.1\text{mol}\cdot\text{L}^{-1}\times 0.5\text{L}\times 40\text{g}\cdot\text{mol}^{-1}=2\text{g}$$

答：需氢氧化钠的质量为 2g。

【例3-7】 已知浓硫酸的质量分数为 98%，密度为 1.84kg·L^{-1}，计算此硫酸的物质的量浓度是多少？[$M(H_2SO_4)=98\text{g}\cdot\text{mol}^{-1}$]

解 设硫酸的物质的量浓度为 $c(H_2SO_4)$

已知 $\rho(H_2SO_4)=1.84\text{kg}\cdot\text{L}^{-1}$，$w(H_2SO_4)=98\%$，$M(H_2SO_4)=98\text{g}\cdot\text{mol}^{-1}=98\times 10^{-3}\text{kg}\cdot\text{mol}^{-1}$

因为 $$c_B=\frac{\dfrac{m_B}{M_B}}{V}$$

所以 $$c(H_2SO_4)=\frac{\dfrac{m(H_2SO_4)}{M(H_2SO_4)}}{V}=\frac{\dfrac{V(H_2SO_4)\rho(H_2SO_4)w(H_2SO_4)}{M(H_2SO_4)}}{V}$$
$$=\frac{\dfrac{1\text{L}\times 1.84\text{kg}\cdot\text{L}^{-1}\times 98\%}{98\times 10^{-3}\text{kg}\cdot\text{mol}^{-1}}}{1\text{L}}=18.4\text{mol}\cdot\text{L}^{-1}$$

答：此硫酸的物质的量浓度为 18.4mol·L^{-1}。

2. 物质的量浓度的稀释

在生产和科学实验中，常常需要把浓度大的溶液通过加水稀释成浓度较小的溶液，这一过程叫溶液的稀释。稀释过程中，溶液的体积由 V_1 变 V_2（增大），浓度由 c_1 变 c_2（变小），但稀释前后溶液中所含溶质的物质的量保持不变。因此有如下等式：

$$c_1V_1=c_2V_2 \quad (\text{此公式为稀释定律数学表达式}) \tag{3-5}$$

式中 c_1——稀释前溶液的物质的量浓度；

V_1——稀释前溶液的体积；

c_2——稀释后溶液的物质的量浓度；

V_2——稀释后溶液的体积。

【例3-8】 欲将 18.4mol·L^{-1} 的浓硫酸溶液 300mL，稀释成 3mol·L^{-1} 的稀硫酸溶液，问需加入多少水？（假定在稀释过程中溶液的体积有加和性）

解 设需加入水量为 x

已知 $V_1=300\text{mL}=0.3\text{L}$，$c_1=18.4\text{mol}\cdot\text{L}^{-1}$，$V_2=V_1+x$，$c_2=3\text{mol}\cdot\text{L}^{-1}$

因为 $c_1V_1=c_2V_2=c_2(V_1+x)$

所以 $x=\dfrac{c_1V_1}{c_2}-V_1=\dfrac{18.4\text{mol·L}^{-1}\times 0.3\text{L}}{3\text{mol·L}^{-1}}-0.3\text{L}=1.54\text{L}=1540\text{mL}$

答：需加入水量为 1540mL。

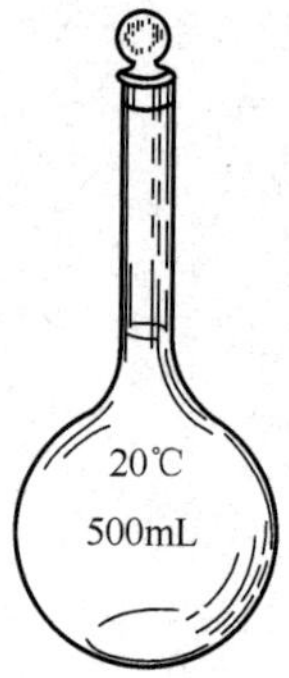

3. 配制物质的量浓度溶液的方法

配制物质的量浓度溶液，有时对浓度的准确度要求很高，现将配制主要步骤介绍如下。

配制物质的量浓度溶液使用的主要玻璃仪器有：大烧杯、容量瓶和玻璃棒等。容量瓶是专门用来配制溶液浓度的一种玻璃仪器，在瓶上刻有使用的温度和容量的体积，在细长的颈上刻有体积的标准线，见图 3-7。一般常用的容量瓶规格有 50mL、100mL、500mL 和 1000mL 几种。

配制的具体步骤如下：

图 3-7　容量瓶

（1）先用分析天平准确称量出固体溶质的质量（m）。

（2）将称得的溶质（m）放置在干净的 500mL 大烧杯中，加少量蒸馏水使其溶解，然后小心地倾倒在容量瓶中（冷却至室温），并用少量蒸馏水把残留在烧杯中的溶质洗净，一并倒入容量瓶中（注意：一定不能用水过多而使水量超过容量瓶的容量标准线，如有此情况发生需重新配制）。

（3）小心地加水至刻度（注意事项同上）。

（4）盖紧瓶盖并用手握住瓶盖，把容量瓶倒置过来，轻轻地摇动几下，使溶液均匀，最后计算溶液的浓度，并把浓度与配制时间一并写在标签上，贴好待用。

三、等物质的量反应规则

科学实验和理论研究都证明：在化学反应中，当两种物质完全反应时，则两种物质所消耗的物质的量相等（即 A 物质基本单元消耗的物质的量等于 B 物质基本单元所消耗的物质的量）。这就是等物质的量反应规则，它是分析化学计算的理论基础。

如 $\text{NaOH}+\text{HCl}=\!=\!=\text{NaCl}+\text{H}_2\text{O}$，当完全反应时 NaOH 和 HCl 所消耗的基本单元的物质的量相等，即 $n(\text{NaOH})=n(\text{HCl})$。

如令 c_A、c_B 分别代表参加反应的 A 和 B 两种物质的物质的量浓度，而 V_A、V_B 分别代表参加反应的 A 和 B 两种溶液完全反应时所消耗的体积，则等物质的量反应规则又可表示如下：

因为 $n_A=n_B$，$n_A=c_AV_A$，$n_B=c_BV_B$

所以 $c_AV_A=c_BV_B$ （3-6）

因此可将上述反应式的等物质的量反应规则表示如下：

$$c(\text{NaOH})V(\text{NaOH})=c(\text{HCl})V(\text{HCl})$$

稀释定律数学表达式［式（3-5）］与等物质的量反应规则表达式［式（3-6）］形式完全一样，但有本质的区别。式（3-5）是表示溶液在稀释前后溶质的物质的量不变；而式（3-6）是表示在溶液中进行的化学反应，当两种物质完全反应时，两种物质所消耗的基本单元的物质的量相等。

【例 3-9】 若 25.00mL 氢氧化钠溶液与浓度为 0.2000mol·L^{-1} 的盐酸溶液 20.00mL 完全反应，求氢氧化钠溶液的物质的量浓度？

解 设氢氧化钠溶液的物质的量浓度为 $c(\text{NaOH})$

已知 $c(\text{HCl})=0.2000\text{mol·L}^{-1}$，$V(\text{HCl})=20.00\text{mL}$，$V(\text{NaOH})=25.00\text{mL}$

因为 $c(\text{NaOH})V(\text{NaOH})=c(\text{HCl})V(\text{HCl})$

所以 $c(\text{NaOH})=\dfrac{c(\text{HCl})V(\text{HCl})}{V(\text{NaOH})}=\dfrac{0.2000\text{mol}\cdot\text{L}^{-1}\times20.00\text{mL}}{25.00\text{mL}}=0.1600\text{mol}\cdot\text{L}^{-1}$

答：此氢氧化钠溶液的物质的量浓度为 $0.1600\text{mol}\cdot\text{L}^{-1}$。

【例 3-10】 中和 2g 固体氢氧化钠用去 12.50mL 盐酸溶液，求此盐酸溶液的物质的量浓度？$[M(\text{NaOH})=40\text{g}\cdot\text{mol}^{-1}]$

解 设盐酸溶液的物质的量浓度为 $c(\text{HCl})$

已知 $m(\text{NaOH})=2\text{g}$，$M(\text{NaOH})=40\text{g}\cdot\text{mol}^{-1}$，$V(\text{HCl})=12.50\text{mL}=12.50\times10^{-3}\text{L}$

因为 $\text{NaOH}+\text{HCl}=\!=\!=\text{NaCl}+\text{H}_2\text{O}$

$n(\text{NaOH})=n(\text{HCl})$

$n(\text{NaOH})=\dfrac{m(\text{NaOH})}{M(\text{NaOH})}$ $n(\text{HCl})=c(\text{HCl})V(\text{HCl})$

所以 $\dfrac{m(\text{NaOH})}{M(\text{NaOH})}=c(\text{HCl})V(\text{HCl})$

$c(\text{HCl})=\dfrac{m(\text{NaOH})}{M(\text{NaOH})V(\text{HCl})}=\dfrac{2\text{g}}{40\text{g}\cdot\text{mol}^{-1}\times12.50\times10^{-3}\text{L}}=4\text{mol}\cdot\text{L}^{-1}$

答：盐酸溶液的物质的量浓度为 $4\text{mol}\cdot\text{L}^{-1}$。

第四章　化学反应速率和化学平衡

1. 了解化学反应速率定义,掌握对同一反应式用不同物质浓度的变化表示反应速率的方法。
2. 了解浓度、温度和催化剂对反应速率的影响。
3. 了解化学平衡概念,掌握平衡常数 K_c、K_p 的表达式,并能应用平衡常数进行有关化学平衡的计算。
4. 了解勒夏特列原理在化工生产中应用时必须注意的几项原则。

在化工生产中,人们经常关心的是如何能使产品生产周期短,即在单位时间内生产的产品多;如何使产品消耗的原料少,即反应物最大限度地转化为产物。这些内容从化学的角度看,主要涉及化学反应速率和化学平衡两个方面的问题。因此,我们学习化学反应速率和化学平衡,无论对理论研究和生产实践都具有重要意义。

第一节　化学反应速率

一、化学反应速率概念

各种化学反应进行的快慢相差很大,有些反应进行得很快,几乎在一瞬间就能完成,例如酸碱中和反应、爆炸反应;有些进行得很慢,甚至经长年累月也察觉不出有什么明显变化,例如在常温下氢与氧化合成水的反应。

化学反应速率是以单位时间内反应物浓度的减少或生成物浓度的增加来表示的。浓度单位是 $mol \cdot L^{-1}$,时间可用分(min)、秒(s)等表示。例如,某一反应物的起始浓度为 $2 mol \cdot L^{-1}$,经过 1s 后,它的浓度变为 $1.8 mol \cdot L^{-1}$,这就是说,在 1s 内反应物浓度减少了 $0.2 mol \cdot L^{-1}$,所以这个化学反应速率为 $0.2 mol \cdot L^{-1} \cdot s^{-1}$。

二、化学反应速率的表示方法

在化学反应中,反应物的减少与生成物的增加是按化学反应方程式表示的定量关系进行的。例如:

$$N_2 + 3H_2 \Longrightarrow 2NH_3$$

反应式的定量关系表明,N_2 与 H_2 是按 1∶3 的定量关系进行化学反应的;N_2 与 NH_3 是按 1∶2 的定量关系进行转化的。根据这些定量关系可以明显地看出,每生成 1mol 的 NH_3,需要消耗 $\frac{3}{2}$ mol 的 H_2 和 $\frac{1}{2}$ mol 的 N_2。因此,在同一个反应方程式中,由于用不同物质的浓度变化来表示反应速率,其数值可能是不同的。例如:

$$N_2 + 3H_2 \Longrightarrow 2NH_3$$

起始浓度/$mol \cdot L^{-1}$	1	3	0
1s 后的浓度/$mol \cdot L^{-1}$	0.9	2.7	0.2

下面分别用 N_2、H_2 或 NH_3 的浓度变化表示该反应的反应速率：

$$v_{N_2}=0.9-1=-0.1(mol \cdot L^{-1} \cdot s^{-1})$$

$$v_{H_2}=2.7-3=-0.3(mol \cdot L^{-1} \cdot s^{-1})$$

$$v_{NH_3}=0.2-0=0.2(mol \cdot L^{-1} \cdot s^{-1})$$

由此可以看出，用不同物质浓度的变化表示同一个反应的反应速率，不仅数值不同，而且用生成物与用反应物的浓度变化表示的速率数值的符号还有正、负之分。这说明反应物的浓度随时间而降低，生成物的浓度随时间而增加，因此才出现正、负号。为了使反应速率都是正值，在用反应物浓度变化表示的速率式子前面加一个"－"号即可。如：

$$v_{N_2}=-(0.9-1)=0.1(mol \cdot L^{-1} \cdot s^{-1})$$

虽然用三种物质的浓度变化表示同一反应的速率可有三个不同的数值，但由于化学反应中各物质之间是按化学反应方程式中表示的定量关系进行化学反应的，所以不同的数值却表示同一化学反应速率，其数值可以互相换算。如果把用各种不同物质浓度变化表示的速率值除上方程式中的定量关系的系数（分子式前面的系数），则所有用不同物质浓度变化表示的速率值都是相等的。例如：

$$\frac{1}{3}v_{H_2}=\frac{1}{1}v_{N_2}=\frac{1}{2}v_{NH_3}=\frac{1}{3}\times 0.3=\frac{1}{1}\times 0.1=\frac{1}{2}\times 0.2=0.1 mol \cdot L^{-1} \cdot s^{-1}$$

因此，可以用不同物质的浓度变化来表示同一化学反应速率，但其数值可能不同，在计算时要注意相互间的换算。

如果以 A→B 的反应为例，设在 t_1 时测得 A 和 B 的浓度分别为 c_{A1} 和 c_{B1}；在 t_2 时又测得 A 和 B 的浓度分别为 c_{A2} 和 c_{B2}，则该反应速率为：

$$\bar{v}=-\frac{c_{A2}-c_{A1}}{t_2-t_1}=\frac{c_{B2}-c_{B1}}{t_2-t_1}$$

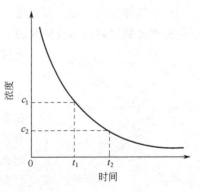

图 4-1 反应速率与时间的关系

这就是化学反应速率的一般公式。但由于化学反应速率往往是时时刻刻都在变化，对反应物来说，一般是随时间的继续反应速率减小，见图 4-1。因此这个速率公式表示的速率应是在某一段时间内的平均速率。

第二节 影响化学反应速率的因素

一、浓度、压力对化学反应速率的影响

我们知道，可燃物质在氧气中燃烧比在空气中快得多，因为氧气能助燃，它比空气中的含氧量高，因此燃烧得快。为了解反应物浓度与反应速率的定量关系，进行如下的实验：分别往如下编号的四只烧杯中加入 Na_2SO_3 和 H_2O，最后在同一温度下边搅拌边将 KIO_3 溶液加入到四只烧杯内，记录溶液变蓝的时间。

编号	Na$_2$SO$_3$ 溶液❶/mL	H$_2$O/mL	KIO$_3$ 溶液❷/mL
1	80	80	160
2	80	120	120
3	80	160	80
4	80	200	40

实验结果表明，在其他条件完全相同时，溶液变蓝色的时间与 KIO$_3$ 在溶液中的相对浓度有关，浓度越大，变蓝色的时间越短，即反应速率越快。

人们经过长期的、大量的实验，总结出了有关反应速率与反应物浓度的定量关系式：在恒温下，对简单的化学反应，反应速率与反应物浓度方次的乘积成正比（反应物浓度的方次等于反应式中分子式前的系数），这一关系叫做质量作用定律。

设反应式为 $aA+bB \Longrightarrow C$ 的简单反应，则质量作用定律的表达式为：

因为 $$v \propto [A]^a[B]^b$$

所以 $$v = k[A]^a[B]^b$$

式中，k 称为反应速率常数。当 A、B 两物质的浓度为 $1 mol \cdot L^{-1}$ 时，则反应速率在数值上等于 k，因此，k 实质上是单位浓度的反应速率。k 的数值大小与浓度无关，只与温度有关。对一定的反应，在一定的温度下，k 值是一常数；不同的反应 k 值不同，k 值越大，则反应速率越大。k 值一般通过化学实验测定，常见化学反应的 k 值可在化学手册中查找。

质量作用定律只适用于简单反应。所谓简单反应是指一步完成的化学反应（也叫基元反应）；反之就称为复杂反应。

对于气体反应来说，在温度一定的条件下，增加气体的压力，相当于增加浓度，因而使反应速率加快（对液体反应来说，在一般压力下对液体的浓度没有影响）。

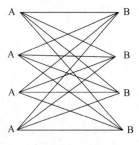

图 4-2 A 与 B 分子碰撞示意图

有固体参加的化学反应，反应速率与固体物质的接触表面积有关，一般是增大接触面能使反应速率加快，而与固体的质量多少无关，所以质量作用定律的速率公式中不包括固体。

在实际生产中，对有固体参加的化学反应，为了提高反应速率，常采取粉碎或搅拌等办法来增加反应的接触表面积。

那么为什么增加反应物的浓度能加快反应速率呢？因为化学反应是分子的分解和原子的化合过程，要实现这一过程，首先必须使参加反应的各物质分子之间互相接触乃至发生碰撞，因此增加反应物的浓度有利于碰撞次数的增加，如图 4-2 所示。

从图 4-2 中可以看出，当 A 与 B 反应时，在一定的温度下，单位体积内 A 与 B 的浓度越大，分子间碰撞的次数越多。当 A 和 B 在单位体积内都是 4 时，则互相碰撞次数为 $4^2=16$ 次；如果把 A 与 B 增加为 8 时，则碰撞次数就变为 $8^2=64$ 次。因此，通过碰撞这一关系可以看出反应物的浓度对反应速率的影响是很大的。

---

❶ Na$_2$SO$_3$ 溶液的配制：将 0.5g Na$_2$SO$_3$ 溶于少量水中并加入少量淀粉溶液，然后置于 1L 容量瓶内用水稀释至刻度。

❷ KIO$_3$ 溶液的配制：将 2g KIO$_3$ 加入 10mL $1mol \cdot L^{-1}$ 的硫酸溶液，然后置于 1L 容量瓶中用水稀释至刻度。

由于 KIO$_3$ 是酸性溶液，实际上是 HIO$_3$ 与 H$_2$SO$_3$ 反应：

$$2HIO_3 + 5H_2SO_3 \Longrightarrow 5H_2SO_4 + H_2O + I_2$$

反应生成的 I$_2$ 能使淀粉变成蓝色，因此可用溶液变蓝色的时间长短来表示反应速率的快慢。

二、温度对化学反应速率的影响

温度对化学反应速率的影响非常明显。例如氧气和氢气化合生成水的反应,在常温下就是经过几十年也看不出有水生成,然而将温度升高到600℃时,反应立刻迅速发生并产生爆炸。

为了找出温度对反应速率的定量关系,进行如下的实验:将六只大烧杯分别编号为1、2、3、4、5、6,其中1和2、3和4、5和6各为一组,用1、3、5和2、4、6分别按以下用量装入Na_2SO_3和KIO_3溶液,然后把每一组分别装有Na_2SO_3和KIO_3的两只烧杯放在同一水浴中,当温度达到实验规定温度时,边搅拌边将两种溶液混合使其发生化学反应,观察并记录每组反应时溶液变蓝色的时间。

编号	Na_2SO_3 溶液❶/mL	KIO_3 溶液❶/mL	温度❷/℃
1、2	160	160	20
3、4	160	160	30
5、6	160	160	40

从实验结果看,在其他条件相同时,温度越高,变蓝色的时间越短。大约是温度每升高10℃,则反应速率加快2~4倍。其他一些实验也基本符合这一规律。

温度对反应速率的影响,主要是增大反应速率常数,这一点与浓度对反应速率的影响是不同的。例如,N_2O_5在气相中分解反应速率常数值k与温度的关系见表4-1。

表4-1 不同温度下的k值

温度/℃	k值	每升高10℃,k值增加的倍数
25	$3.46×10^{-5}$	3.4~3.5
45	$4.19×10^{-4}$	3.4~3.5
60	$4.87×10^{-3}$	3.4~3.5

三、催化剂对化学反应速率的影响

我们把凡能改变反应速率而本身的组成和质量在反应前后保持不变的物质称为催化剂。催化剂能改变反应速率的作用叫催化作用,有催化剂参加的反应叫催化反应。例如,金粉就是HI分解反应的催化剂,这个反应叫催化反应。

催化剂也有能延缓某些反应速率的,这类催化剂叫负催化剂。例如,在橡胶和塑料制品中为了防止老化而加入的防老剂就是一种负催化剂。本书所介绍的催化剂都是指能加速反应速率的正催化剂。

催化剂对加速反应速率的作用非常明显,而且是很惊人的。例如,HI分解反应,在230℃时,有催化剂比无催化剂反应速率增加大约1000万倍。

催化剂是具有选择性的。所谓选择性是指特定的催化剂只能催化特定的反应。例如,合成氨反应的催化剂是铁;$KClO_3$分解制取氧气的反应中,MnO_2是催化剂。另外催化剂的选择性还表现在对同一反应,由于使用不同的催化剂能得到不同的产品。

催化剂的这种特殊的选择性,在化工生产中的意义特别重大。在生产中,往往一种新型催化剂的出现,能引起生产的巨大变革,所以国内外很多人都在从事催化剂的研究工作。目前关于酶催化剂(生物催化剂)的研究,取得了很大的进展,现已发现,有的酶催化剂比非酶催化剂提高反应速率达十几万倍。现在化工生产中都是使用金属化合物催化剂,反应温度都较高,有些催化剂对人体还有很大的毒性。如果今后能用酶催化剂代替金属化合物催化

---

❶ 溶液配制同浓度实验。
❷ 本实验温度不能超过50℃,在55℃以上,碘不能和淀粉发生作用,结果使实验现象不明显。

剂，一定会使化工生产出现一个崭新的局面。

第三节 化学平衡

前面讨论了化学反应速率及其影响因素，我们运用这些规律，固然可使化学反应以适宜的速率进行，力争在单位时间内获得较高的产量，然而这仅仅是问题的一个方面。对化工生产来说，产量和原料的消耗是密切相关的，只有那些反应速率又快、反应物又能最大限度地转化为产物的反应，才能保证生产达到高产、低耗。因此研究化学反应进行的程度——化学平衡问题，显得特别重要。

一、可逆反应与化学平衡

如果一个化学反应既能从左向右进行，也能从右向左进行，这样的反应叫可逆反应。通常用相反箭号表示反应的可逆性。例如：

$$N_2 + 3H_2 \rightleftharpoons 2NH_3$$

从左向右进行的反应叫正反应；从右向左进行的反应叫逆反应。一般来说，可逆性是化学反应的普遍特征，但是可逆反应程度因化学反应的不同差别特别大，有的化学反应的可逆性特别小，几乎只有正反应，习惯上把这类反应称为非可逆反应。例如：

$$2KClO_3 \xrightarrow[MnO_2]{\triangle} 2KCl + 3O_2 \uparrow$$

在可逆反应中，正反应和逆反应是同时进行的。例如，用 H_2 与 N_2 反应合成 NH_3 时，根据质量作用定律可以知道，反应刚开始，因仅有 H_2 与 N_2，而且浓度最大，因此反应速率也最大。随着反应的进行，H_2 与 N_2 两种气体的浓度都开始下降，因而正反应速率也逐渐变小。另一方面，在反应过程中 NH_3 的分子从无到有并逐渐增多，使逆反应速率也从零变大。在正反应速率逐渐减小和逆反应速率逐渐增大的过程中，最后达到正反应和逆反应两者速率相等的情况，如图4-3所示。这时反应物和生成物的浓度都不再改变，这就达到了所谓的化学平衡状态。在可逆反应中，正、逆反应速率相等，反应物和生成物的浓度不再随时间改变的状态就叫化学平衡，它和前一章讲到的溶解平衡一样，是一种动态平衡。在平衡状态下各物质

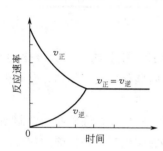

图4-3 正、逆反应速率示意图

的浓度叫平衡浓度。生成物的平衡浓度是它在此条件下所能达到的最大浓度，此时反应物转化为生成物也达到最大的转化率。例如，在某一反应条件下，在 N_2 与 H_2 合成 NH_3 的转化过程中，当反应进行到5s时，混合气体中 NH_3 的含量为16%；在10s后，NH_3 的含量达到24%；反应进行到15s就已达到平衡，这时 NH_3 的含量为26.4%。再继续反应下去，NH_3 的含量就不再增加。由此可见，反应达到平衡时，NH_3 的含量比未达到平衡时的任何时刻都高。反应达到平衡后，无论怎样延长反应时间，只要不改变其他条件，都不会再提高 NH_3 的含量。所以平衡时，一定是反应物转化为生成物的最高浓度时刻。因此，研究化学平衡的目的就是要找出反应达到平衡的条件，使反应尽快地在接近平衡时的条件下进行，进而充分地利用原料，最多地得到产物。

二、平衡常数 K_c 和 K_p

在平衡时，反应物和生成物的浓度都达到相对稳定，那么能否找到在平衡时它们之间的定量关系呢？以下面反应为例。

$$CO + H_2O \rightleftharpoons CO_2 + H_2$$

对这一反应,从表 4-2 的数据可以看出,不论 CO_2 和 H_2 两者起始浓度怎样,在达到平衡时,其产物的浓度乘积与反应物的浓度乘积之比,有一恒定的比值,它的平均值大约为 1.60,即

$$\frac{[CO_2][H_2]}{[CO][H_2O]} = K_c \approx 1.60$$

式中,K_c 称为浓度平衡常数。

表 4-2 $CO + H_2O \rightleftharpoons CO_2 + H_2$ 的平衡常数(1000℃)

原始体积分数/%		平衡体积分数/%				$K_c = \frac{[CO_2][H_2]}{[CO][H_2O]}$
CO	H_2O	CO	H_2O	CO_2	H_2	
10.1	89.9	0.69	80.5	9.41	9.41	1.59
30.1	69.9	7.15	46.93	22.96	22.96	1.57
60.9	39.1	34.43	12.67	26.45	26.45	1.60
70.3	29.7	47.50	6.85	22.82	22.82	1.60

平衡时各物质浓度间的上述关系,不仅由实验可以得到,而且对正、逆反应都是简单反应的,还可以由质量作用定律推导得出。例如,设在一定温度下,$A + B \rightleftharpoons C + D$ 的可逆反应为简单反应,因此有下列关系式:

$$v_\text{正} = k_1[A][B], \quad v_\text{逆} = k_2[C][D]$$

式中,$v_\text{正}$、$v_\text{逆}$ 分别代表正、逆反应速率;k_1、k_2 分别代表正、逆反应速率常数;[A]、[B]、[C] 和 [D] 分别代表在平衡时各物质的浓度。当达到平衡时:

$$v_\text{正} = v_\text{逆}$$

所以
$$k_1[A][B] = k_2[C][D]$$

移项后得
$$\frac{[C][D]}{[A][B]} = \frac{k_1}{k_2} = K_c$$

由于在一定温度下 k_1 和 k_2 是常数,k_1/k_2 的比值也是常数,用 K_c 表示,这就是浓度平衡常数。对非简单反应可以用其他方法推导,同样得到这样的关系,所以此关系适用于一切可逆反应。例如:

$$mA + nB \rightleftharpoons pC + qD$$

在一定温度下,反应达到平衡时,反应物与生成物的平衡浓度间的关系是:

$$\frac{[C]^p[D]^q}{[A]^m[B]^n} = K_c$$

这一平衡常数关系表明:可逆反应在一定温度下达到平衡时,生成物以反应式中分子前系数为方次的浓度乘积与反应物也以分子式前的系数为方次的浓度乘积之比,是一常数。也就是说,在可逆反应中,当达到平衡时,它们物质浓度之间的关系,与反应是否是简单反应无关。

对于气态物质参加反应的可逆反应,由于气态物质的浓度还可用气体的分压表示,因此其平衡常数既可用浓度平衡常数 K_c 表示,也可以用压力平衡常数 K_p 表示。例如,下列可逆反应的压力平衡常数 K_p 为:

$$N_2 + 3H_2 \rightleftharpoons 2NH_3$$

$$K_p = \frac{p^2(NH_3)}{p(N_2)p^3(H_2)}$$

式中，$p(H_2)$、$p(N_2)$ 和 $p(NH_3)$ 分别代表在反应混合气体中平衡时组分气体 H_2、N_2 和 NH_3 的分压。

平衡常数值的大小是反应进行程度的标志。因为平衡时反应物达到最大限度地转化为产物，而平衡常数的数学表达式是以产物浓度方次的乘积或分压的乘积为分子，以反应物浓度方次的乘积或分压的乘积为分母，所以平衡常数值的大小能很好地表示出反应进行的完全程度。一个反应的平衡常数越大，说明平衡时生成物浓度越大（生成物越多），反应物浓度越小（反应物转化得多，而剩余得少），反应物的转化率也越高。相反，平衡常数越小，说明逆反应的趋势越强，正反应的趋势越弱，反应平衡时的反应物转化率越低。

平衡常数与浓度无关，只与温度有关，在一定温度下，对指定的反应它是常数。但必须注意，由于反应方程式的写法不同，平衡常数的值也不同，所以使用平衡常数时，务必搞清方程式与平衡常数的对应关系。例如：

$$N_2 + 3H_2 \rightleftharpoons 2NH_3$$

$$K_c = \frac{[NH_3]^2}{[N_2][H_2]^3}$$

如果该方程式写成 $\frac{1}{2}N_2 + \frac{3}{2}H_2 \rightleftharpoons NH_3$，则

$$K_c' = \frac{[NH_3]}{[N_2]^{\frac{1}{2}}[H_2]^{\frac{3}{2}}}$$

所以

$$K_c' = \sqrt{K_c}$$

$$2SO_2 + O_2 \rightleftharpoons 2SO_3$$

$$K_p = \frac{p^2(SO_3)}{p^2(SO_2)p(O_2)}$$

如果该方程式写成 $SO_2 + \frac{1}{2}O_2 \rightleftharpoons SO_3$，则

$$K_p' = \frac{p(SO_3)}{p(SO_2)p^{\frac{1}{2}}(O_2)}$$

显然

$$K_p' = \sqrt{K_p}$$

所以在查找或使用平衡常数时，必须注意该平衡常数对应的反应方程式，否则要换算。另外平衡常数同反应速率的计算公式一样，不包括固体物质的浓度。例如：

$$CaCO_3 \xrightarrow{\triangle} CaO + CO_2 \uparrow$$

$$K_p = p(CO_2)$$

三、平衡常数的计算及其应用

某一化学反应的平衡常数值，可通过实验来测得。当已知在平衡时各物质的平衡浓度时，就可算出平衡常数 K_c；反之，利用 K_c 或 K_p，也可以求出在平衡时各物质的平衡浓度，以及反应物的平衡转化率或产物的最大生成量。

平衡转化率是指平衡时已转化了的反应物的量（或浓度）占该反应物总量（或起始浓度）的百分数。一般表示如下：

$$平衡转化率 = \frac{已转化了的某反应物的量}{该反应物的总量} \times 100\%$$

$$= \frac{起始浓度 - 平衡浓度}{起始浓度} \times 100\%$$

【例 4-1】 CO_2 和 H_2 在容积为 1L 的密闭容器内进行反应，在某一温度下反应达到平衡，$K_c=1$。如果 CO_2 和 H_2 的起始浓度分别为 $1mol \cdot L^{-1}$、$2mol \cdot L^{-1}$，求四种物质的平衡浓度。

解

$$CO_2 + H_2 \rightleftharpoons CO + H_2O$$

起始浓度　　　　1　　　2　　　0　　　0

平衡浓度　　　$1-x$　$2-x$　x　　x

$$K_c = \frac{[CO][H_2O]}{[CO_2][H_2]} = \frac{x^2}{(1-x)(2-x)} = 1$$

$$x^2 = 2 - 3x + x^2$$

$$x = \frac{2}{3} (mol \cdot L^{-1})$$

因此

$$[CO] = [H_2O] = \frac{2}{3} (mol \cdot L^{-1})$$

$$[CO_2] = 1 - x = 1 - \frac{2}{3} = \frac{1}{3} (mol \cdot L^{-1})$$

$$[H_2] = 2 - x = 2 - \frac{2}{3} = \frac{4}{3} (mol \cdot L^{-1})$$

答：四种物质的平衡浓度分别为 $[CO]=[H_2O]=\frac{2}{3} mol \cdot L^{-1}$，$[CO_2]=\frac{1}{3} mol \cdot L^{-1}$，$[H_2]=\frac{4}{3} mol \cdot L^{-1}$。

【例 4-2】 合成氨的反应式为 $N_2 + 3H_2 \rightleftharpoons 2NH_3$，在 400℃ 时，反应达到平衡，各物质的平衡浓度为：$[N_2]=3mol \cdot L^{-1}$，$[H_2]=9mol \cdot L^{-1}$，$[NH_3]=4mol \cdot L^{-1}$。求在该温度下的平衡常数 K_c 以及 N_2 与 H_2 的起始浓度。

解

$$N_2 + 3H_2 \rightleftharpoons 2NH_3$$

起始浓度　　　$3+4\times\frac{1}{2}$　$9+4\times\frac{3}{2}$　0

平衡浓度　　　　3　　　　9　　　　4

$$K_c = \frac{[NH_3]^2}{[N_2][H_2]^3} = \frac{4^2}{3 \times 9^3} = 7.32 \times 10^{-3}$$

N_2 的起始浓度为　　$3 + 4 \times \frac{1}{2} = 5$ $(mol \cdot L^{-1})$

H_2 的起始浓度为　　$9 + 4 \times \frac{3}{2} = 15$ $(mol \cdot L^{-1})$

答：$K_c = 7.32 \times 10^{-3}$，$N_2$ 与 H_2 的起始浓度分别为 $5mol \cdot L^{-1}$ 和 $15mol \cdot L^{-1}$。

【例 4-3】 已知 $CO + H_2O \rightleftharpoons CO_2 + H_2$，$K_c=1$，求当 $[CO]:[H_2O]=1:3$ 和 $1:3.75$ 时 CO 的转化率。

解 设（1）$[CO]:[H_2O]=1:3$ 时，$[CO]$ 和 $[H_2O]$ 的浓度分别为 x 和 $3x$，生成的 $[CO_2]=[H_2]=y$，转化率 $\alpha_1=\frac{y}{x}\times 100\%$；（2）$[CO]:[H_2O]=1:3.75$ 时，$[CO]$ 和 $[H_2O]$ 的浓度分别为 x 和 $3.75x$，生成的 $[CO_2]=[H_2]=y$，转化率 $\alpha_2=\frac{y}{x}\times 100\%$。

$$CO + H_2O \rightleftharpoons CO_2 + H_2$$

起始浓度 x $3x$ 0 0

平衡浓度 $x-y$ $3x-y$ y y

$$K_c = \frac{[CO_2][H_2]}{[CO][H_2O]} = \frac{y^2}{(x-y)(3x-y)} = 1$$

$$3x^2 = 4xy$$

所以
$$\frac{y}{x} = \frac{3}{4} = 0.75$$

即
$$\alpha_1 = 0.75 \times 100\% = 75\%$$

同理
$$\frac{y^2}{(x-y)(3.75x-y)} = 1$$

$$3.75x^2 = 4.75xy$$

所以
$$\frac{y}{x} = \frac{3.75}{4.75} = 0.789$$

即
$$\alpha_2 = 0.789 \times 100\% = 78.9\%$$

比较两个结果可以看出，由于增加了 $[H_2O]:[CO]$ 的比值，使 CO 的转化率由原来的 75% 提高到 78.9%。根据这一规律，在化工生产中，常采用增加廉价的反应原料的浓度去提高另一反应原料的转化率。

第四节 化学平衡移动

化学上把一可逆反应从一种条件下的平衡状态转变为另一种条件下的平衡状态的过程叫化学平衡移动。如果新平衡状态下的生成物的平衡浓度大于旧平衡状态下的生成物的平衡浓度，就说化学平衡向生成物方向移动，或说化学平衡移动向右进行；相反，如果新平衡状态下的生成物的平衡浓度小于旧平衡状态下的生成物的平衡浓度，就说化学平衡向反应物方向移动，或说化学平衡移动向左进行。

我们研究化学平衡移动的目的就是要利用或控制影响化学平衡移动的因素，使化学平衡移动向着有利生产需要的方向进行，使化学反应进行得更完全，反应物转化率更高，从而达到生产高产低耗的目的。影响化学平衡移动的主要因素有：浓度、温度和压力等。

一、浓度对化学平衡移动的影响

通过分析和对比 [例 4-3] 和 [例 4-4] 的计算结果，很容易从中找出浓度对化学平衡移动的影响规律。

[例 4-3] 中，由于将 $[H_2O]:[CO]$ 的浓度比由原有的 3，提高到 3.75，使 CO 的转化率从原有的 75% 提高到 78.9%，这一过程就是平衡移动，其移动方向是从左向右。

【例 4-4】 其他条件同 [例 4-3] 一样，现将 $[H_2O]:[CO]$ 之比提高到 6，求此时 CO 的转化率。如为了使 CO 的转化率达到 95%，则 $[H_2O]:[CO]$ 的比值应是多少？

解 （1） $CO + H_2O \rightleftharpoons CO_2 + H_2$

起始浓度 x $6x$ 0 0

平衡浓度 $x-y$ $6x-y$ y y

$$K_c = \frac{y^2}{(x-y)(6x-y)} = 1$$

所以
$$\frac{y}{x}=0.857$$
$$\alpha=0.857\times100\%=85.7\%$$

(2) 设为使 CO 转化率达到 95%，$[H_2O]:[CO]=\dfrac{A}{x}$

$$\begin{array}{cccc} & CO & + & H_2O & \rightleftharpoons & CO_2 & + & H_2 \end{array}$$

起始浓度 x A 0 0

平衡浓度 $x-0.95x$ $A-0.95x$ $0.95x$ $0.95x$

$$K_c=\frac{(0.95x)^2}{(x-0.95x)(A-0.95x)}=1$$
$$0.95x^2=0.05xA$$

所以
$$\frac{A}{x}=\frac{0.95}{0.05}=19$$

答：$[H_2O]:[CO]=6$ 时，CO 转化率为 85.7%；CO 转化率要求为 95% 时，$[H_2O]:[CO]=19$。

该例题计算结果说明，反应物的转化率随反应物浓度增大（浓度比增大）而增加。

把〔例 4-3〕和〔例 4-4〕的计算结果列于表 4-3。

表 4-3 不同原料配比时 CO 的转化率（$CO+H_2O\rightleftharpoons CO_2+H_2$，$K_c=1$）

$[H_2O]:[CO]$	3	3.75	6	19
CO 转化率/%	75	78.9	85.7	95

从表 4-3 中数据可以看出，增加 $[H_2O]:[CO]$ 比值（增加水蒸气用量）可以提高 CO 的转化率。但只在一定的范围内效果比较明显，过多地增加它们的用量比，不仅对提高 CO 的转化率作用不大，反而还会由于水蒸气用量过大造成设备利用率降低、产品分离困难等不利因素。因此在实际生产中，一定要找出最佳的原料配比范围，并同其他能使反应物最大限度地转化为生成物的各种因素结合起来，不断提高产量，降低消耗。

通过科学实验还证明，在其他反应条件不变的情况下，减少某一生成物浓度，则化学平衡仍然从左向右（正反应方向）移动。

由此结论：在其他反应条件不变时，增大反应物浓度或降低生成物浓度，则化学平衡向正反应方向进行，反之如减少反应物浓度或增加生成物浓度，则化学平衡向逆反应方向进行。

二、压力对化学平衡移动的影响

对于有气态物质参加的可逆反应，压力的改变能使气体反应前后分子数有变化的反应发生化学平衡移动。

现以合成 NH_3 为例，说明压力对化学平衡移动的影响。

$$N_2+3H_2\rightleftharpoons 2NH_3$$

从反应式看，反应前分子总数为 4（即 3+1）；反应后分子总数为 2，反应前后分子数不等，是属于分子数减少的反应。若在一定的温度下反应达到平衡，则平衡常数 K_p 为：

$$K_p=\frac{p^2(NH_3)}{p(N_2)p^3(H_2)}$$

如果平衡时总压增加到原来的 2 倍，则各组分的分压也增加 2 倍，即氢的分压为 $2p(H_2)$，

氮的分压为 $2p(N_2)$，氨的分压为 $2p(NH_3)$，于是有

$$\frac{[2p(NH_3)]^2}{2p(N_2)[2p(H_2)]^3}=\frac{1}{4}K_p<K_p$$

我们知道，在一定的温度下，K_p 值不随浓度、压力改变。因此，此时是非平衡状态，为了保持平衡状态（K 值不变），必须使处在非平衡状态下的反应向 NH_3 的生成方向进行（分子数减少的方向），这样才能使 $p(NH_3)$ 的值增大，而 $p(N_2)$ 与 $p(H_2)$ 值变小，最终上述关系式的比值又重新与 K_p 值相等，使反应在该压力下达到了一个新的平衡。

如果将平衡时总压减少到原来的二分之一，则各组分的分压也随之减到原来的二分之一。即氨、氢和氮的分压分别为 $\frac{1}{2}p(NH_3)$、$\frac{1}{2}p(N_2)$、$\frac{1}{2}p(H_2)$。于是有

$$\frac{[\frac{1}{2}p(NH_3)]^2}{\frac{1}{2}p(N_2)[\frac{1}{2}p(H_2)]^3}=4K_p>K_p$$

同样道理，此时的状态是非平衡状态，为保持平衡状态，只有反应向 NH_3 的分解方向进行（分子数增大方向），进而减少 $p(NH_3)$ 值，增大 $p(N_2)$ 和 $p(H_2)$，最终使上述关系式的比值又重新等于 K_p 值，反应在该压力下又重新达到一个新的平衡状态。由此可以得出结论：在一定的温度下，增大反应压力，平衡向着气体分子数减少（即体积减小）的方向移动；减少压力，则平衡向着气体分子数增加（即体积增大）的方向移动。

由于气体的体积随压力增大而变小，因此，增加压力就相当于增加它的浓度，反之，也一样。所以压力对平衡移动的影响，实质上是通过浓度实现的。因此，平衡常数 K_p 不受压力影响。

三、温度对化学平衡移动的影响

对一个可逆反应，升高温度，正反应速率常数 k_1 和逆反应速率常数 k_2 值都因此而增加，但增加的倍数不同，一般吸热反应的速率常数增加得比放热反应的速率常数要多。由于在可逆反应中，必然有一个方向的反应是放热，另一个方向的反应就是吸热，所以温度的变化引起两个方向的反应速率常数 k 值的变化是不相等的。而平衡常数 K 的关系式为：

$$\frac{k_1}{k_2}=K$$

可见，温度的改变是引起平衡常数值改变的原因，致使平衡发生移动。在其他条件恒定时，升高温度使平衡向吸热方向移动，降低温度使平衡向放热方向移动。

四、催化剂与化学平衡移动

由于催化剂能加快反应速率，因此，催化剂只能加快反应到达平衡的时间，而不能影响平衡移动。也就是说，对一个确定的可逆反应，不管是否使用催化剂，只要在相同的温度，其平衡常数 K 值是不变的，而且平衡时的转化率也是不变的，但达到平衡的时间可相差较大。因此，催化剂的作用只是大大地加快反应速率，缩短到达平衡的时间。从这一点看，在一定的条件下，对正反应是优良的催化剂，对逆反应同样也是优良的催化剂。催化剂的这一特性，对开展催化剂的研究工作有很大益处，有时对一个正反应开展催化剂的研究工作比较困难，就可以把从这个可逆反应中的逆反应的研究成果应用在正反应中。

五、勒夏特列原理

根据以上关于温度、浓度、压力对平衡移动的影响规律归纳总结，就可以得出一个较为

普遍的规律：假如改变平衡状态下的条件之一，如浓度、温度、压力，平衡就可能减弱这个改变的方向移动，这就是化学平衡移动原理，也叫勒夏特列原理。这就是说，处在一个平衡状态下的反应，增加反应物的浓度，平衡向能减弱反应物浓度的生成物方向移动；升高温度，平衡就向能降低温度的吸热方向移动；增加压力，对气体反应，平衡就向能减少压力的气体分子数减少的方向移动。

勒夏特列原理虽然是从化学平衡移动中总结出的一个规律，但实际上，它对于所有的动态平衡（包括物理平衡）都适用。但必须注意，它只能应用于平衡状态，对非平衡状态不能应用。

六、化学平衡原理在化工生产中的应用

在化工生产中，往往都是把浓度、温度、压力等因素对化学反应速率和化学平衡的影响综合起来考虑，使一个化学平衡能迅速地向着有利于生产的方向移动，这些问题既是理论问题也是实践问题，情况比较复杂，必须经过反复的实践才能确定出一个化学反应的最佳条件。现以硫酸生产过程中的一反应为例进行简单的讨论：

$$2SO_2 + O_2 \xrightleftharpoons[]{V_2O_5} 2SO_3 + Q$$

从反应式看，这是一个可逆放热反应，而且反应后气体分子总数减少。根据化学平衡移动原理可以判断，降低温度、增加压力和提高反应物的浓度等都能使 SO_2 的转化率提高。

1. 反应物的浓度

增加反应物浓度，可以使平衡向右移动，有利于 SO_2 转化为 SO_3。一般为了保证 SO_2 最大限度地转化为 SO_3，采取增大氧气的用量。从反应式看，$n(SO_2):n(O_2)$（物质的量比）是 2:1，但实际上原料气是按 7% 的 SO_2、14% 的 O_2（其余为 N_2）的体积分数组成进行配比。这时 $n(SO_2):n(O_2)$（物质的量比）大约为 1:2，因此氧是大大过量，对 SO_2 的转化非常有利。

2. 温度

升高温度能加快反应速率，但由于该反应是可逆放热反应，升高温度会对 SO_3 分解有利，使平衡向左移动，可见温度对反应速率与对平衡移动的影响是互相矛盾的（见表 4-4）。故工业生产中不采取升高温度的办法来加快反应速率，而是选用催化剂（V_2O_5）。对温度则是采用分段控制，并设法将反应放出的热量带出，保持反应一直在最佳温度下进行。为达到此目的，在生产上使用分层的并能控制反应温度的反应器，将各层温度严格地控制在指定的温度（见表 4-5），以使 SO_2 的最终转化率仍能达到最高。

表 4-4　温度对转化率的影响

温度/℃	K_p	转化率/%	温度/℃	K_p	转化率/%
400	440	99.2	500	50.2	93.2
450	138	97.5	600	9.4	73.7

表 4-5　反应器各层温度与转化率

反应器的层数	进口		出口		反应器的层数	进口		出口	
	温度/℃	转化率/%	温度/℃	转化率/%		温度/℃	转化率/%	温度/℃	转化率/%
1	440	0	580	72	3	465	88	475	93
2	470	72	510	88	4	450	93	460	96

反应原料气首先进入反应器的第一层，温度为 440℃，反应后温度上升到 580℃，此时 SO_2 的转化率为 72%，当此反应气体进入到第二层前，需降温至 470℃ 后进入第二层反应

器，经反应后温度升到 510℃，此时 SO_2 的转化率已达 88%，又经降温至 465℃ 后进入第三层，经反应后温度又升高到 475℃，这时 SO_2 的总转化率为 93%，最后降温至 450℃ 再进入最后一层，经反应后，SO_2 的最终转化率达 96%。由此可见，采用这样分段控制温度分层反应的办法，不仅使反应速率满足了生产的要求，而且 SO_2 的转化率也获得了最好的结果。

通过这一典型反应，使我们看到，一个可逆放热反应的反应温度的确定是比较复杂的，不仅要妥善地解决转化率和反应速率之间的矛盾，有时还要考虑反应器的结构应如何适应化学反应的需要。总之，合理地确定一个反应的温度、压力、浓度等问题，对多快好省地进行生产是很重要的。一般下列几项原则可供参考。

（1）增加反应物的浓度，可以提高反应速率和反应物的转化率，在生产中应选择廉价的原料过量，以提高另一原料的转化率，但过量要适当，否则会引起设备利用率降低或产品不易分离、提纯等不良后果。

（2）对反应后分子数减少的气体反应，增加压力使平衡向增加生成物方向移动，但要注意考虑设备的安全。

（3）对放热反应，升高温度能提高反应速率，但转化率降低，最好是选用催化剂和分段控制温度结合起来，力争达到一个较高的转化率。

（4）对同时存在几个副反应的可逆反应，而实际上只需其中一个反应发生时，首先必须选择合适的催化剂，保证主反应进行、副反应被控制。

第五章 电解质溶液

1. 了解弱电解质的解离平衡概念。理解解离平衡常数与解离度的关系式 $\alpha=\sqrt{K/c}$ 的含义，并能应用解离平衡常数表达式进行有关解离平衡计算。
2. 了解离子互换反应发生的五种情况和正确书写离子反应式的方法。
3. 能应用 pH 的定义进行有关 $[H^+]$ 与 pH 的计算。
4. 了解盐水解的一般规律及水解反应的应用。
5. 了解缓冲溶液的缓冲原理。

无机化学中许多反应都是在水溶液中进行的。参加反应的物质主要是酸、碱和盐类，它们都是电解质，在水溶液中都能解离成自由移动的离子。弱电解质在水溶液中存在着解离平衡。因此，本章要求我们能应用化学平衡的一般原理，着重讨论弱电解质的解离平衡、盐的水解和缓冲溶液等主要内容。

第一节 电解质的解离

一、电解质的强弱与解离度

化学上把在水溶液里或熔融状态下能导电的化合物称为电解质，凡是在此条件下都不能导电的化合物都称为非电解质。常见的电解质有水、酸、碱、盐及金属氧化物等，非电解质有非金属氧化物及大多数有机物。

1. 电解质的强弱

酸、碱和盐都是电解质，它们的水溶液都能导电，但它们在相同的条件下导电的能力是不同的。例如，将几种相同体积、相同浓度的电解质溶液，在相同条件下，按图 5-1 装置进行导电实验，所用的五种电解质溶液的浓度都是 $0.5\text{mol}\cdot L^{-1}$，电极材质及尺寸完全相同。

实验结果表明，连接插入醋酸、氨水的灯泡同其他三个灯泡相比亮度差。可见上述几种电解质在相同的条件下导电的能力是不同的；盐酸、氢氧化钠和氯化钠溶液导电能力比氨水和醋酸强。这是什么原因呢？因为电解质溶液导电是由于在电

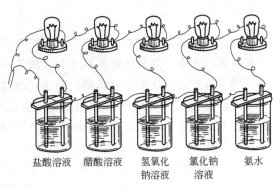

图 5-1 比较电解质的导电能力

质溶液中，存在着带有不同电荷的正负离子的定向运动的结果。电解质溶液的导电能力的强弱与该溶液中存在的正负离子多少有关。在相同温度下，相同体积、相同浓度的不同溶液中存在的离子越多，则导电能力越强。因此在上述条件下，盐酸、氢氧化钠和氯化钠溶液中存在的正负离子比醋酸、氨水的多。以此可以证明各种电解质溶液在相同的

条件下,解离的程度是不相同的。因此一般常根据电解质的解离程度的不同把它分为两类:在水溶液中能完全解离的电解质称为强电解质;在水溶液中仅能部分解离的电解质称为弱电解质。

强电解质由于全部解离,因此在溶液中不存在分子,而是以水合离子状态存在,具有很强的导电性。弱电解质由于是部分解离,而且是可逆过程,所以在解离过程中存在解离平衡,在溶液中分子和离子同时存在,但大量存在的是它的分子,导电能力较弱。一般强酸、强碱和大多数的盐都是强电解质,弱碱和弱酸是弱电解质。

2. 解离度

醋酸(HAc)是弱电解质,它的解离过程可表示如下:

$$HAc \underset{\text{分子化}}{\overset{\text{解离}}{\rightleftharpoons}} H^+ + Ac^-$$

从 HAc 的解离关系式中可以看出,HAc 的解离同时存在两个过程:一个是 HAc 分子解离为 H^+ 和 Ac^- 的正过程;另一个是 H^+ 与 Ac^- 结合成 HAc 分子的逆过程。当正、逆过程速率相等时,分子和离子之间就达到了动态平衡。这种平衡叫做解离平衡。它是化学平衡的一种。在动态平衡下弱电解质的解离程度叫解离度,常用符号 α 表示。解离度就是在解离平衡时,已解离的弱电解质的分子数和解离前它的分子总数之比。即

$$\alpha = \frac{\text{已解离分子数}}{\text{解离前分子总数}} \times 100\% \tag{5-1}$$

例如 18℃时 0.1mol·L^{-1} HAc 溶液的解离度为 1.33%,这说明在 10000 个分子中有 133 个分子已解离为 H^+ 和 Ac^-(不能说在 100 个分子中有 1.33 个分子已解离为 H^+ 和 Ac^-,因为分子的最小单位是1)。因此在相同的条件下,可用弱电解质解离度数值的大小表示弱电解质的相对强弱,见表 5-1。

表 5-1 在 18℃ 时几种 0.1mol·L^{-1} 弱电解质的解离度

电解质	分子式	解离度 α/%	电解质	分子式	解离度 α/%
氢氰酸	HCN	0.007	醋酸	CH$_3$COOH	1.33
亚硝酸	HNO$_2$	6.5	氢氟酸	HF	15
甲酸	HCOOH	4.24(25℃)	氨水	NH$_3$·H$_2$O	1.33

解离度的大小,除与电解质的本身性质有关外,还与温度和溶液的浓度有关。在相同温度下,同一电解质溶液的浓度越稀,则解离度越大。所以弱电解质的解离度随溶液的浓度降低而增大,见表 5-2。为什么浓度对弱电解质的解离度有影响呢?这是因为弱电解质被稀释后解离速率几乎没有什么改变,但由于溶液被稀释后,体积增大,使正、负离子互相碰撞形成分子的机会减少,形成分子的速率也明显降低,因而浓度越稀,解离度越大。但绝不要认为溶液越稀,解离度越大,H^+ 的浓度也越大。因为 H^+ 浓度等于溶液浓度乘以解离度([H^+]=$c\alpha$),稀溶液中的解离度 α 值虽然增大,但溶液浓度 c 减小了,所以稀释后的解离度增大,不等于 H^+ 浓度增大,反之亦然(见表 5-2)。

表 5-2 不同浓度醋酸溶液的解离度和氢离子浓度(25℃)

溶液浓度 c/mol·L^{-1}	0.2	0.1	0.01	0.005	0.001
解离度 α/%	0.934	1.33	4.19	5.85	12.4
[H^+]=$c\alpha$	1.868×10^{-3}	1.33×10^{-3}	4.19×10^{-4}	2.93×10^{-4}	1.24×10^{-4}

有些强电解质在水溶液中应100%地解离,但实际测得的解离度并非是100%,见表5-3。这是为什么呢?因为离子都是带有电荷的运动粒子。每一个离子的运动,都和它们周围的其他离子互相影响,这种作用在稀溶液中可以忽略不计。然而在强电解质溶液中离子浓度特别大时,由于静电引力的作用,使每一个离子周围都有较多的带相反电荷的离子,使离子之间互相牵制而不能完全自由移动,这就相当于减少了溶液中自由移动的离子数目。因此,测得强电解质解离度都小于100%。可见强电解质和弱电解质的解离度的意义并不完全一样。弱电解质的解离度是表示已解离成自由移动离子的分子数在总分子数中的百分数;而强电解质的解离度是反映在强电解质溶液中离子之间互相牵制作用程度的大小,因此强电解质的解离度叫表观解离度,见表5-3。

表 5-3　几种强电解质的表观解离度（25℃,0.1mol·L^{-1}）

电解质	KCl	ZnSO$_4$	HCl	HNO$_3$	H$_2$SO$_4$	Ba(OH)$_2$	NaOH
表观解离度/%	86	40	92	92	91	81	61

二、弱电解质的解离平衡

根据化学平衡原理,醋酸溶液在解离平衡时未解离的 HAc 分子和已解离的 H$^+$、Ac$^-$之间的浓度关系表示如下:

$$HAc \rightleftharpoons H^+ + Ac^-$$

$$\frac{[H^+][Ac^-]}{[HAc]} = K_i$$

式中,K_i 叫解离平衡常数。一般用 K_a 表示弱酸的解离平衡常数;用 K_b 表示弱碱的解离平衡常数。如:

$$NH_3 + H_2O \rightleftharpoons NH_4^+ + OH^-$$

$$\frac{[NH_4^+][OH^-]}{[NH_3]} = K_b$$

解离平衡是化学平衡的一种类型,因此,解离平衡常数值的大小,与弱电解质在解离平衡时解离为离子的多少有关,解离平衡常数(K_a 或 K_b)越大,则弱电解质解离的程度越大。所以解离平衡常数也是表示弱电解质相对强弱的一个常数。例如在室温下测得 HAc 的 $K_a = 1.8 \times 10^{-5}$;HCN 的 $K_a = 6.2 \times 10^{-10}$。显然 HCN 是比 HAc 更弱的酸。解离平衡常数可在化学手册中查找。表5-4列出一些常见的电解质的解离平衡常数。

表 5-4　几种常见的电解质的解离平衡常数（25℃）

分 子 式	解离常数 K_i	分 子 式	解离常数 K_i
HAc	1.8×10^{-5}	H$_2$S	$K_1 = 1.32 \times 10^{-7}$(18℃)
H$_2$CO$_3$	$K_1 = 4.3 \times 10^{-7}$		$K_2 = 7.1 \times 10^{-15}$
	$K_2 = 5.61 \times 10^{-11}$	NH$_3$·H$_2$O	1.77×10^{-5}
H$_3$PO$_4$	$K_1 = 7.52 \times 10^{-3}$	H$_2$SO$_3$	$K_1 = 1.26 \times 10^{-2}$
	$K_2 = 6.23 \times 10^{-8}$		$K_2 = 6.3 \times 10^{-8}$
	$K_3 = 2.2 \times 10^{-13}$	HCN	6.2×10^{-10}

解离平衡常数同化学平衡常数一样,与温度有关而与浓度无关。但由于温度对它的影响

不像对化学平衡常数那样大，一般不影响其数量级的变化，所以在室温范围内可以忽略温度对 K_i 的影响。

解离度和解离平衡常数都能表示弱电解质之间的相对强弱；但是二者既有区别又有联系。解离平衡常数是化学平衡常数的特例，解离度是转化率的一种特例，它随浓度的增加而降低。二者之间有一定的定量关系，现以 HAc 为例来说明解离度 α 与解离平衡常数 K_i 的关系。

设 HAc 的原始浓度为 c，解离度为 α

$$HAc \rightleftharpoons H^+ + Ac^-$$

起始浓度/mol·L^{-1}	c	0	0
平衡浓度/mol·L^{-1}	$c-c\alpha$	$c\alpha$	$c\alpha$

$$K_{HAc} = \frac{[H^+][Ac^-]}{[HAc]}$$

$$= \frac{c\alpha \cdot c\alpha}{c-c\alpha} = \frac{(c\alpha)^2}{c-c\alpha}$$

$$= \frac{c\alpha^2}{1-\alpha}$$

写成 K_i 与 α 的一般关系式：

$$K_i = \frac{c\alpha^2}{1-\alpha}$$

当 K_i 值很小时，α 很小，$1-\alpha \approx 1$

所以 $\qquad\qquad\qquad K_i = c\alpha^2 \quad$ 或 $\quad \alpha = \sqrt{K_i/c} \qquad\qquad$ (5-2)

这个公式说明解离度 α 值与该电解质的解离常数 K_i 值的平方根成正比，与溶液浓度的平方根成反比。所以也称这种关系叫稀释定律。

【例 5-1】 计算在 25℃ 0.1mol·L^{-1} HAc 溶液中的 H$^+$ 浓度和解离度 α ($K_{HAc}=1.8\times10^{-5}$)。

解 设 HAc 在解离平衡时 H$^+$ 和 Ac$^-$ 浓度均为 x

$$HAc \rightleftharpoons H^+ + Ac^-$$

起始浓度/mol·L^{-1}	0.1	0	0
平衡浓度/mol·L^{-1}	$0.1-x$	x	x

$$K_{HAc} = \frac{[H^+][Ac^-]}{[HAc]} = \frac{x^2}{0.1-x} = 1.8\times10^{-5}$$

由于 K_i 值很小，则 $0.1-x \approx 0.1$

$$x^2 = 1.8\times10^{-6}$$

$$x = 1.34\times10^{-3}$$

所以 $\qquad\qquad [H^+] = 1.34\times10^{-3} \text{mol}\cdot L^{-1}$

$$\alpha = \sqrt{K_i/c} = \sqrt{\frac{1.8\times10^{-5}}{0.1}} = 1.34\times10^{-2} = 1.34\%$$

答：平衡时 $[H^+] = 1.34\times10^{-3}$ mol·L^{-1}，$\alpha = 1.34\%$。

【例 5-2】 已知在 25℃ 时，0.2mol·L^{-1} NH$_3$·H$_2$O 的解离度 $\alpha=0.934\%$，求 OH$^-$ 浓度和解离平衡常数。

解 设解离平衡时 $[OH^-] = x$

$$NH_3 + H_2O \rightleftharpoons NH_4^+ + OH^-$$

起始浓度/mol·L^{-1} 0.2   0   0
平衡浓度/mol·L^{-1} 0.2−x   x   x

$$\alpha = \frac{\text{已解离的分子数}}{\text{解离前分子总数}} \times 100\% = \frac{\text{已解离的离子浓度}}{\text{起始溶液浓度}} \times 100\%$$

$$= \frac{x}{0.2} \times 100\% = 0.934\%$$

$$x = 1.868 \times 10^{-3} \text{ mol·L}^{-1}$$

所以 $[OH^-] = 1.868 \times 10^{-3}$ mol·L^{-1}

$$K_{NH_3 \cdot H_2O} = \frac{[NH_4^+][OH^-]}{[NH_3]} = \frac{(1.868 \times 10^{-3})^2}{0.2 - 1.868 \times 10^{-3}}$$

$$= 1.76 \times 10^{-5}$$

或 $K = c\alpha^2 = 0.2 \times (9.34 \times 10^{-3})^2 = 1.74 \times 10^{-5}$

答：平衡时 $[OH^-] = 1.868 \times 10^{-3}$ mol·L^{-1}，$K_{NH_3 \cdot H_2O} = 1.76 \times 10^{-5}$。

如果已经能够较熟练地应用计算化学平衡的方法对解离平衡进行计算，这时可将解离平衡常数的关系式中的离子浓度不用 x 而直接代入公式，这样就能得到一个有关离子浓度与解离平衡常数及溶液浓度的关系式，从而使计算过程大大简化。例如：

$$HAc \rightleftharpoons H^+ + Ac^-$$

$$K_{HAc} = \frac{[H^+][Ac^-]}{[HAc]} = \frac{[H^+]^2}{[HAc]}$$

由于 K_i 和 α 值都小，所以 HAc 的起始浓度与平衡浓度可视为相等（$c = [HAc]$）。

$$K_{HAc} = \frac{[H^+]^2}{c}$$

所以 $[H^+] = \sqrt{K_{HAc} c}$

把以上结果推广到一般一元弱酸溶液中

$$[H^+] = \sqrt{K_a c} \tag{5-3}$$

同理，在一般弱碱溶液中也有

$$[OH^-] = \sqrt{K_b c} \tag{5-4}$$

上述公式，只适用于对解离平衡常数 K_i 和解离度 α 值较小的弱电解质的近似计算，一般以 $\frac{c}{K_i} \geqslant 500$ 作为近似计算的条件，否则应精确计算。

以上讨论了 HAc 的解离，HAc 属于一元弱酸，那么多元弱酸是怎样进行解离的呢？实验证明多元弱酸的解离是分步进行的，即多元酸中的氢原子是依次一个一个地解离成 H^+ 的。但决定溶液中 H^+ 浓度的主要是第一步解离；决定酸根离子浓度的主要是最后一步解离。

所谓多元酸是指该酸的每 1 个分子可以解离出两个或两个以上的 H^+。其中能解离出两个 H^+ 的酸称为二元酸，如 H_2S；能解离出三个 H^+ 的酸为三元酸，如 H_3PO_4 等。现以二元弱酸 H_2S 为例。

第一步 $H_2S \rightleftharpoons H^+ + HS^-$

$$K_1 = \frac{[H^+][HS^-]}{[H_2S]} \tag{5-5}$$

$$25℃,\ K_1=1.32\times10^{-7}$$

第二步
$$HS^- \rightleftharpoons H^+ + S^{2-}$$

$$K_2=\frac{[H^+][S^{2-}]}{[HS^-]} \tag{5-6}$$

$$25℃,\ K_2=7.1\times10^{-15}$$

把式（5-5）与式（5-6）相乘则得

$$K_1K_2=\frac{[H^+][HS^-]}{[H_2S]}\times\frac{[H^+][S^{2-}]}{[HS^-]}=1.32\times10^{-7}\times7.1\times10^{-15}=9.3\times10^{-22}$$

即
$$K=\frac{[H^+]^2[S^{2-}]}{[H_2S]}=9.3\times10^{-22} \quad \text{或} \quad [S^{2-}]=\frac{K[H_2S]}{[H^+]^2}$$

这个方程式，并不表示 H_2S 是按 $H_2S \rightleftharpoons 2H^+ + S^{2-}$ 的方式解离，它只说明在解离平衡时，H_2S 溶液中 $[H^+]$、$[S^{2-}]$ 和 $[H_2S]$ 三者的浓度之间的关系，在一定浓度的 H_2S 溶液中，S^{2-} 浓度与 H^+ 浓度的平方成反比。因此，可以用调节溶液中的 H^+ 浓度，来控制溶液中的 S^{2-} 浓度。这一关系在分析化学中得到广泛应用。

三、同离子效应

弱电解质的解离平衡同化学平衡一样，当外界条件改变时，解离平衡就要发生移动，使解离度发生改变。但外界条件中温度、压力等因素一般对解离平衡移动影响不大，主要是离子的浓度对弱电解质的解离平衡移动有明显影响。

例如，把酚酞指示剂滴加在盛有氨水的试管里，再加入少量的固体 NH_4Ac，则溶液的红色明显变淡。对这种现象可作如下解释。

因为氨水在溶液中有下列的解离平衡：

$$NH_3+H_2O \rightleftharpoons NH_4^+ + OH^-$$

当加入少量含有与氨水相同离子的 NH_4Ac 后，NH_4Ac 是强电解质，全部解离生成大量的 NH_4^+ 和 Ac^- 两种离子，这样使溶液中 NH_4^+ 的浓度明显增加。根据化学平衡移动原理可以知道，氨水的解离平衡要发生移动，其方向是从右向左，因此使 $NH_3\cdot H_2O$ 的解离度降低，溶液中 OH^- 浓度减小，碱性减弱，酚酞的红色变淡。这种在弱电解质中，加入与其含有相同离子的强电解质，使弱电解质的解离度降低的现象叫同离子效应。即

$$NH_4Ac \rightleftharpoons \boxed{NH_4^+} + Ac^-$$
$$NH_3+H_2O \rightleftharpoons \boxed{NH_4^+} + OH^-$$
$$\xleftarrow{\text{解离平衡向左移动}}$$

同离子效应在化工生产和科学实验中应用很广，例如调节溶液的酸碱性。

【例 5-3】 在 $0.1\ mol\cdot L^{-1}$ HAc 溶液中，加入 NH_4Ac 固体，使 NH_4Ac 的浓度为 $0.1\ mol\cdot L^{-1}$，求该混合溶液中的 $[H^+]$ 和 HAc 的解离度。$(K_{HAc}=1.8\times10^{-5})$

解 设解离的 HAc 为 x

	$NH_4Ac \rightleftharpoons$	NH_4^+	$+\ Ac^-$	（NH_4Ac 全部解离）
起始浓度/$mol\cdot L^{-1}$		0.1	0.1	0.1
	HAc $\rightleftharpoons$	H^+	$+\ Ac^-$	
平衡浓度/$mol\cdot L^{-1}$	0.1−x	x	x	

$$K_{HAc}=\frac{[H^+][Ac^-]}{[HAc]}=\frac{x(0.1+x)}{0.1-x}=1.8\times10^{-5}$$

由于 K_{HAc} 值小，再由于 NH_4Ac 的同离子效应的作用，使 x 值更小，故

$$[HAc] = 0.1 - x \approx 0.1, \quad [Ac^-] = 0.1 + x \approx 0.1$$

$$\frac{0.1x}{0.1} = K_{HAc} = 1.8 \times 10^{-5}$$

$$x = 1.8 \times 10^{-5} \text{ mol} \cdot \text{L}^{-1}$$

所以
$$[H^+] = 1.8 \times 10^{-5} \text{ mol} \cdot \text{L}^{-1}$$

$$\alpha = \frac{1.8 \times 10^{-5}}{0.1} \times 100\% = 0.018\%$$

把结果同［例 5-1］中 $\alpha = 1.34\%$，$[H^+] = 1.34 \times 10^{-3}$ mol·L^{-1} 相比较，可以看出，由于同离子效应的存在，使混合液中的 HAc 解离度明显下降。

第二节 离子互换反应和离子反应方程式

一、离子反应和离子反应方程式

由于电解质在水溶液中可以全部解离或部分解离成离子，因此，电解质在水溶液中的反应，实质上是离子之间的反应。在无机化学中离子反应可以分为中和反应、沉淀反应、氧化还原反应和配合反应四类。在本章只涉及前三类反应，配合反应放在有关配合物的章节中介绍。

例如，当 $AgNO_3$ 和 $NaCl$ 溶液反应时，生成 $AgCl$ 和 $NaNO_3$，反应式如下：

$$AgNO_3 + NaCl =\!=\!= AgCl \downarrow + NaNO_3$$

由于 $AgNO_3$、$NaCl$ 和 $NaNO_3$ 是强电解质，在水溶液中不存在分子，而是以离子状态存在，因此上面反应方程式可写为：

$$Ag^+ + NO_3^- + Na^+ + Cl^- =\!=\!= AgCl \downarrow + Na^+ + NO_3^-$$

从反应式中可以看出，Na^+ 和 NO_3^- 在反应前后均没发生变化，即没有参加反应，因此可从反应方程式中消去，于是得

$$Ag^+ + Cl^- =\!=\!= AgCl \downarrow$$

这种用实际参加反应的离子表示的化学反应方程式叫离子反应方程式。由于离子反应方程式是表示实际参加反应的离子，因此，只要离子相同，不管分子反应方程式的形式如何，都可以用一个离子反应方程式代替。例如，强酸和强碱的反应：

$$NaOH + HCl =\!=\!= NaCl + H_2O$$

$$Na^+ + OH^- + H^+ + Cl^- =\!=\!= Na^+ + Cl^- + H_2O$$

$$H^+ + OH^- =\!=\!= H_2O$$

$$2KOH + H_2SO_4 =\!=\!= K_2SO_4 + 2H_2O$$

$$2K^+ + 2OH^- + 2H^+ + SO_4^{2-} =\!=\!= 2K^+ + SO_4^{2-} + 2H_2O$$

$$H^+ + OH^- =\!=\!= H_2O$$

从离子反应方程式可以看出，一切强酸与强碱的中和反应特征是生成 H_2O，其本质是 H^+ 与 OH^- 的反应。

离子反应方程式的写法如下：

(1) 先写出分子反应方程式；

(2) 将易溶的强电解质写成相对应的离子，将难溶物质、水、弱电解质和气体保留分子形式；

(3) 消去反应式两边不参加反应的相同数目的离子，剩下的就是该反应的离子反应方程式。

例如，用离子反应方程式表示 H_2S 和 $CuSO_4$ 溶液的反应：

(1) $CuSO_4 + H_2S = CuS\downarrow + H_2SO_4$

(2) $Cu^{2+} + SO_4^{2-} + H_2S = CuS\downarrow + 2H^+ + SO_4^{2-}$

(3) $Cu^{2+} + H_2S = CuS\downarrow + 2H^+$

用离子反应方程式表示 $Ba(OH)_2$ 与 H_2SO_4 的反应：

(1) $Ba(OH)_2 + H_2SO_4 = BaSO_4\downarrow + 2H_2O$

(2) $Ba^{2+} + 2OH^- + 2H^+ + SO_4^{2-} = BaSO_4\downarrow + 2H_2O$（所有离子都参加反应）

用离子反应方程式表示稀 H_2SO_4 与 Zn 的反应：

(1) $Zn + H_2SO_4 = ZnSO_4 + H_2\uparrow$

(2) $Zn + 2H^+ + SO_4^{2-} = Zn^{2+} + SO_4^{2-} + H_2\uparrow$

(3) $Zn + 2H^+ = Zn^{2+} + H_2\uparrow$

从以上几个例子可以看出，写离子反应方程式时，必须要熟悉电解质的强弱和物质的溶解情况。

二、离子互换反应进行的条件

离子反应可分成两类，一类是反应前后元素的化合价有变化的反应，叫离子氧化还原反应，如：

$$\overset{0}{Zn} + 2H^+ = Zn^{2+} + \overset{0}{H_2}\uparrow$$

另一类是反应前后元素的化合价无变化的反应，叫离子互换反应，例如：

$$Ba^{2+} + 2OH^- + 2H^+ + SO_4^{2-} = BaSO_4\downarrow + 2H_2O$$

写成一般的表达式为：

$$AB + CD = AD + CB$$

离子反应是有条件的，不是任意的几种离子互相混合就能发生反应。例如，如果反应物 AB 和 CD 都是易溶的强电解质，它们在水溶液中分别能解离为 A^+、B^-、C^+ 和 D^- 四种离子。这时反应能否发生，主要决定于生成物 AD 和 CB 的性质。一般可有以下几种情况：

(1) AD 与 CB 也是易溶的强电解质，则 AB 与 CD 不发生离子互换反应。例如：

$$NaCl + KNO_3 \rightleftharpoons KCl + NaNO_3$$

(2) AD 与 CB 之中有难溶物质沉淀生成，则反应向生成沉淀方向进行。例如：

$$BaCl_2 + K_2SO_4 = BaSO_4\downarrow + 2KCl$$

$$Ba^{2+} + SO_4^{2-} = BaSO_4\downarrow$$

(3) AD 与 CB 之中有气体生成，则反应向生成气体的方向进行。例如：

$$Na_2CO_3 + 2HCl = 2NaCl + CO_2\uparrow + H_2O$$

$$CO_3^{2-} + 2H^+ = H_2O + CO_2\uparrow$$

(4) AD 与 CB 之中有弱电解质生成，则反应向生成弱电解质的方向进行。例如：

$$NaAc + HCl = NaCl + HAc$$

$$Ac^- + H^+ = HAc$$

(5) AD 与 CB 之中有 H_2O 生成，则反应向生成 H_2O 的方向进行。例如：

$$2KOH + H_2SO_4 = K_2SO_4 + 2H_2O$$

$$2OH^- + 2H^+ = 2H_2O$$

综上所述，如果 AB 与 CD 都是易溶的强电解质，离子互换反应的必要条件是在 AD 和

CB 之中必须有难溶物质、气体、弱电解质或水生成，否则不能进行反应。

当 AB 与 CD 之中有一种也是弱电解质或难溶物质时，则生成物 AD 与 CB 之中必须要有比反应物更弱的电解质或更难溶的物质生成，反应才能进行。例如：

$$NaOH + HAc \Longleftrightarrow NaAc + H_2O$$
$$OH^- + HAc \Longleftrightarrow H_2O + Ac^-$$

或

$$HAc \Longleftrightarrow H^+ + Ac^-$$
$$NaOH \Longleftrightarrow OH^- + Na^+$$
$$\downarrow$$
$$HAc + OH^- \Longleftrightarrow H_2O + Ac^-$$

从反应式可以看出，由于 OH^- 与 HAc 解离产生的 H^+ 结合生成的 H_2O 是比 HAc 更弱的电解质，使 H^+ 浓度低于 HAc 解离平衡时的 H^+ 浓度，因此，使 $HAc \Longleftrightarrow H^+ + Ac^-$ 的解离平衡向生成 H^+ 的方向移动，如果 NaOH 的用量足够时，则 HAc 可全部被中和。

从以上各种离子互换反应可以得出如下结论：一切离子互换反应总是向减少离子浓度的方向进行。

第三节 水的解离和溶液的 pH

一、水的解离

水是一种很弱的电解质，它也能解离：

$$H_2O \Longleftrightarrow H^+ + OH^-$$

在 22℃ 时，根据实验测定，在解离平衡时，1L 纯水中仅有 10^{-7} mol 水分子解离，因此水中 $[H^+]$ 和 $[OH^-]$ 都等于 10^{-7} mol·L^{-1}。这样的解离相当于在十亿个水分子中，仅有一两个水分子解离，其解离度不超过 1.8×10^{-9}，因此在解离平衡计算时可以忽略已解离的水的分子数。因此水的解离平衡可以表示如下：

$$H_2O \Longleftrightarrow H^+ + OH^-$$

$$K_i = \frac{[H^+][OH^-]}{[H_2O]}$$

在 22℃ 时，1L 纯水相当于 55.4 mol·L^{-1}。将这一数值代入到水的解离平衡公式，则得

$$[H^+][OH^-] = K_i[H_2O] = K_i \times 55.4 = K_w$$

$$K_w = [H^+][OH^-] = [10^{-7}][10^{-7}] = 10^{-14} \tag{5-7}$$

K_w 叫做水的离子积常数，简称离子积。它表明在一定温度下，水中 H^+ 和 OH^- 的浓度之间的关系。在不同温度下 K_w 值不同（见表 5-5），但在室温时，$K_w = [H^+][OH^-] = [10^{-7}][10^{-7}] = 10^{-14}$，或 $K_w = 10^{-14}$。

表 5-5 不同温度时水的离子积常数

温度/℃	0	18	22	25	50	100
K_w	1.3×10^{-15}	7.4×10^{-15}	1.00×10^{-14}	1.27×10^{-14}	5.6×10^{-14}	7.4×10^{-13}

二、溶液的酸碱性

既然在水溶液中 $[H^+]$ 与 $[OH^-]$ 的乘积为一常数（K_w），这就是说在水溶液中，H^+ 和 OH^- 总是同时存在的。那么酸性和碱性溶液的区别在哪儿？我们知道，纯水之所以既不显酸性，也不显碱性，而呈中性，是由于纯水之中的 H^+ 与 OH^- 浓度相等。酸性溶液

之所以呈酸性是由于其中的 H^+ 浓度超过了 OH^- 的浓度，即 $[H^+]>[OH^-]$。这是因为酸性溶液中的 H^+ 除了由水解离而产生的以外，主要是由酸分子解离而产生的，故溶液中的 $[H^+]\geqslant[OH^-]$。同理，在碱性溶液中的 OH^- 浓度超过 H^+ 浓度，即 $[OH^-]\geqslant[H^+]$，故溶液呈碱性。所以酸性溶液或碱性溶液的差别，就是溶液中的 H^+ 和 OH^- 浓度的不同而已。

根据式（5-7）中关于 $[H^+]$ 与 $[OH^-]$ 之间的反比关系可以得出，$[H^+]$ 或 $[OH^-]$ 中任何一项的增大，必然引起另一项的减小。所以可根据它们之间存在的这种制约关系，用 $[H^+]$ 或 $[OH^-]$ 中的任一项来表示溶液的酸碱性，两种表示溶液的酸碱性都是一样的，但习惯常用 $[H^+]$。根据以上讨论，可以对水溶液的酸碱性概括如下：

$[H^+]>10^{-7}\,\mathrm{mol\cdot L^{-1}}$，即 $[H^+]>[OH^-]$ 时，则水溶液呈酸性；

$[H^+]=[OH^-]=10^{-7}\,\mathrm{mol\cdot L^{-1}}$ 时，则水溶液呈中性；

$[H^+]<10^{-7}\,\mathrm{mol\cdot L^{-1}}$，即 $[H^+]<[OH^-]$ 时，则水溶液呈碱性。

三、溶液的 pH

我们常遇到一些 H^+ 浓度很小的水溶液，如果直接用 H^+ 浓度表示溶液的酸碱性，使用和记忆都很不方便。为了简便，常采用 pH 来表示溶液的酸碱性。所谓 pH，是指氢离子浓度的常用对数的负值：

$$pH=-\lg[H^+] \tag{5-8}$$

根据 pH 的定义很容易得出，酸性溶液（$[H^+]>10^{-7}$）的 pH<7；碱性溶液（$[H^+]<10^{-7}$）的 pH>7；中性溶液的 pH=7。如图 5-2 所示。

图 5-2 溶液的 $[H^+]$ 与 pH

从图 5-2 中可以看出，$[H^+]$ 越小，则 pH 越大；反之，$[H^+]$ 越大，pH 越小。

溶液中的 H^+ 浓度既然也可以用 OH^- 浓度表示，因此，也可用 pOH 表示，pOH 的定义同 pH 相似：

$$pOH=-\lg[OH^-]$$

将式（5-7）等号两端分别取其负对数，就可得出 pH 与 pOH 之间的关系。

$$[H^+][OH^-]=10^{-14}$$
$$-\lg[H^+]-\lg[OH^-]=-\lg10^{-14}$$
$$pH+pOH=14$$

从 $[H^+]$ 换算为 pH，或从 pH 求 $[H^+]$，方法如下：假定 $[H^+]=m\times10^{-n}$，则 $pH=n-\lg m$。

【例 5-4】 已知 $0.1\,\mathrm{mol\cdot L^{-1}}$ HAc 溶液中的 $[H^+]=1.34\times10^{-3}$，求 pH 为多少？

解
$$pH=-\lg[H^+]=-\lg(1.34\times10^{-3})=3-\lg1.34$$
$$=3-0.13=2.87$$

答：pH 为 2.87。

【例 5-5】 求某溶液的 pH=4.35 时的 $[H^+]$ 为多少？

解
$$-\lg[H^+]=4.35$$

$$\lg[H^+] = -4.35 = -5 + 0.65$$
$$[H^+] = 4.47 \times 10^{-5} \text{ mol} \cdot \text{L}^{-1}$$

答：溶液的 $[H^+] = 4.47 \times 10^{-5}$ mol·L^{-1}。

【例 5-6】 求 0.1 mol·L^{-1} 氨水的 pH。（$K_{NH_3} = 1.8 \times 10^{-5}$）

解
$$pH = -\lg[H^+]$$
$$NH_3 \cdot H_2O \rightleftharpoons NH_4^+ + OH^-$$
$$[OH^-] = \sqrt{K_{NH_3} c} = \sqrt{1.8 \times 10^{-5} \times 0.1} = 1.34 \times 10^{-3}$$
$$[H^+] = \frac{10^{-14}}{1.34 \times 10^{-3}} = 7.5 \times 10^{-12}$$
$$pH = -\lg(7.5 \times 10^{-12})$$
$$= 11.12$$

答：0.1 mol·L^{-1} 氨水的 pH=11.12。

pH 的应用范围一般在 0~14 之间，相当于溶液中的 $[H^+]$ 在 $1 \sim 10^{-14}$ mol·L^{-1} 之间，$[H^+]$ 超过 1 mol·L^{-1} 的酸性溶液的 pH 都小于 0，如 10 mol·L^{-1} HCl 溶液的 pH=−1；反之 $[H^+]$ 小于 10^{-14} mol·L^{-1}，即 $[OH^-]$ 超过 1 mol·L^{-1} 时的 pH 都大于 14，如 10 mol·L^{-1} 的 NaOH 溶液 pH=15。因此，对于 $[H^+]>1$ mol·L^{-1} 的酸性溶液或 $[OH^-]>1$ mol·L^{-1} 的碱性溶液中的 $[H^+]$ 或 $[OH^-]$ 的表示方法，一般不再用 pH，而直接用物质的量浓度表示。

四、酸碱指示剂

pH 是反映溶液酸碱性的一个重要数据。因此，在生产和科学实验中，控制和测定溶液的 pH 是非常重要的。测定溶液的 pH 方法很多，例如用酸度计可以准确测量溶液的 pH。但是在实际工作中，有时只需要大概知道溶液的 pH 是多少，以便及时加以调节和控制，这时常用酸碱指示剂和 pH 试纸。所谓酸碱指示剂是指借助其颜色改变来指示溶液 pH 的物质，如人们熟知的酚酞指示剂在碱性溶液中显红色。常用酸碱指示剂见表 5-6。

表 5-6　常用酸碱指示剂的变色范围和配制方法

指示剂	近似 pH 的变化范围	颜色的变化	配 制 方 法
刚果红	3.0~5.0	蓝色→红色	用 0.1g 刚果红溶解在 10mL 酒精内，再加入 90mL 水，就得到刚果红指示剂溶液
甲基橙	3.1~4.4	红色→黄色	将 0.01g 甲基橙溶解在 100mL 水中，经过过滤，滤液就是甲基橙指示剂溶液
甲基红	4.8~6.0	红色→黄色	把 0.02g 甲基红溶解在 60mL 酒精中，然后加水 40mL 稀释，就得到甲基红指示剂溶液
石 蕊	5.0~8.0	红色→蓝色	用沸腾的酒精提取市售石蕊粉中的红色素（目的是去掉石蕊粉中的红色素），每次提取需 1h 左右，共提取 3 次。弃去提取液，将残渣质量当作 1 份，跟 6 份质量的水混在一起，煮沸，不断搅拌。冷却后，过滤，滤液就是石蕊试液
酚 酞	8.2~10	无色→桃红	把 0.05g 酚酞溶解在 50mL 酒精和 50mL 水混合溶液中，就得到酚酞溶液

从表 5-6 中指示剂的变色范围可以看出，指示剂一般只能粗略地表示溶液的酸碱性，要比较精确地知道溶液的酸碱性，可用 pH 试纸。pH 试纸是由多种指示剂的混合液浸透的试纸，因此，它能对不同 pH 的溶液显示不同的颜色。用 pH 试纸测定溶液的 pH，方法简单，首先从 pH 试纸本上撕下一条试纸，滴上一滴被测溶液，然后把试纸呈现的颜色与标准比色板对照，就可以比较准确地知道被测溶液的 pH。这种方法广泛地应用在生产和科学实验中。

第四节 盐类的水解

一、盐类的水解

酸的水溶液显酸性，碱的水溶液显碱性。那么由酸、碱之间反应生成的正盐一定是中性吗？实际测得的结果并非全都如此，大多数盐的水溶液都是非中性的，见表5-7。

表5-7 某些盐的水溶液①的 pH

盐	pH	盐	pH
NaCl	7.0	KCN	11.20
NaAc	8.87	NH_4Ac	7.0
Na_2CO_3	11.62	NH_4Cl	5.20

① 溶液浓度为 $0.1 mol \cdot L^{-1}$。

为什么都是盐的水溶液，它们的酸碱性相差这样大呢？其实质是因为这些盐在溶于水时，盐的离子与水解离生成的 H^+ 或 OH^- 发生作用，生成弱酸、弱碱，破坏了水的解离平衡，引起了水的解离平衡移动，改变了水溶液中 $[H^+]=[OH^-]$ 的平衡状态，所以使水溶液变成非中性的。

我们把盐的离子与溶液中水解离出的 H^+ 或 OH^- 作用生成弱电解质的反应叫盐的水解。

既然盐的水解是盐的离子与水中 H^+ 或 OH^- 的作用，那么哪些盐的离子能发生水解？水解的规律如何？下面依照形成盐时的酸和碱的强弱不同分三种类型。

1. 弱酸强碱盐的水解

以 NaAc 为例。NaAc 是强电解质，全部解离为 Na^+ 和 Ac^-；水是弱电解质，能部分解离出 H^+ 与 OH^-。它们之间的反应如下：

$$NaAc \Longrightarrow Na^+ + \boxed{Ac^-}$$
$$H_2O \Longleftrightarrow OH^- + \boxed{H^+}$$
$$\Updownarrow$$
$$HAc$$

从水解反应式可以看出，由于 NaAc 解离出的 Ac^- 与水解离出的 H^+ 结合生成弱电解质 HAc，使 H^+ 浓度小于 H_2O 解离平衡时的 $[H^+]$ 浓度，因此使 H_2O 的解离平衡移动向右进行，致使 $[OH^-]>[H^+]$，所以水溶液显碱性。

2. 弱碱强酸盐的水解

以 NH_4Cl 为例。这种盐的水解情况和前一类盐的水解情况相似，不同的地方是盐的阳离子 NH_4^+ 与 H_2O 解离出的 OH^- 生成弱碱，使水的解离平衡移动也向右进行，致使 $[H^+]>[OH^-]$，所以水溶液显酸性。水解反应式如下：

$$NH_4Cl \Longrightarrow \boxed{NH_4^+} + Cl^-$$
$$H_2O \Longleftrightarrow \boxed{OH^-} + H^+$$
$$\Updownarrow$$
$$NH_3 \cdot H_2O$$

3. 弱酸弱碱盐的水解

这类盐的水解比上述两种盐的水解要复杂，因为盐中的正、负离子都要与 H_2O 解离出的 H^+ 和 OH^- 作用，生成弱酸与弱碱。例如，NH_4Ac 的水解反应：

$$NH_4Ac \rightleftharpoons NH_4^+ + Ac^-$$
$$H_2O \rightleftharpoons OH^- + H^+$$
$$\Downarrow \qquad \Downarrow$$
$$NH_3 \cdot H_2O \quad HAc$$

从水解反应式可以看出，由于此类盐解离生成的阳离子和阴离子分别和 OH^-、H^+ 形成弱碱和弱酸，因此这类盐的水解是很强烈的。水解后溶液的酸碱性取决于弱酸、弱碱的相对强弱。由于 $NH_3 \cdot H_2O$ 和 HAc 的解离常数一样，因此溶液中仍然是 $[H^+]=[OH^-]$，pH＝7。如弱酸是 HCN，它是比 $NH_3 \cdot H_2O$ 更弱的一个电解质，这时溶液中 $[OH^-]>[H^+]$，pH＞7。

这里应指出的是，虽然弱酸弱碱盐的水解也会使水溶液 pH＝7，但这与强酸强碱盐的水溶液 pH＝7 有本质的差别，前者是水解时由于弱酸弱碱的相对强弱一样使水解后的溶液 pH＝7，而后者是根本不发生水解。

从以上水解反应的产物可以看出，水解后生成的酸和碱，正好是中和反应生成盐时的酸和碱。因此，水解反应是中和反应的逆反应。

$$酸 + 碱 \underset{水解}{\overset{中和}{\rightleftharpoons}} 盐 + 水$$

如
$$HCN + KOH \underset{水解}{\overset{中和}{\rightleftharpoons}} KCN + H_2O$$

$$HCl + NH_3 \cdot H_2O \underset{水解}{\overset{中和}{\rightleftharpoons}} NH_4Cl + H_2O$$

$$HAc + NH_3 \cdot H_2O \underset{水解}{\overset{中和}{\rightleftharpoons}} NH_4Ac + H_2O$$

二、盐类水解的应用

在化工生产和科学实验中，水解现象是经常发生的，有时需要防止水解的产生，有时要利用水解。

例如，在实验室配制 $SnCl_2$ 溶液时，为了防止水解反应，常用盐酸溶液而不用蒸馏水配制。这是因为：

$$SnCl_2 + H_2O \rightleftharpoons Sn(OH)Cl \downarrow + HCl$$

由于使用盐酸，可使水解平衡向左移动，减少 $SnCl_2$ 的水解，不致有 $Sn(OH)Cl$ 沉淀析出。

在配制 Na_2S 溶液时，由于 Na_2S 能发生下列水解反应：

$$S^{2-} + H_2O \rightleftharpoons HS^- + OH^-$$

$$HS^- + H_2O \rightleftharpoons H_2S \uparrow + OH^-$$

在水解过程中生成的 H_2S 逐渐挥发，使溶液失效。为防止水解发生，可加入强碱，从而减少水解反应，延长溶液的有效期。

总之，凡是对于我们不利的水解反应，都要尽量地控制和防止。常用加碱、加酸的方法进行抑制。

水解反应并非对生产都是不利的。例如，在分析化学中常利用水解反应进行分离和提纯物质。例如，利用硝酸铋 $Bi(NO_3)_3$ 的水解制取高纯度的 Bi_2O_3。将 $Bi(NO_3)_3$ 溶液加入大量的沸水，使其发生水解：

$$Bi(NO_3)_3 + H_2O \rightleftharpoons BiONO_3 \downarrow + 2HNO_3$$

硝酸氧铋 $BiONO_3$ 极难溶于水,因而通过过滤的方法,将得到的 $BiONO_3$ 加热灼烧,即可得到较纯的 Bi_2O_3。

泡沫灭火器的原理就是利用 $Al_2(SO_4)_3$ 和 $NaHCO_3$ 的水解反应。泡沫灭火器中分别装有 $Al_2(SO_4)_3$ 和 $NaHCO_3$ 两种溶液。它们的水解反应如下:

$$Al_2(SO_4)_3 \rightleftharpoons 2Al^{3+} + 3SO_4^{2-}$$

$$Al^{3+} + 3H_2O \rightleftharpoons Al(OH)_3 + 3H^+$$

$$NaHCO_3 \rightleftharpoons Na^+ + HCO_3^-$$

$$HCO_3^- + H_2O \rightleftharpoons H_2CO_3 + OH^-$$

$$3H^+ + OH^- \rightarrow H_2O$$

$$H_2CO_3 \rightarrow H_2O + CO_2\uparrow$$

两种物质都发生水解,$Al_2(SO_4)_3$ 水解产生大量的 H^+;$NaHCO_3$ 水解反应生成大量的 OH^-。一旦在灭火时,两种溶液互相混合,这时 H^+ 与 OH^- 互相作用生成水,从而使两个物质的水解反应不断进行,产生的大量 CO_2 同其他物质一并从灭火器中喷射在燃烧物体的表面上,使燃烧的物质在隔绝空气下熄灭。

在化工生产和科学实验中,有的是利用水解反应,有的是要控制水解。那么哪些因素能影响水解呢?由于水解反应是中和反应的逆反应,一般是吸热的,因此,为了有利水解反应,常采取加热和稀释溶液等办法;为了防止水解,则可以浓缩溶液。

第五节 缓 冲 溶 液

一、缓冲溶液

溶液的 pH 是影响化学反应的重要条件之一。特别是在生物化学反应中 pH 要求是很严格的。如人血液的 pH 大约为 7.4,稍有偏离就要生病,当 pH 减少到 7.0 或增加到 7.8 时人就会死亡。化学反应同样也要求溶液要保持一定的 pH。例如,在分析化学的沉淀反应中,Fe^{3+} 与 Mg^{2+} 的分离。为了使 Fe^{3+} 完全变成 $Fe(OH)_3$ 沉淀,而不使 Mg^{2+} 产生 $Mg(OH)_2$ 沉淀,此时,必须要控制溶液的 pH 在 5~10 之间。

那么溶液的 pH 如何控制呢?唯一的办法就是加缓冲溶液。那么什么是缓冲溶液呢?下面用四支试管分别按表 5-8 内容进行实验。

表 5-8 在不同溶液中加入少量酸碱后 pH 变化的比较

编号	试管内原始溶液		pH	加入新溶液	pH
1	纯水	90mL	7	$0.01mol \cdot L^{-1}$ HCl 溶液 10mL	7→3
2	纯水	90mL	7	$0.01mol \cdot L^{-1}$ NaOH 溶液 10mL	7→11
3	均为 $0.1mol \cdot L^{-1}$ 的 HAc、NaAc 等体积混合液	90mL	4.74	$0.01mol \cdot L^{-1}$ HCl 溶液 10mL	4.74→4.73
4	均为 $0.1mol \cdot L^{-1}$ 的 HAc、NaAc 等体积混合液	90mL	4.74	$0.01mol \cdot L^{-1}$ NaOH 溶液 10mL	4.74→4.75

实验结果表明:在两种物质中加入等量的酸、碱溶液后,溶液 pH 的变化截然不同;纯水的 pH 上下变化 4 个单位,而 HAc、NaAc 的等体积混合溶液的 pH,上下仅变化 0.01 个单位。这说明此溶液具有能抵御外来少量酸、碱并保持 pH 相对稳定的作用。这种不因加入少量酸或碱而显著改变氢离子浓度的溶液,叫缓冲溶液。缓冲溶液具有抵御外来酸、碱的作用,叫缓冲作用。

缓冲溶液一般是由弱酸和弱酸盐或弱碱和弱碱盐两种物质组成的,构成缓冲溶液的这一对物质称为缓冲对。两种物质的化学式之间用一短线相连,以表示缓冲对,如 HAc-NaAc、

$NH_3 \cdot H_2O$-NH_4Cl 等。

二、缓冲作用的原理

现以 HAc-NaAc 为例来说明缓冲溶液的缓冲作用原理。在这个混合溶液中，HAc 是弱电解质，解离度很小，再加上强电解质 NaAc 的同离子效应的存在，使 HAc 解离度更小，因此，在解离平衡状态下，HAc 基本上以分子状态存在，NaAc 是以离子状态存在：

$$HAc \rightleftharpoons H^+ + Ac^-$$
$$NaAc \rightleftharpoons Na^+ + Ac^-$$

即在 HAc-NaAc 的缓冲溶液中，存在着大量的缓冲对的微粒 HAc 和 Ac^-。在缓冲对中的 HAc 分子，虽然在平衡状态下没有解离，但当从外界有 OH^- 侵入缓冲溶液时，则 HAc 的解离平衡立即向右移动，解离出 H^+，与入侵的 OH^- 结合生成 H_2O，使 H^+ 浓度保持相对稳定，因此，缓冲溶液的 pH 变化不大。反之，当有 H^+ 侵入到缓冲溶液时，缓冲对中的 Ac^- 立即与 H^+ 结合生成弱电解质 HAc，迫使 HAc 的解离平衡向左移动，H^+ 浓度也保持相对稳定，pH 变化不大。

从 HAc-NaAc 缓冲溶液缓冲作用原理的讨论可以得出如下的结论：一切缓冲溶液之所以具有缓冲作用，是由于缓冲溶液中存在着大量的缓冲对的微粒，而缓冲对中的一种物质能消除外来的 H^+，另一种则能消除外来的 OH^-。因此，当有少量的 H^+（酸）或 OH^-（碱）侵入时，缓冲对就能各负其责将"入侵者"消灭，从而保持溶液的 pH 变化不大。

显然，当外界有大量的强酸、强碱侵入，而缓冲对中的物质消耗将尽时，缓冲作用也就消失了。所以缓冲溶液的缓冲能力是有限的，而不是无限的。

有关缓冲溶液的配方可查阅分析化学手册。表 5-9 将常用的几种缓冲溶液配方介绍如下。

表 5-9 几种常见缓冲溶液配方

pH	配 制 方 法
3.6	$NaAc \cdot 3H_2O$ 8g，溶于少量水，加 6mol·L^{-1} HAc 134mL，稀释至 500mL
4.5	$NaAc \cdot 3H_2O$ 32g，溶于少量水，加 6mol·L^{-1} HAc 68mL，稀释至 500mL
5.7	$NaAc \cdot 3H_2O$ 100g，溶于少量水，加 6mol·L^{-1} HAc 13mL，稀释至 500mL
8.5	NH_4Cl 40g，溶于少量水，加 15mol·L^{-1} 氨水 66mL，稀释至 500mL
9.5	NH_4Cl 30g，溶于少量水，加 15mol·L^{-1} 氨水 85mL，稀释至 500mL
10.5	NH_4Cl 27g，溶于少量水，加 15mol·L^{-1} 氨水 197mL，稀释至 500mL

第六章 沉 淀 反 应

1. 了解 AgCl(固) $\underset{沉淀}{\overset{溶解}{\rightleftharpoons}}$ Ag$^+$ + Cl$^-$ 平衡的概念和 K_{sp} 的表达式及溶解度与溶度积的相互换算。

2. 能应用溶度积规则判断沉淀的生成或沉淀的溶解及分步沉淀和沉淀转化条件。

很多化学反应都是在水溶液中进行的，但是生成的物质并非都易溶于水，有的生成物就是难溶物质，在水溶液中以沉淀析出。我们把这类有沉淀生成的反应叫做沉淀反应。

在化工生产和科学实验中，经常要利用沉淀反应来制取难溶物质或是进行分离和提纯某些物质。特别是在分析化学中，常根据不同离子生成不同颜色的沉淀来鉴定某些离子的存在。例如，Ba^{2+} 与 SO$_4^{2-}$ 能生成白色的 BaSO$_4$ 沉淀，因此常用 Ba^{2+} 鉴定 SO$_4^{2-}$。

那么，沉淀如何产生？有什么规律？这些问题都是本章要解决的问题。

第一节 溶 度 积

一、溶度积常数 K_{sp}

物质的溶解度大小各不相同，NaCl 和 Na$_2$CO$_3$ 都是易溶电解质，AgCl 和 CaCO$_3$ 是难溶电解质。因此，当具有一定浓度的 Ag$^+$ 与 Cl$^-$ 反应，必然有白色的 AgCl 沉淀生成。同样，Ca^{2+} 与 CO$_3^{2-}$ 反应也会有白色的 CaCO$_3$ 沉淀生成。那么，将固体的 AgCl 或 CaCO$_3$ 放在水中，它们的溶解情况如何呢？

实验证明任何的难溶物质，在水溶液中或多或少总是要溶解的，绝对不溶的物质是不存在的。它在水中的溶解存在一个溶解与沉淀间的平衡。现以固体 AgCl 在水中的溶解为例：

$$AgCl(固) \underset{沉淀}{\overset{溶解}{\rightleftharpoons}} Ag^+ + Cl^-$$

未溶解的固体 　　溶液中的离子

表 6-1 某些常见难溶物质的 K_{sp}（25℃）

名　称	化学式	K_{sp}	名　称	化学式	K_{sp}
氯化银	AgCl	1.8×10^{-10}	硫化铜	CuS	6.3×10^{-36}
硫酸钡	BaSO$_4$	1.1×10^{-10}	铬酸银	Ag$_2$CrO$_4$	1.1×10^{-12}
氢氧化镁	Mg(OH)$_2$	1.8×10^{-11}			

在溶解、沉淀平衡状态下的溶液是饱和溶液，溶液中离子浓度不再改变。此时，AgCl 沉淀与溶液中的 Ag$^+$ 与 Cl$^-$ 之间的平衡关系可表示如下：

$$K = \frac{[Ag^+][Cl^-]}{[AgCl]}$$

由于 AgCl 是固体，它的浓度不写在平衡关系式中。故

$$K_{sp}=[Ag^+][Cl^-] \tag{6-1}$$

式（6-1）表明在难溶物质的饱和溶液中，当温度一定时其离子浓度的乘积为一常数，称为溶度积常数，简称溶度积，用符号 K_{sp} 表示。K_{sp} 值的大小与物质的溶解度有关，它反映了难溶物质的溶解能力，在一定温度下是一个常数，见表 6-1。室温时，AgCl 的溶度积 $K_{sp}=[Ag^+][Cl^-]=1.8\times10^{-10}$；对于 $Mg(OH)_2$、Ag_2CrO_4 的溶度积 K_{sp} 分别表示如下：

$$Mg(OH)_2(固) \rightleftharpoons Mg^{2+}+2OH^-$$
$$K_{sp}=[Mg^{2+}][OH^-]^2$$
$$Ag_2CrO_4(固) \rightleftharpoons 2Ag^++CrO_4^{2-}$$
$$K_{sp}=[Ag^+]^2[CrO_4^{2-}]$$

从以上三个物质的 K_{sp} 的关系式可以看出，在能解离出两个或多个相同离子的难溶电解质，如 $Mg(OH)_2$、Ag_2CrO_4 等的 K_{sp} 关系式中，多离子的浓度应取解离方程式中该离子的系数为指数。因此，可用通式表示如下：

$$A_nB_m(固) \rightleftharpoons nA+mB(离子电荷省略)$$
$$K_{sp}=[A]^n[B]^m \tag{6-2}$$

二、溶解度与溶度积的换算

溶解度和溶度积都是表示物质溶解能力大小的数值，但是，一般用溶解度表示易溶物质的溶解能力，用溶度积表示难溶物质的溶解能力。二者既有区别又有联系，并可以进行互相换算。难溶物质的溶解度可以用 $mol \cdot L^{-1}$ 或 $g \cdot L^{-1}$ 表示。

【例 6-1】 在 25℃时，AgCl 的溶解度为 $1.92\times10^{-3} g \cdot L^{-1}$，求该温度下 AgCl 的溶度积常数 K_{sp}。[AgCl 的摩尔质量 $M(AgCl)=143.5 g \cdot mol^{-1}$]

解 首先将浓度单位由 $g \cdot L^{-1}$ 换算为 $mol \cdot L^{-1}$

$$\frac{1.92\times10^{-3} g \cdot L^{-1}}{143.5 g \cdot mol^{-1}}=1.34\times10^{-5} mol \cdot L^{-1}$$

因为每溶解 1mol 的 AgCl，就应解离出 1mol 的 Ag^+ 和 1mol 的 Cl^-：

$$AgCl(固) \rightleftharpoons Ag^++Cl^-$$
$$[Ag^+]=[Cl^-]=1.34\times10^{-5} mol \cdot L^{-1}$$

所以 $K_{sp}(AgCl)=[Ag^+][Cl^-]=(1.34\times10^{-5})\times(1.34\times10^{-5})$
$$=1.8\times10^{-10}$$

答：在该温度下 AgCl 的 $K_{sp}=1.8\times10^{-10}$。

【例 6-2】 在 25℃时，Ag_2CrO_4 的溶解度为 $6.5\times10^{-5} mol \cdot L^{-1}$，求在该温度下的溶度积 K_{sp}。

解
$$Ag_2CrO_4(固) \rightleftharpoons 2Ag^++CrO_4^{2-}$$

因为溶解 1mol 的 Ag_2CrO_4 能解离出 2mol 的 Ag^+ 和 1mol 的 CrO_4^{2-}，所以 $[Ag^+]=2[CrO_4^{2-}]$，而 $[CrO_4^{2-}]=[Ag_2CrO_4]$。

所以 $K_{sp}(Ag_2CrO_4)=[Ag^+]^2[CrO_4^{2-}]$
$$=(6.5\times10^{-5}\times2)^2\times(6.5\times10^{-5})$$
$$=1.1\times10^{-12}$$

答：在该温度下 Ag_2CrO_4 的 $K_{sp}=1.1\times10^{-12}$。

【例 6-3】 在 25℃时，AgBr 的 $K_{sp}=5.0\times10^{-13}$，求 AgBr 的溶解度（$g \cdot L^{-1}$）。

解 设 AgBr 的溶解度为 x，则

$$AgBr(固) \rightleftharpoons Ag^+ + Br^-$$
$$\qquad\qquad\qquad x \qquad x$$
$$K_{sp}(AgBr) = [Ag^+][Br^-] = x^2 = 5.0 \times 10^{-13}$$
$$x = 7.1 \times 10^{-7} \text{mol} \cdot \text{L}^{-1}$$

AgBr 的摩尔质量 $M(AgBr) = 187.8 \text{g} \cdot \text{mol}^{-1}$，因此在该温度下的溶解度为：

$$7.1 \times 10^{-7} \text{mol} \cdot \text{L}^{-1} \times 187.8 \text{g} \cdot \text{mol}^{-1} = 1.33 \times 10^{-4} \text{g} \cdot \text{L}^{-1}$$

答：在该温度下 AgBr 的溶解度为 $1.33 \times 10^{-4} \text{g} \cdot \text{L}^{-1}$。

将上述三个例题的计算结果列于表 6-2 中。

表 6-2 AgCl、AgBr、Ag_2CrO_4 的溶度积及溶解度（25℃）

物质	K_{sp}	K_{sp}值	溶解度 /mol·L^{-1}	溶解度 /g·L^{-1}
AgCl	$K_{sp} = [Ag^+][Cl^-]$	1.8×10^{-10}	1.34×10^{-5}	1.92×10^{-3}
AgBr	$K_{sp} = [Ag^+][Br^-]$	5.0×10^{-13}	7.1×10^{-7}	1.33×10^{-4}
Ag_2CrO_4	$K_{sp} = [Ag^+]^2[CrO_4^{2-}]$	1.1×10^{-12}	6.5×10^{-5}	$6.5 \times 10^{-5} \times 331.8 = 2.16 \times 10^{-2}$

从表 6-2 的数据可以看出，AgCl 比 AgBr 的 K_{sp} 值大，则溶解度也是 AgCl 比 AgBr 的大。然而将 AgCl 与 Ag_2CrO_4 相比情况就不一样了，AgCl 的 K_{sp} 比 Ag_2CrO_4 的大，但 AgCl 的溶解度反而比 Ag_2CrO_4 的小。这是因为 AgCl 与 Ag_2CrO_4 的溶度积 K_{sp} 的关系式表示类型不同，也就是说两种物质的组成类型不同，AgCl 为 AB 型，Ag_2CrO_4 为 A_2B 型。由此可以得出结论：对同一类型的难溶电解质，在水中的溶解度与该物质的 K_{sp} 有关，K_{sp} 值越大，则溶解度也越大；而对不同类型的难溶电解质，不能直接用它们的 K_{sp} 值判断其溶解度的大小，只能通过计算后才能确定。

第二节 沉淀与溶解

一、溶度积规则

BaF_2 是难溶电解质，其 $K_{sp} = 1.0 \times 10^{-6}$，那么是否只要有 Ba^{2+} 与 F^- 相互混合就能产生 BaF_2 沉淀呢？为此做两个小实验。

将 20mL 0.010 mol·L^{-1} 的 $BaCl_2$ 与 30mL 0.010 mol·L^{-1} 的 NaF 溶液混合，结果并未发现有 BaF_2 沉淀生成。

当将上述两种溶液浓度都增大 10 倍，两种溶液仍然按上一实验用量进行互相混合，此时发现有明显的 BaF_2 沉淀生成。这说明难溶电解质产生沉淀是有浓度要求的，不是任意浓度下的两种可产生沉淀反应的溶液互相混合就能产生沉淀。为了找出产生沉淀的条件，下面分别对两个实验中的 Ba^{2+} 与 F^- 的乘积进行计算。

[实验一] 20mL 0.010 mol·L^{-1} $BaCl_2$ 溶液能解离出 Ba^{2+} 的物质的量：

因为 $\qquad\qquad BaCl_2 \rightleftharpoons Ba^{2+} + 2Cl^-$ （100%解离）
$\qquad\qquad\qquad 0.010$ mol·L$^{-1}\quad 0.010$ mol·L^{-1}

所以 Ba^{2+} 的物质的量：$0.020L \times 0.010$ mol·L$^{-1} = 2.0 \times 10^{-4}$ mol

同理 30mL 0.010 mol·L^{-1} NaF 溶液能解离出 F^- 的物质的量为：

$$0.030L \times 0.010 \text{mol} \cdot \text{L}^{-1} = 3.0 \times 10^{-4} \text{mol}$$

混合以后离子浓度分别为：

$$[Ba^{2+}] = \frac{2.0 \times 10^{-4} \text{mol}}{0.050 \text{L}} = 4.0 \times 10^{-3} \text{mol} \cdot \text{L}^{-1}$$

$$[F^{-}] = \frac{3.0 \times 10^{-4} \text{mol}}{0.050 \text{L}} = 6.0 \times 10^{-3} \text{mol} \cdot \text{L}^{-1}$$

$$[Ba^{2+}][F^{-}]^2 = (4.0 \times 10^{-3}) \times (6.0 \times 10^{-3})^2$$
$$= 1.4 \times 10^{-7} < K_{sp}$$

计算结果说明 $[Ba^{2+}][F^{-}]^2$ 之乘积明显小于 $K_{sp}(BaF_2)$，因此，溶液是非饱和状态，所以在此离子浓度时不会有 BaF_2 沉淀析出。

[实验二] 由于两种溶液的浓度都增大 10 倍，则

$$[Ba^{2+}][F^{-}]^2 = (4.0 \times 10^{-3} \times 10) \times (6.0 \times 10^{-3} \times 10)^2$$
$$= 1.4 \times 10^{-4}$$

这时溶液的离子浓度之乘积大于 $K_{sp}(BaF_2)$，因此，溶液是过饱和溶液，所以会有 BaF_2 沉淀析出。

如果在含有 $CaCO_3$ 沉淀的溶液中，逐滴加入 HCl 溶液，发现有 CO_2 气体不断从溶液中逸出，同时，$CaCO_3$ 沉淀开始溶解。这一过程的关系式表示如下：

$$CaCO_3(\text{固}) \underset{\text{沉淀}}{\overset{\text{溶解}}{\rightleftharpoons}} Ca^{2+} + CO_3^{2-}$$
$$2HCl \rightleftharpoons 2Cl^- + 2H^+$$
$$\Downarrow$$
$$H_2CO_3 \rightleftharpoons H_2O + CO_2 \uparrow$$

从这一反应关系式可以看出，在 $CaCO_3$ 的溶解和沉淀的平衡状态中，当加入 HCl 溶液后，HCl 解离出的 H^+ 与原来呈平衡状态的 CO_3^{2-} 结合生成 H_2CO_3，而 H_2CO_3 立即分解为 CO_2 和 H_2O。因此，使溶液中 CO_3^{2-} 的浓度大大降低，即

$$[Ca^{2+}][CO_3^{2-}] \ll K_{sp}(CaCO_3)$$

这时溶液由原来的饱和溶液变为非饱和溶液，因此，$CaCO_3$ 沉淀开始溶解，如果反应加入足量的 HCl，可使所有的 $CaCO_3$ 沉淀全部溶解。

综上所述，根据溶度积可以判断沉淀的生成或溶解，一般规律如下。

设当溶液处于非平衡状态下的离子浓度之积用 Q_i 代表，它与 K_{sp} 相比有三种情况。

(1) $Q_i < K_{sp}$，则溶液呈非饱和状态，无沉淀生成，若原来含有沉淀，此时，沉淀要部分溶解或全部溶解。

(2) $Q_i = K_{sp}$，则溶液达到饱和状态，即为饱和溶液，无沉淀生成，或存在沉淀溶解平衡。

(3) $Q_i > K_{sp}$，则溶液达到过饱和状态，即为过饱和溶液，有沉淀生成。

以上的规律称为溶度积规则。利用这一规则可以判断溶液有无沉淀的生成或溶解。

【例 6-4】 将 $2.0 \times 10^{-3} \text{mol} \cdot \text{L}^{-1}$ 的 Na_2SO_4 溶液与 $2.0 \times 10^{-3} \text{mol} \cdot \text{L}^{-1}$ 的 $BaCl_2$ 溶液等体积混合，能否有 $BaSO_4$ 沉淀生成？$[K_{sp}(BaSO_4) = 1.1 \times 10^{-10}]$

解 求 $Q_i = [Ba^{2+}][SO_4^{2-}]$

$$Na_2SO_4 \rightleftharpoons 2Na^+ + SO_4^{2-}$$
$$2.0 \times 10^{-3} \quad (2.0 \times 10^{-3}) \times 2 \quad 2.0 \times 10^{-3}$$

$$BaCl_2 = Ba^{2+} + 2Cl^-$$
$$2.0\times10^{-3} \quad 2.0\times10^{-3} \quad (2.0\times10^{-3})\times2$$

由于是等体积混合,所以各离子浓度均是原来浓度的 1/2。

所以
$$Q_i = [Ba^{2+}][SO_4^{2-}] = \frac{1}{2}(2.0\times10^{-3})\times\frac{1}{2}(2.0\times10^{-3})$$
$$= 1.0\times10^{-6}$$
$$Q_i > K_{sp}(BaSO_4)$$

答:有 $BaSO_4$ 沉淀析出。

二、沉淀的生成

通过以上讨论得知,在难溶电解质溶液中,如果离子浓度的乘积 $Q_i > K_{sp}$ 就会有沉淀生成。因此,要使溶液中的离子沉淀并沉淀完全时,一般是增大沉淀剂的用量或应用同离子效应。

1. 加沉淀剂

在 $AgNO_3$ 溶液中加入 NaCl 溶液,当 $[Ag^+][Cl^-] > K_{sp}(AgCl)$ 时,AgCl 就析出沉淀,NaCl 溶液就是沉淀剂。

【例 6-5】 为使浓度 $0.001\,mol\cdot L^{-1}$ 的 CrO_4^{2-} 完全沉淀,需要加入沉淀剂 $AgNO_3$ 晶体,问 Ag^+ 必须达到多大浓度时才能使 CrO_4^{2-} 完全沉淀? [已知 $K_{sp}(Ag_2CrO_4) = 1.1\times10^{-12}$]

解
$$Ag_2CrO_4(固) \rightleftharpoons 2Ag^+ + CrO_4^{2-}$$
$$[Ag^+]^2[CrO_4^{2-}] = K_{sp}$$

所谓完全沉淀是指溶液中剩下的离子浓度不超过 $10^{-5}\,mol\cdot L^{-1}$,就认为完全沉淀。

$$[Ag^+]^2\times10^{-5} = K_{sp} = 1.1\times10^{-12}$$

所以
$$[Ag^+] = \sqrt{\frac{1.1\times10^{-12}}{10^{-5}}}$$
$$= 3.32\times10^{-4}\,(mol\cdot L^{-1})$$

答:$[Ag^+]$ 必须大于 $3.32\times10^{-4}\,mol\cdot L^{-1}$ 才能使 CrO_4^{2-} 完全沉淀。

2. 同离子效应

在难溶电解质的溶液中,加入与其含有相同离子的强电解质,而使难溶电解质的溶解度降低的现象叫同离子效应。

例如在饱和的 AgCl 溶液中加入 NaCl 溶液,由于含有相同的 Cl^-,能使原来的溶解沉淀平衡向左移动:

$$AgCl(固) \underset{沉淀}{\overset{溶解}{\rightleftharpoons}} Ag^+ + \boxed{Cl^-}$$
$$NaCl = Na^+ + \boxed{Cl^-}$$

在未加入 NaCl 溶液前,$[Ag^+][Cl^-] = K_{sp}(AgCl)$。当加入 NaCl 溶液后,由于 NaCl 解离而生成大量的 Cl^-,此时 $[Ag^+][Cl^-] \gg K_{sp}(AgCl)$,$Ag^+$ 与 Cl^- 结合而形成 AgCl 沉淀,使溶液中 $[Ag^+]$、$[Cl^-]$ 下降,最终达到平衡,因此,AgCl 的溶解度降低。

【例 6-6】 在 25℃时,AgCl 的溶解度为 $1.34\times10^{-5}\,mol\cdot L^{-1}$,求在 $0.01\,mol\cdot L^{-1}$ 浓度的 NaCl 溶液中的溶解度。[$K_{sp}(AgCl) = 1.8\times10^{-10}$]

解 设 AgCl 在 $0.01\,mol\cdot L^{-1}$ NaCl 溶液中的溶解度为 $x\,mol\cdot L^{-1}$,则

$$AgCl(固) \rightleftharpoons Ag^+ + Cl^-$$
$$ x \qquad 0.01+x \text{（由于 NaCl 100\%解离）}$$
$$K_{sp} = [Ag^+][Cl^-]$$
$$= x(0.01+x)$$

由于 x 很小，故 $0.01+x \approx 0.01$

所以 $\qquad K_{sp} = x \times 0.01 = 1.8 \times 10^{-10}$
$$x = 1.8 \times 10^{-8} (\text{mol} \cdot \text{L}^{-1})$$

答：AgCl 在 $0.01 \text{mol} \cdot \text{L}^{-1}$ 的 NaCl 溶液中的溶解度为 $1.8 \times 10^{-8} \text{mol} \cdot \text{L}^{-1}$。

从计算结果看，AgCl 在 $0.01 \text{mol} \cdot \text{L}^{-1}$ NaCl 溶液中的溶解度是纯水中的将近 1/1000。这说明同离子效应对难溶电解质的溶解度下降是很明显的。如果 Ag^+ 在过量沉淀剂 NaCl 溶液的存在下，由于 NaCl 能解离出的大量 Cl^- 与 Ag^+ 不断反应生成 AgCl 沉淀，使溶液中的 Ag^+ 浓度也不断下降，最终可使溶液中的 Ag^+ 达到完全沉淀。

第三节 溶度积规则的应用

一、分步沉淀

以上讨论的沉淀反应，都是针对只含一种离子产生沉淀的情况。如果溶液中同时含有几种离子，当加入某种沉淀剂时，这几种离子都能产生沉淀，那么，几种离子是同时产生沉淀，还是分步沉淀呢？

现以同时含有 Cl^- 和 I^- 的溶液为例，来讨论它们与加入的沉淀剂 Ag^+ 生成沉淀的情况。

假设溶液中的 Cl^- 和 I^- 浓度均为 $0.01 \text{mol} \cdot \text{L}^{-1}$，在此溶液中逐滴加入 $AgNO_3$ 溶液。则可能发生下列反应：

$$Ag^+ + Cl^- \rightleftharpoons AgCl \downarrow \quad K_{sp}(AgCl) = 1.8 \times 10^{-10}$$
$$Ag^+ + I^- \rightleftharpoons AgI \downarrow \quad K_{sp}(AgI) = 8.3 \times 10^{-17}$$

根据它们的溶度积 K_{sp} 值可以算出，开始有 AgCl 沉淀产生时所需要的 Ag^+ 浓度为：

$$[Ag^+] = \frac{K_{sp}(AgCl)}{[Cl^-]} = \frac{1.8 \times 10^{-10}}{0.01} = 1.8 \times 10^{-8} (\text{mol} \cdot \text{L}^{-1})$$

同样可以计算出开始有 AgI 沉淀产生时所需要的 Ag^+ 浓度为：

$$[Ag^+] = \frac{K_{sp}(AgI)}{[I^-]} = \frac{8.3 \times 10^{-17}}{0.01} = 8.3 \times 10^{-15} (\text{mol} \cdot \text{L}^{-1})$$

相比之下，可以看出，产生 AgI 沉淀所需要的 $[Ag^+]$ 是产生 AgCl 沉淀所需要的 $[Ag^+]$ 约 $\frac{1}{10^6}$。因此，AgI 首先产生沉淀。这种先后产生沉淀的作用叫分步沉淀。

关于分步沉淀的实验和溶度积规则都证明，对同一类型的难溶电解质，在离子浓度相同时，溶度积 K_{sp} 值小的首先生成沉淀，几种难电解的溶度积常数 K_{sp} 值相差越大，分步沉淀越完全。

二、沉淀的转化

在实际生产中有时需要把一种沉淀转化为另一种沉淀，这个过程叫沉淀的转化。例如，锅炉的锅垢主要成分是 $CaSO_4$，它对锅炉的使用会产生很多不利因素，特别是容易造成锅炉的爆炸，因此需要定期清除锅垢。由于 $CaSO_4$ 既不溶于水，又难溶于酸，直接清除它是很困难的，但可以通过加入 Na_2CO_3 把它转化为 $CaCO_3$ 沉淀，而 $CaCO_3$ 不但易溶于酸，而且由于它的结构疏松，容易清除。

$CaSO_4$ 之所以能转化为 $CaCO_3$，是因为 $CaCO_3$ 的溶度积常数 K_{sp}（2.8×10^{-9}）比 $CaSO_4$ 的溶度积常数 K_{sp}（9.1×10^{-6}）小。因此，在 $CaSO_4$ 的溶解平衡状态时产生的 Ca^{2+}，与加入的 Na_2CO_3 解离出的 CO_3^{2-} 的乘积 $[Ca^{2+}][CO_3^{2-}]$ 一定大于 $K_{sp}(CaCO_3)$，故产生 $CaCO_3$ 沉淀。而 $CaCO_3$ 沉淀的产生，使溶液中的 $[Ca^{2+}]$ 大大下降，致使 $[Ca^{2+}][SO_4^{2-}]\ll K_{sp}(CaSO_4)$，造成 $CaSO_4$ 的溶解。如果加入足够量的 Na_2CO_3 溶液，可使 $CaSO_4$ 沉淀全部转化为 $CaCO_3$ 沉淀。它们的转化关系可用下面的关系式表示：

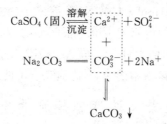

一般是相同类型的两种沉淀物质的 K_{sp} 值相差越大，则沉淀转化越完全。

第七章 氧化还原反应与电化学

1. 了解氧化还原反应的本质,掌握用化合价升降法配平氧化还原反应方程式的原则与步骤。
2. 了解原电池的工作原理和电极电势的概念及其主要应用。
3. 了解电解原理及其主要应用,并能掌握原电池与电解池的主要区别。
4. 了解金属电化学腐蚀的原因及防腐方法。

氧化还原反应是无机化学中广泛存在的一类重要反应。例如,无机物中硫酸、硝酸的制造,氮肥生产中氨的合成,氯碱工业中的电解食盐水溶液,金属防腐中的电镀,以及有机合成产品中很多生产过程都要应用氧化还原反应。可见氧化还原反应与各个方面都有着密切的联系。本章将要重点讨论氧化还原反应的基本概念及其方程式的配平、原电池、电解、电镀的基本原理。

第一节 氧化还原反应

一、氧化还原反应的本质

最早人们把物质与氧化合的反应叫氧化,而把除去氧化物中的氧的反应叫还原。后来随着科学的发展,发现氧化还原反应的实质是在化学反应中,有些元素的原子之间有电子得失(或化合价变化)。因此把氧化还原反应的定义扩大为:凡是物质失去电子的反应叫氧化,物质得到电子的反应叫还原;在一个化学反应中氧化和还原必然同时发生,因此凡是物质之间有电子得失的反应都称为氧化还原反应。

下面用电子得失的观点,分析最常见的氧化还原反应的例子。

$$2\overset{0}{Cu} + \overset{0}{O_2} \xrightarrow{2\times 2e} 2\overset{+2\ -2}{CuO}$$

失电子　　得电子
被氧化　　被还原
还原剂　　氧化剂

反应过程中,铜被氧化,失去 2 个电子,为还原剂;氧被还原,得到 2 个电子,为氧化剂。

$$\overset{+2\ -2}{CuO} + \overset{0}{H_2} \xrightarrow{2e} \overset{0}{Cu} + \overset{+1\ -2}{H_2O}$$

得电子　　失电子
氧化剂　　还原剂
被还原　　被氧化

式中,$\overset{+2}{Cu}$ 得到 2 个电子,为氧化剂,被还原为 $\overset{0}{Cu}$;H_2 失去 2 个电子,为还原剂,被氧化为 $\overset{+1}{H}$。

把以上两个反应式综合起来,列表(见表 7-1)如下。

表 7-1 化学反应综合表

反应式	反应情况	
	氧化剂得电子被还原	还原剂失电子被氧化
$2\overset{0}{Cu} + \overset{0}{O_2} = 2\overset{+2\,-2}{CuO}$ (2×2e)	$\overset{0}{O_2} + 4e = 2\overset{-2}{O}$	$2\overset{0}{Cu} - 4e = 2\overset{+2}{Cu}$
$\overset{+2\,-2}{CuO} + \overset{0}{H_2} = \overset{0}{Cu} + \overset{+1\,-2}{H_2O}$ (2e)	$\overset{+2}{Cu} + 2e = \overset{0}{Cu}$	$\overset{0}{H_2} - 2e = 2\overset{+1}{H}$

从表 7-1 中的反应情况，可以得氧化还原反应的本质如下：

(1) 氧化还原反应中，得失电子同时发生，而且数量相等。

(2) 氧化还原反应中，某元素的原子失去电子，必有另一元素的原子得到电子，得到电子的物质是氧化剂，自身被还原，失去电子的物质是还原剂，自身被氧化。

(3) 氧化还原反应中，氧化剂和还原剂同时存在，因此，没有氧化就没有还原，反之亦然。

二、氧化剂与还原剂

凡在氧化还原反应中，能使另一种物质发生氧化作用的物质叫氧化剂；能使另一种物质发生还原作用的物质叫还原剂。

一般常用的氧化剂都是一些活泼的非金属和某些含有高价态元素的化合物，因为这些物质在氧化还原反应中都易获得电子。例如，Cl_2、Br_2、I_2、O_2、$K\overset{+7}{Mn}O_4$、$K\overset{+5}{Cl}O_3$、$H_2\overset{+6}{S}O_4$、$H\overset{+5}{N}O_3$ 等。

一般常用的还原剂都是一些活泼的金属和含有低价态元素的化合物，因为这些物质在氧化还原反应中易失去电子。例如，Zn、Mg、Na、Fe、Al、H_2、$K\overset{-1}{I}$、$Na_2\overset{+4}{S}O_3$、$H_2\overset{-2}{S}$ 等。举例如下：

$$\underset{\text{还原剂}}{\overset{0}{Zn}} + \underset{\text{氧化剂}}{\overset{+1}{H_2}SO_4} = \overset{+2}{Zn}SO_4 + \overset{0}{H_2}\uparrow \quad (2e) \tag{1}$$

$$\underset{\text{氧化剂}}{2K\overset{+7}{Mn}O_4} + \underset{\text{还原剂}}{10\overset{+2}{Fe}SO_4} + 8H_2SO_4 = 2\overset{+2}{Mn}SO_4 + 5\overset{+3}{Fe_2}(SO_4)_3 + K_2SO_4 + 8H_2O \quad (10\times e) \tag{2}$$

$$\underset{\text{还原剂}}{H_2\overset{-2}{S}} + \underset{\text{氧化剂}}{H_2\overset{-1}{O_2}} = \overset{0}{S}\downarrow + 2H_2\overset{-2}{O} \quad (2e) \tag{3}$$

$$\underset{\text{还原剂}}{H_2\overset{-1}{O_2}} + \underset{\text{氧化剂}}{\overset{0}{Cl_2}} = 2H\overset{-1}{Cl} + \overset{0}{O_2} \quad (2e) \tag{4}$$

从以上 4 个例子可以看出，在氧化还原反应中，氧化剂和还原剂可以是单质，也可以是化合物（或是离子），但是发生电子得失的是某一个原子或离子，因此，在讨论被氧化、被还原的物质时一定要指明得失电子的某原子或离子。如式（2）中 $\overset{+7}{Mn}$ 被还原为 $\overset{+2}{Mn}$，$\overset{+2}{Fe}$ 被氧化为 $\overset{+3}{Fe}$。

从式（3）和式（4）可以看出，同是 H_2O_2，在式（3）中作氧化剂，而在式（4）中作还原剂。这说明，氧化剂与还原剂没有截然的界线，只有在一个反应式中才有明确的概念。由于反应条件的不同，一种物质可以表现还原性，也可以表现出氧化性。H_2O_2，当在强还原剂 H_2S 存在时，它就表现氧化性；当在强氧化剂 Cl_2 存在下，它就表现还原性。

另外，应该注意的是，氧化剂、还原剂是指参加氧化还原反应的物质，而氧化、还原反应是指化学反应中得失电子的过程。

第二节 氧化还原反应方程式的配平

由于氧化还原反应方程式一般都比较复杂，而且反应式中的物质也比较多，配平这类反应式很难用观察的方法配平，必须采用一定的方法和步骤才能配平。最常见的配平方法有化合价升降法和离子-电子法两种，在这里只介绍化合价升降法。

化合价升降法的配平原则和步骤如下。

一、配平原则

由于氧化还原反应是一类电子得失的反应，氧化剂得电子后的化合价降低数应等于还原剂失电子后的化合价升高数，同时每一种元素的原子个数在反应前后必须保持相等。

二、配平的主要步骤

(1) 根据给定欲配平反应式，找出有化合价变化的元素原子，并求出氧化剂化合价降低数和还原剂化合价升高数（生成物的化合价减去反应物的化合价）。

(2) 根据氧化剂化合价降低数等于还原剂化合价升高数的原则，求出最小公倍数，分别将系数乘在氧化剂和还原剂分子式前面，并写出相应的反应式。

(3) 为保证反应前后元素的原子个数相等的原则，进一步调整分子前面的系数。一般是先调整其他原子个数，最后再调整 H 与 O 原子个数（反应式两边可以加 H_2O）。达到两边所有的原子个数相等时，把箭头号改为等号。

【例 7-1】 配平下列反应式

$$Cu + HNO_3(稀) \longrightarrow Cu(NO_3)_2 + NO\uparrow + H_2O$$

解 按步骤（1）得

化合价升高 2

$$\overset{0}{Cu} + H\overset{+5}{N}O_3(稀) \longrightarrow \overset{+2}{Cu}(NO_3)_2 + \overset{+2}{N}O\uparrow + H_2O$$

化合价降低 3

按步骤（2）得

化合价升高 2×3

$$3\overset{0}{Cu} + 2H\overset{+5}{N}O_3(稀) \longrightarrow 3\overset{+2}{Cu}(NO_3)_2 + 2\overset{+2}{N}O\uparrow + H_2O$$

化合价降低 3×2

按步骤（3）可以看出 3 分子 $Cu(NO_3)_2$ 中有 6 个 NO_3^- 没有参加氧化还原反应，所以

HNO_3 前边的系数应为 8（即 2+6），H_2O 前边的系数为 4，并把箭头号改等号，即

$$3Cu+8HNO_3(稀)== 3Cu(NO_3)_2+2NO\uparrow+4H_2O$$

【例 7-2】 配平下列反应式

$$KMnO_4+HCl\longrightarrow MnCl_2+Cl_2$$

解 按步骤（1）得

化合价降低 5

$$\overset{+7}{K}MnO_4+\overset{-1}{H}Cl\longrightarrow \overset{+2}{Mn}Cl_2+\overset{0}{Cl_2}$$

化合价升高 1×2

按步骤（2）得

化合价降低 5×2

$$2\overset{+7}{K}MnO_4+10\overset{-1}{H}Cl\longrightarrow 2\overset{+2}{Mn}Cl_2+5\overset{0}{Cl_2}$$

化合价升高 1×2×5

按步骤（3）可以看出 2 分子 $KMnO_4$ 应生成 2 分子 KCl 和 2 分子 $MnCl_2$，其中共有 6 个 Cl^- 没有参加氧化还原反应，故 HCl 前边的系数为 16（即 10+6），并生成 $8H_2O$，把箭头号改等号，即

$$2KMnO_4+16HCl==2MnCl_2+2KCl+5Cl_2+8H_2O$$

【例 7-3】 配平下列反应式

$$HClO_3+P_4\longrightarrow HCl+H_3PO_4$$

解 按步骤（1）得

化合价降低 6

$$\overset{+5}{H}ClO_3+\overset{0}{P_4}\longrightarrow \overset{-1}{H}Cl+H_3\overset{+5}{P}O_4$$

化合价升高 5×4

按步骤（2）得

化合价降低 6×10

$$10\overset{+5}{H}ClO_3+3\overset{0}{P_4}\longrightarrow 10\overset{-1}{H}Cl+12H_3\overset{+5}{P}O_4$$

化合价升高 5×4×3

按步骤（3）从反应式可以看出右边比左边多 36 个 H，故应在左边加上 $18H_2O$，并把箭头号改等号，即

$$10HClO_3+3P_4+18H_2O==10HCl+12H_3PO_4$$

第三节 原 电 池

一、原电池装置

既然氧化还原是伴随着电子得失的一类反应，那么能否设计一个装置，使氧化还原反应过程中的电子得失（或转移）变成电子的定向运动并产生电流呢？按这个要求设计的装置就是原电池。它是以氧化还原反应为基础，将化学能转变为电能的装置，并在氧化剂与还原剂互不接触的情况下，使氧化还原反应分别在两个电极上进行（见图 7-1）。图 7-1 中左右两个

烧杯分别装有 1mol·L^{-1} 的 ZnSO$_4$ 和 CuSO$_4$ 溶液,并在盛有 CuSO$_4$ 的烧杯中插入铜片(作电极),在盛有 ZnSO$_4$ 溶液的烧杯内插入锌片(作电极)。前者称为铜半电池,后者称为锌半电池。两个半电池之间用盐桥连接起来,最后将两个电极用导线接通,并在中间串联一个安培计。这时会发现:

(1) 安培计的指针发生偏转,说明反应中确有电子的转移,从指针偏转的方向判断,说明电子是从锌片移向铜片。即锌片上发生氧化反应,放出电子,本身变成 Zn^{2+} 进入溶液,使锌片不断溶解。

$$Zn - 2e = Zn^{2+}$$

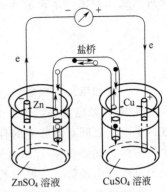

图 7-1　铜-锌原电池装置

Zn 所放出的电子通过导线移到铜片,溶液中 Cu^{2+} 从铜片上获得电子,发生还原反应,而金属铜沉积在铜片上。因此,发现在铜极的表面上有金属铜沉积。

$$Cu^{2+} + 2e = Cu$$

(2) 当取出盐桥时,安培计指针回到原点,说明盐桥起构成两个半电池的通路作用。

如果把上述发生在两个电极上的反应叫半反应,而两个半反应相加之后得到的反应,就是电池反应:

$$Zn - 2e = Zn^{2+}$$
$$+) \ Cu^{2+} + 2e = Cu$$
$$\overline{Zn + Cu^{2+} = Zn^{2+} + Cu}$$

可见,原电池里发生的氧化还原反应,与 Zn 和 Cu^{2+} 直接接触发生的反应完全一样。但原电池里发生氧化还原反应过程中得失的电子是通过导线从锌极流向铜极。

盐桥是在一个 U 形管中装有琼脂配成的 KCl 饱和溶液的胶冻。当电池反应发生后,在锌半电池中,由于 Zn^{2+} 浓度增大,产生过剩的正电荷;而在铜半电池中,由于 Cu^{2+} 不断被还原,使 SO$_4^{2-}$ 浓度相对增大产生过剩的负电荷。由此,使锌半电池和铜半电池分别产生一种抵抗 Zn 失去电子变成 Zn^{2+}、Cu^{2+} 接受电子变成 Cu 的作用,即影响电子从锌极向铜极的移动,使电池反应停止。而盐桥的作用,就是根据静电引力的作用,Cl$^-$ 流向锌半电池,K$^+$ 流向铜半电池,从而消除两个半电池中的过剩电荷,使电极周围溶液始终保持电中性,保证反应继续进行。

上述原电池叫铜-锌原电池。原电池是由两个半电池组成的。组成半电池的导体叫电极。流出电子的电极称为负极,接受电子的电极称为正极。在负极上发生氧化反应,正极上发生还原反应。显然,在铜-锌原电池中,锌是电池的负极,铜是电池的正极。

二、原电池装置的表示方法

原电池的装置可以用符号表示。如铜-锌原电池的符号为:

$$(-) \ Zn \ | \ ZnSO_4 \ \| \ CuSO_4 \ | \ Cu \ (+)$$

其中"|"表示两相之间的界面,"‖"表示用盐桥把两个半电池连接起来,"(-)"和"(+)"表示电池的负极和正极。一般将"(-)"写在左边,"(+)"写在右边。

将上述原电池中,每一个电极发生的氧化或还原反应进行对比则发现,参加反应的反应物和生成物都是同一种元素,但价态不同,即化合价不同,通常把化合价低的存在状态称为还原态,化合价高的存在状态称为氧化态。氧化态和相对应的还原态构成一个电对。如:

$$\overset{0}{Zn} - 2e = \overset{+2}{Zn} \qquad \overset{+2}{Cu} + 2e = \overset{0}{Cu}$$

还原态　　氧化态　　氧化态　　还原态

电对可用符号表示为 Zn^{2+}/Zn、Cu^{2+}/Cu。半电池中的物质氧化态与还原态在一定的条件下可以互相转化，其关系式表示如下：

$$还原态 - ne \rightleftharpoons 氧化态$$

第四节 电极电势

一、电极电势的概念

在铜-锌原电池中，为什么电子是从锌极流向铜极，而不是从铜极流向锌极呢？这说明在两个电极之间有电势差的存在，这正如同有水位差存在时，水总是自动地从高水位流向低水位一样。如果在铜-锌原电池之间用导线串联一个电位计，就能测出电势差，这个电势差叫原电池的电动势，一般用符号 E 表示，单位是 V（伏［特］）。电势差的存在，说明了组成原电池的两个电极具有不同的电势，这个电势叫电极电势。两个电极电势差越大，则电池的电动势也越大，原电池的电动势的计算规定为电池的正极电势 E_+ 减去负极的电势 E_-，即

$$E = E_+ - E_-$$

电极电势是表示构成电极的电对，在氧化还原反应中争夺电子能力大小的一个量度，因此不必知道它们的绝对数值，只要知道它们之间相对大小的数值就可以判断它们在氧化还原反应中争取电子能力的强弱。例如，铜电极的标准电极电势为 $+0.337V$，而锌电极的标准电极电势是 $-0.763V$，显然铜电极比锌电极在氧化还原反应时，争夺电子能力大，所以铜-锌原电池电子是从锌极流向铜极。

为了测得各种电极的电极电势的相对大小，必须要选择一个电极的电势为标准，并把它的电极电势的值规定为0。然后以它的电极电势为标准，去量度被测的电极电势的相对大小，这一点如同我们要测量山高，必须以海平面高度为0 的道理一样。

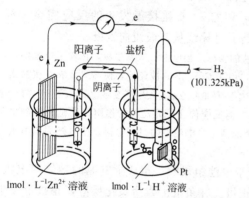

图 7-2 标准氢电极和锌电极组成原电池

一般常以标准氢电极为标准电极，用它与被测的电极组成原电池，见图 7-2。把比氢活泼的金属电极作为原电池的负极，标准氢电极作为原电池的正极，反之是标准氢电极作负极，被测电极为正极。通过电位差计测出该原电池的电动势，然后计算出被测电极的电极电势。如被测电极的半电池中的离子浓度为 $1mol \cdot L^{-1}$，气体压力为 $101.325kPa$，测量时的温度为 $298K$（$25℃$），这时测出该电池的电动势为标准电动势（$E^\ominus$），通过 $E^\ominus$ 求得的电极电势为标准电极电势。

例如，用标准氢电极去测量锌电极的标准电极电势 $E^\ominus$（Zn^{2+}/Zn）（见图 7-2）的具体方法如下：

按图 7-2 装置组成原电池，并测出该原电池的标准电动势，如测得 $E^\ominus = 0.763V$，计算锌电极的标准电极电势，即 $E^\ominus(Zn^{2+}/Zn)$。

因为 $\qquad E^\ominus = E^\ominus(H^+/H_2) - E^\ominus(Zn^{2+}/Zn)$

所以 $\qquad E^\ominus(Zn^{2+}/Zn) = E^\ominus(H^+/H_2) - E^\ominus$

$\qquad\qquad\qquad = 0 - 0.763 = -0.763(V)$

同理，用标准氢电极可以测量出铜电极的标准电极电势 $E^\ominus(Cu^{2+}/Cu)$。只不过这时用

铜电极作原电池的正极。

$$(-)Pt|H_2(101.325kPa)|H^+(1mol \cdot L^{-1})||Cu^{2+}|Cu(+)$$

如果测得该电池的电动势 $E^{\ominus}=0.337V$，求铜电极的标准电极电势 $E^{\ominus}(Cu^{2+}/Cu)$。

因为 $\qquad E^{\ominus}=E^{\ominus}(Cu^{2+}/Cu)-E^{\ominus}(H^+/H_2)$

所以 $\qquad E^{\ominus}(Cu^{2+}/Cu)=E^{\ominus}+E^{\ominus}(H^+/H_2)$

$$=0.337+0=0.337(V)$$

关于电极电势的数值的正、负号要特别注意，我们现在用的符号是在氢以前的电极电势值为负，而在氢以后的电极电势值为正。负值绝对值越大，正值越小。有些书中使用的符号正好与上述相反，这两种表示方法都在使用，故查阅数据时应加以注意。表7-2 为几种常见的标准电极电势。

表 7-2　几种常见的标准电极电势

电 极 反 应		$E^{\ominus}$/V	电 极 反 应		$E^{\ominus}$/V
氧 化 态	还 原 态		氧 化 态	还 原 态	
$K^+ + e \rightleftharpoons K$		-2.925	$I_2(固)+2e \rightleftharpoons 2I^-$		0.535
$Zn^{2+} + 2e \rightleftharpoons Zn$		-0.763	$Fe^{3+} + e \rightleftharpoons Fe^{2+}$		0.771
$Fe^{2+} + 2e \rightleftharpoons Fe$		-0.44	$Cl_2 + 2e \rightleftharpoons 2Cl^-$		1.36
$2H^+ + 2e \rightleftharpoons H_2$		0.00	$MnO_4^- + 8H^+ + 5e \rightleftharpoons Mn^{2+} + 4H_2O$		1.51
$Cu^{2+} + 2e \rightleftharpoons Cu$		0.337			

二、电极电势的应用

电极电势既然是表示物质在氧化还原反应中争夺电子能力的大小，因此，它不仅可以定量地反映出物质在氧化还原反应中的氧化、还原能力的大小，即氧化剂、还原剂的强弱，还可以用它判断氧化还原反应进行的方向、次序和程度等。现在分别介绍如下。

1. 用标准电极电势判断氧化剂和还原剂的强弱

一个电对的标准电极电势负值绝对值越大，正值越小，表明这个电对中的氧化态争夺电子的能力越小，氧化性越弱；相反它的还原态失去电子的能力越大，还原性越强。

$$Zn^{2+}+2e \rightleftharpoons Zn \quad E^{\ominus}=-0.763V$$
$$Cu^{2+}+2e \rightleftharpoons Cu \quad E^{\ominus}=+0.337V$$

从 $E^{\ominus}$ 数值看 $E^{\ominus}(Zn^{2+}/Zn)<E^{\ominus}(Cu^{2+}/Cu)$，因此，锌的氧化态 Zn^{2+} 比铜的氧化态 Cu^{2+} 的氧化性弱，但它的还原态 Zn 比 Cu 的还原性强，所以在铜-锌原电池中发生如下反应：

$$Zn+Cu^{2+} \rightleftharpoons Zn^{2+}+Cu$$

即 $\qquad Zn-2e \rightleftharpoons Zn^{2+} \qquad Cu^{2+}+2e \rightleftharpoons Cu$

推而广之，可以总结如下关系：在电极电势表（见表 7-3）中最强的还原剂在表的右上方（如 Li、K、Na 等），而最强的氧化剂在表的左下方，如 F_2 等；在表中，对氧化态物质是从上至下氧化性增强，而还原态物质的还原性是从上至下减弱。上述这些关系，可以在电极电势表中表示如下。

表 7-3　电极电势表（参看附表七）

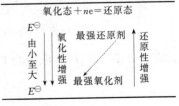

2. 判断氧化还原反应进行的方向

通过铜-锌原电池的讨论知道，氧化还原反应发生的必要条件是氧化剂电对要比还原剂电对的电极电势值大，而且电子的转移方向是从电极电势值小的一方，自动地向电极电势大的一方进行。

因此,可以用电极电势判断氧化还原反应进行的方向。其方法介绍如下。

(1) 按给定的氧化还原反应方程式,根据各元素化合价的变化情况,确定氧化剂和还原剂,并查出它们的电对的标准电极电势 $E^{\ominus}$ 值。

(2) 以氧化剂的电对为正极,还原剂的电对为负极,组成原电池,计算该原电池的标准电动势($E^{\ominus}$)。

$$E^{\ominus} = E_{+}^{\ominus} - E_{-}^{\ominus}$$

若 $E^{\ominus} > 0$,则反应按给定的反应式从左向右自动进行;

若 $E^{\ominus} < 0$,则反应按给定的反应式从右向左自动进行。

【例 7-4】 已知 $Fe^{3+} + e \rightleftharpoons Fe^{2+}$ $E^{\ominus}(Fe^{3+}/Fe^{2+}) = 0.771V$

$Cu^{2+} + 2e \rightleftharpoons Cu$ $E^{\ominus}(Cu^{2+}/Cu) = 0.337V$

判断 $2Fe^{3+} + Cu \rightleftharpoons 2Fe^{2+} + Cu^{2+}$ 的反应方向。

解 (1) 根据反应式中化合价的变化可知:

Fe^{3+} 为氧化剂,Cu 为还原剂

(2) $E^{\ominus} = E^{\ominus}(Fe^{3+}/Fe^{2+}) - E^{\ominus}(Cu^{2+}/Cu)$

$= 0.771V - 0.337V = 0.434V > 0$

所以反应方向从左向右进行

答:该反应式的进行方向为从左向右自动进行。

【例 7-5】 已知 $Zn^{2+} + 2e \rightleftharpoons Zn$ $E^{\ominus}(Zn^{2+}/Zn) = -0.763V$

$Mg^{2+} + 2e \rightleftharpoons Mg$ $E^{\ominus}(Mg^{2+}/Mg) = -2.37V$

判断 $Zn + MgCl_2 \rightleftharpoons ZnCl_2 + Mg$ 反应能否发生? 进行方向?

解 (1) 根据反应式中化合价的变化可知:

$\overset{+2}{Mg}Cl_2$ 是氧化剂,Zn 是还原剂

(2) $E^{\ominus} = E^{\ominus}(Mg^{2+}/Mg) - E^{\ominus}(Zn^{2+}/Zn)$

$= -2.37V - (-0.763V)$

$= -1.61V < 0$

所以反应从左向右不能发生,只能从右向左自动进行。

3. 判断氧化还原反应的次序

例如工业上从卤水中制取 Br_2 和 I_2,就是用氯气作氧化剂,氧化溶液中含有的 Br^- 和 I^-,那么哪一种离子先被氧化呢? 可根据它们与氯的电势差的大小,决定被氧化次序的先后。

已知 $E^{\ominus}(I_2/I^-) = +0.535V$, $E^{\ominus}(Br_2/Br^-) = +1.065V$, $E^{\ominus}(Cl_2/Cl^-) = +1.36V$

得 $\Delta E_1^{\ominus} = E^{\ominus}(Cl_2/Cl^-) - E^{\ominus}(I_2/I^-) = 1.36V - 0.535V = 0.825V$

$\Delta E_2^{\ominus} = E^{\ominus}(Cl_2/Cl^-) - E^{\ominus}(Br_2/Br^-) = 1.36V - 1.065V = 0.295V$

$\Delta E_1^{\ominus} > \Delta E_2^{\ominus}$,所以溶液中的 I^- 首先被氧化,而后才是 Br^- 被氧化,即

$$Cl_2 + 2I^- \rightleftharpoons I_2 + 2Cl^-$$

$$Cl_2 + 2Br^- \rightleftharpoons Br_2 + 2Cl^-$$

关于氧化还原的次序,通常有以下规律:当把一种氧化剂加入同时含有几种还原剂的

溶液中时,氧化剂首先与最强的还原剂($E^\ominus$值最小的)发生反应;反之,如果把一种还原剂加入到同时含有几种氧化剂的溶液中,还原剂首先与最强的氧化剂($E^\ominus$值最大的)发生反应。

第五节 电 解

原电池实质上是把化学能变成电能的装置,那么在一定的装置中还能否把电能再变成化学能呢?电解池就是把电能变成化学能的装置。

一、电解与电解装置

电解是在直流电的作用下,使电解质溶液或熔盐在阴阳两极发生氧化还原反应的过程。在电解过程中,电能不断地转化为化学能。它与原电池中发生的过程恰好相反。用来进行电解的装置叫电解池或电解槽。在电解槽中和直流电源正极相连接的极叫阳极;和直流电源负极相连接的极叫阴极,见图 7-3。

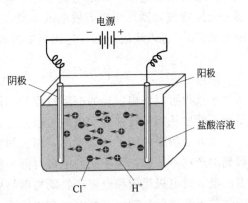

电子从电源的负极沿导线流向电解槽中的阴极,然后再由阳极回到电源的正极,构成回路。例如,电解 HCl 水溶液时,H^+ 与 Cl^- 在电场的作用下,分别产生定向移动,H^+ 向阴极移动,并在阴极上获得电子发生还原反应(即 $2H^+ + 2e == H_2$)放出氢气;而 Cl^- 向阳极移动,并在阳极上放出电子发生氧化反应(即 $2Cl^- - 2e == Cl_2$)放出氯气。

图 7-3 HCl 水溶液电解时的离子迁移示意图

一般在讨论电解时,不论是阳离子在阴极上得到电子,还是阴离子在阳极上放出电子,一律称为离子放电。电解电解质水溶液时,除了电解质本身解离的阴阳离子外,还有水部分解离出的 H^+ 和 OH^-,在这种情况下究竟哪一种离子在电极上先放电,决定因素比较多,这里只介绍一般规律。

(1) 以石墨为电极,电解卤化物(盐)时,在阳极上一般总是卤素离子先放电并得到卤素,而盐中金属的电极电势 $E^\ominus$ 值大于 0 时,在阴极上金属离子先放电,并得到相应的金属。例如电解 $CuCl_2$ 水溶液时,其反应式可表示如下:

$$CuCl_2$$
$$\downarrow$$

阴 极	←— Cu^{2+} + $2Cl^-$ —→	阳 极
$Cu^{2+} + 2e$		$2Cl^- - 2e$
$\downarrow$		$\downarrow$
Cu		$Cl_2 \uparrow$
还原反应		氧化反应

总反应式:

$$CuCl_2 \xrightarrow{\text{电解}} \underset{(\text{阴极})}{Cu} + \underset{(\text{阳极})}{Cl_2 \uparrow}$$

(2) 以石墨为电极,电解含氧酸盐的溶液时,在阳极上一般总是 OH^- 先放电,并得到氧气,而盐中的金属电极电势在 Al 以前时,在阴极上是 H^+ 先放电,并得到氢气,在这种情况下,等于电解水一样。例如,电解 Na_2SO_4 溶液时,其反应式表示如下:

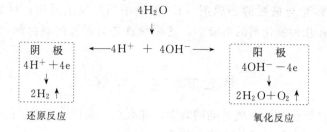

总反应式:

$$2H_2O \xrightarrow{\text{电解}} 2H_2\uparrow + O_2\uparrow$$
$$\text{(阴极)} \quad \text{(阳极)}$$

以上讨论的电解,都是电极本身不参加化学反应的惰性电极。如果用铜作两个电极,电解 $CuCl_2$ 溶液,则在阳极上放电的不是 Cl^-,而是电极本身溶解($Cu-2e = Cu^{2+}$),使铜变成 Cu^{2+} 进入溶液,这一过程叫阳极溶解过程。此时电解反应如下:

阴极　　　　　　　　　　　$Cu^{2+} + 2e = Cu$
阳极　　　　　　　　　　　$Cu - 2e = Cu^{2+}$

从反应过程可以看出,总的电解过程是阳极的铜不断地溶解,而在阴极上又不断析出,因此是铜不断地从阳极转移到阴极的过程。这就是电解法炼铜的基本原理。

由以上所举的例子可以看出,用相同的电极对不同物质进行电解时,在电极上的反应和得到的产物不一样;用不同的电极对同一物质进行电解时,电极反应和得到的产物也不同。因此电解时电极反应和电解产物既与电解质的性质有关,又与电解条件有关,总之影响电解产物的因素比较复杂,有些电解产物还要通过实验来确定。

有关原电池和电解池的区别见表 7-4。

表 7-4　原电池和电解池的区别

项目	铜-锌原电池		电解池($CuCl_2$)	
电极名称	(一)负极	(+)正极	阴极	阳极
电极反应	氧化反应	还原反应	还原反应	氧化反应
例子	$Zn - 2e = Zn^{2+}$	$Cu^{2+} + 2e = Cu$	$Cu^{2+} + 2e = Cu$	$2Cl^- - 2e = Cl_2$
条件	自动进行		直流电作用	
作用	化学能变电能		电能变化学能	

从表 7-4 中可以看出,原电池和电解池的主要区别为:①电极的名称不同,原电池的电极是根据电子的流向来命名的,流出电子的电极为负极,得到电子的电极为正极;电解池的电极是根据它与直流电源的正、负极接线不同来命名的,与直流电源正极相接的叫阳极,与负极相接的叫阴极。②在电极上发生的化学反应不同。

二、电解的应用

自从人们了解了电能和化学能是可以互相转化的道理之后,各种电解产品、新型化学电池以及电化学防腐等各个领域都获得了飞速发展,电解在工业中得到了广泛应用。

1. 电解食盐水(氯碱工业)

电解食盐水溶液可制取烧碱、氯气、氢气以及各种含氯的产品,因此称为氯碱工业。氯碱工业是重要的基本化学工业之一,在国民经济中占有重要的地位。因为氯碱工业的产品广泛地应用在石油、化工、冶金、塑料、橡胶、纺织、农药、造纸等工业中,因此食盐是重要的化工原料。

我国食盐资源极为丰富。除海盐之外，我国的内地还有池盐、井盐和岩盐，这些都为氯碱工业的发展提供了丰富的资源。

按图 7-4 装置，可进行电解饱和食盐水的实验。在 U 形管里倒入饱和食盐水，插入一根碳棒作阳极，用铁钉作阴极，并在两极附近加入几滴酚酞指示剂，同时用湿润的淀粉碘化钾试纸检查阳极逸出的气体。电解用的直流电源为 4 个蓄电池串联。通电后注意观察管内发生的现象：①两极都有气体逸出，在阳极逸出的气体有刺激性气味，并能使淀粉碘化钾试纸变蓝，证明是氯气。②在阴极附近的溶液变红，证明有 OH^- 存在。这些现象说明食盐水已发生电解，其反应式表示如下：

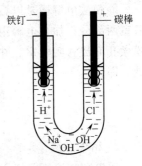

图 7-4 电解食盐水

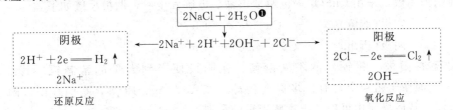

总反应式：

$$2NaCl + 2H_2O \xrightarrow{电解} 2Na^+ + H_2\uparrow + 2OH^- + Cl_2\uparrow$$

从电解反应的产物看，有 NaOH、H_2 和 Cl_2，但这些物质如果互相接触，将要发生如下的化学反应。氯气溶于水并生成 HCl 和 HClO：

$$H_2O + Cl_2 = HCl + HClO$$

生成的 HCl、HClO 分别与 NaOH 反应，又生成 NaCl 和 NaClO：

$$NaOH + HCl = NaCl + H_2O$$
$$NaOH + HClO = NaClO + H_2O$$

这样使已制得的产品白白消耗并又变为反应物。此外氯气和氢气混在一起还容易引起爆炸。为了解决以上问题，就需要把阳极产物和阴极产物隔开。因此工业上电解食盐是采用隔膜法电解，如图 7-5 所示，其具体工艺流程按图 7-6 进行。

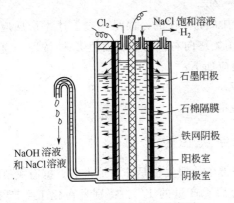

图 7-5 立式隔膜电解槽示意图

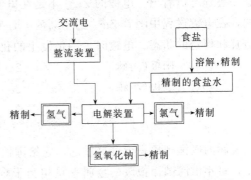

图 7-6 隔膜法电解食盐水工艺流程图

---

❶ 实际上 $2H_2O$ 在阴极上发生反应：$2H_2O + 2e = H_2\uparrow + 2OH^-$，并在阴极附近产生 OH^-，OH^- 向阳极移动。

隔膜法电解槽是以石墨为阳极，用铁网作阴极，用石棉隔膜将电解槽分隔为阴极室和阳极室两部分。加入电解用的精制食盐水，首先流入阳极室，通过紧贴在铁网阴极上的石棉隔膜微孔而流入阴极室。在这个过程中，在阳极室产生氯气，在阴极室中产生氢气和氢氧化钠。即

$$2NaCl+2H_2O \Longrightarrow \underset{(阴极)}{2NaOH+H_2\uparrow} + \underset{(阳极)}{Cl_2\uparrow}$$

2. 精炼金属

用电解法冶炼金属，主要是根据用该金属做的阳极在电解过程中能发生阳极溶解。即该金属能从阳极转移到阴极，并在阴极上析出金属。下面以精制粗铜为例，用待精炼的粗铜为阳极，纯铜为阴极，采用 $CuSO_4$ 为电解质溶液。电解发生后，两极反应如下：

阳极（溶解） $\qquad Cu-2e=Cu^{2+}$

阴极（析出） $\qquad Cu^{2+}+2e=Cu$

在电解时随着阳极（粗铜）的不断溶解，在阴极便得到大量的精制铜，其纯度可达99.99%。同时由于粗铜中含有许多贵重金属，如 Au、Ag、Pt 等，它们在阳极附近沉积，称为阳极泥。从阳极泥中可以提出这些贵重的金属。

3. 电镀

从用电解法精炼铜的过程可以看出，在阳极被溶解的金属离子 Cu^{2+} 又能在阴极上被还原为铜而沉积下来。如果根据这一现象，将要镀的金属件作阴极，把欲镀金属作阳极，这样就会将一种金属镀到另一种金属的表面，这种过程叫电镀。例如镀锌时，用镀件作阴极，锌板作阳极。为了保证镀件表面光滑细致，电镀时用的电解液不能直接使用含有 Zn^{2+} 的溶液，而应该采用含有 ZnO、NaOH 和其他添加剂等组成的电解液，因为这几种物质可形成锌酸钠溶液：

$$ZnO+2NaOH=Na_2ZnO_2+H_2O$$

而锌酸根 ZnO_2^{2-} 在水中又存在下列平衡：

$$ZnO_2^{2-}+2H_2O \rightleftharpoons Zn^{2+}+4OH^-$$

然后，Zn^{2+} 在阴极上获得电子被镀在镀件上：

$$Zn^{2+}+2e=Zn$$

从这一过程可以看出，电镀的 Zn^{2+} 不是在电解液中大量存在的，而是通过上述平衡反应得到的，在电镀过程中随着 Zn^{2+} 的不断放电，使平衡始终向右移动，从而使 Zn^{2+} 浓度一直处于适宜和稳定的状态。电镀时，两极发生的化学反应如下：

阳极（溶解） $\qquad Zn-2e=Zn^{2+}$

阴极（沉积） $\qquad Zn^{2+}+2e=Zn$

第六节　金属的电化学腐蚀与防腐

金属的腐蚀现象是十分严重的，它给国民经济带来的损失也是非常惊人的。据有关资料记载，每年由腐蚀而报废的金属总量相当于全年金属总产量的1/3。特别是在化工生产中，由于金属受腐蚀，往往使化工生产的各种设备出现强度降低、使用寿命变短，甚至会出现跑、冒、滴、漏的现象，它不仅损失大量的化工原料，而且还会严重地危害人身安全和造成环境的污染。因此，了解腐蚀发生的原因，采取有效的防护措施，对增产节约、加速现代化

建设有着重要意义。

根据腐蚀原因的不同,金属腐蚀可以分为两种:一种是化学腐蚀,主要是由化学物质(如 O_2、H_2S、SO_2、Cl_2 等)通过发生化学反应造成的腐蚀;另一种是电化学腐蚀,主要是由于金属构成的组分之间发生了电化学作用(即产生了微型的原电池的作用)而引起的腐蚀。

一、电化学腐蚀

通过原电池的反应原理,可以知道,只要是两种互相接通的金属与其对应的盐溶液接触,就存在电势差,能形成原电池。容易失去电子的物质是原电池的负极而被溶解,另一较难失去电子的物质作正极。

工业中使用的各种钢铁都不是纯净的,总是或多或少地含有其他组分,这些组分之中有的电极电势比铁小,也有的比铁大,当这种比铁的电极电势大的组分和铁形成微型原电池时,铁是原电池的负极,另一组分是原电池的正极。当钢铁表面暴露在潮湿空气中时,由于表面有吸附作用,使钢铁的表面上覆盖着一层极薄的水膜,虽然水的解离度很小,但必定能解离出一定的 H^+ 和 OH^-,H_2O 又可与其中溶解的 CO_2 气体形成 H_2CO_3,H_2CO_3 存在下列平衡关系:

$$CO_2 + H_2O \rightleftharpoons H_2CO_3 \rightleftharpoons H^+ + HCO_3^-$$

因而增大了水膜中的 H^+ 浓度,结果相当于在金属表面上有一层酸性电解质溶液,即形成了一个原电池(见图 7-7),可用符号表示如下:

$$(-)\ Fe\,|\,H^+\text{溶液}\,|\,X(+)$$

不仅金属和它的盐溶液能组成原电池,任何两种不同金属插入任何电解质中都能形成原电池,其中较活泼的金属(电极电势 $E^{\ominus}$ 值小的)为负极,较不活泼的金属为正极。例如,将铜片和锌片同时插入稀硫酸溶液中,并用导线把金属片之间接通,就构成一个原电池,这是有名的伏打电池,可用符号表示如下:

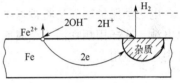

图 7-7 铁腐蚀示意图

$$(-)\ Zn\,|\,H_2SO_4\,|\,Cu(+)$$

此时发生的电极反应如下:

负极(铁被溶解) $\quad Fe - 2e = Fe^{2+}$,$Fe^{2+} + 2OH^- = Fe(OH)_2 \downarrow$

正极(H^+ 得到电子) $\quad 2H^+ + 2e = H_2 \uparrow$

总反应式: $\quad Fe + 2H_2O = Fe(OH)_2 \downarrow + H_2 \uparrow$

反应的结果是铁被腐蚀,水膜中的 H^+ 通过正极得到电子被还原为 H_2,因此,这种电化学腐蚀也叫析氢腐蚀。

在一般情况下,水膜中的 H^+ 浓度并不大,基本上是中性的,在这种情况下仍然要发生电池反应,这时在正极得到电子的不是氢离子而是溶解在水膜中的氧气,氧获得电子和 H_2O 结合生成 OH^-,然后与 Fe^{2+} 反应生成 $Fe(OH)_2$。反应式表示如下:

负极(铁被溶解) $\quad 2Fe - 4e = 2Fe^{2+}$

正极 $\quad 2H_2O + O_2 + 4e = 4OH^-$ ⎬ $2Fe(OH)_2 \downarrow$

总反应式: $\quad 2Fe + 2H_2O + O_2 = 2Fe(OH)_2 \downarrow$

这种电化学腐蚀叫吸氧腐蚀。实际上,铁的腐蚀主要是吸氧腐蚀。

可见,钢铁的腐蚀主要是由于组成不纯,因此,当钢铁的组分中含有比铁的电极电势值大的组分时,电化学腐蚀是不可避免的。

二、金属的防腐蚀

1. 涂保护层法

这种方法主要是防止化学腐蚀。常用各种耐酸、耐碱的树脂，油漆，搪瓷，搪玻璃，衬橡胶等。

2. 缓蚀剂法

在能产生腐蚀性的介质中，加一种能减缓腐蚀速度的物质来防止金属腐蚀的办法叫缓蚀剂法。根据缓蚀剂的物质组成，可分为有机物和无机物两类缓蚀剂。

无机物缓蚀剂的缓蚀原理，就是利用这种物质能在被保护的金属表面形成一层保护膜，保护金属不与腐蚀性物质接触。例如，为了保护铁，可用 $Ca(HCO_3)_2$ 起缓蚀剂的作用，因为它能在碱性介质中形成沉淀：

$$Ca^{2+} + 2HCO_3^- + 2OH^- \Longrightarrow CaCO_3\downarrow + CO_3^{2-} + 2H_2O$$

生成的 $CaCO_3$ 是溶解度非常小的难溶电解质，吸附在铁的表面后就能起保护作用。

由于硬水中含有 $Ca(HCO_3)_2$，所以铁在硬水中耐腐蚀。

有机物缓蚀剂，如琼脂、糊精、动物胶、六亚甲基四胺（俗名乌洛托品）、生物碱等都能减弱金属在酸介质中的腐蚀。

有机缓蚀剂对金属起缓蚀的作用机理，简单地说就是阻碍了 H^+ 的放电作用，而减慢了金属的腐蚀。

3. 电化学保护法

电化学保护法就是将被保护的金属作为原电池的正极，用一些活泼的金属作负极，形成原电池，这样用牺牲活泼金属而保护了要保护的金属。这种方法在轮船外壳、锅炉和海底设备中广泛使用。

第八章　物质结构和元素周期律

1. 了解原子结构初步知识和质量数的概念，掌握构成原子的各粒子之间的关系。
2. 了解核外电子运动的特征，理解电子云和电子云有形状、有伸展方向等概念。
3. 掌握核外电子排布次序图和核外电子排布的几条规律，能将1～36号元素的原子核外电子排布用电子式表示出核外电子构型。
4. 了解元素及化合物的性质呈周期性变化是元素原子核外电子呈周期性排布的结果，从而加深理解元素周期律。
5. 了解元素周期表的结构及周期和族排列的依据。
6. 应用原子结构理论解释原子半径、元素的金属性和主族元素的化合价与核外电子构型的关系。
7. 掌握离子键、共价键、金属键形成的特点，并能用这些特点解释离子化合物、共价化合物和金属的某些物理性质。
8. 了解四种晶体的主要性质与晶体结构的关系。
9. 了解配合物的基本概念，掌握配合物的命名。

迄今为止已经发现了116种元素（已命名111种）。这些元素的原子按着一定的组成和结构形成了数以万计的单质和化合物，而且每种单质和化合物都有一定的性质，因此物质的性质是千差万别的。这些差异的原因都与原子的结构和分子的结构有关。为了解它们的性质及其在化学反应中的变化规律，必须研究原子和分子结构，以达到能用近代物质结构理论加深对元素周期律、单质、化合物性质的认识之目的。

第一节　原 子 结 构

在19世纪末20世纪初，随着生产的发展，人们对原子结构的研究得到了一系列重要发现，证实了原子也是可以分割的，原子的结构是复杂的。下面简要介绍一下人们对原子结构的认识过程。

一、电子的发现

1897年英国的物理学家汤姆生，在研究低压气体导电问题时在一个抽去气体的真空玻璃管内，装有两个金属电极，当在两个电极上通入高压直流电时，发现有一种射线从阴极发出，称为阴极射线。很多的实验都指出阴极射线与组成阴极的金属种类无关，而且这种射线在电场中能向阳极方向偏移，证明它带有负电荷。1916年美国物理学家米利根证明这个粒子的电量恰好等于1.6×10^{-19}C（库仑），并命名这个粒子为电子。

二、原子的组成

上述实验说明电子是组成原子的一部分，并带有负电荷，但整个原子是电中性的，因此在原子中必然还存在着一种带正电荷的部分，而且这个部分所带的正电荷的总量与原子中所含有的电子的负电荷总量相等。那么，电子和带正电荷的部分是如何结合成原子的呢？这是当时人们所关心的问题。在1911年，英国的物理学家卢瑟福提出如下观点。

（1）原子核在原子的中央，核外有若干电子绕核旋转。由于原子核的直径约为原子直径的十万分之一，原子核与电子之间是十分"敞空"的，并存在电场，电场把原子核和电子束缚在一起，形成相对稳定的原子。

（2）原子核所带的正电荷总量（简称核电荷数，用符号 Z 表示）等于核外电子所带的负电荷总量，原子是电中性的。

（3）原子核几乎集中了原子的全部质量。

在原子核发现之后，又进一步证明，原子核是由更小的微粒质子和中子组成的。质子是带正电荷的粒子，一个质子带一个正电荷，中子是一种不带电的粒子，因此，原子的质子总数应等于核外电子总数。质子的质量约等于一个氢原子的质量（$1.673×10^{-24}$ g），中子的质量也约与氢原子的质量相等，见表8-1。质子和中子的质量之和叫原子的质量数，近似等于相对原子质量。

表 8-1 原子的组成

粒子名称		质量/g	电荷/C	相对质量
原子	电子	$9.1096×10^{-28}$	$-1.6022×10^{-19}$	
	原子核 质子	$1.6726×10^{-24}$	$+1.6022×10^{-19}$	1.008
	中子	$1.6749×10^{-24}$	中性	1.009

从表8-1可以得出原子的质量应该等于质子、中子与电子的质量总和。但电子的质量非常小，约为质子质量的 $\frac{1}{1840}$，所以原子的质量主要集中在原子核上，应等于质子和中子的质量之和。由于质子和中子的质量非常小，用 kg 或 g 作单位很不方便，因此通常都用它们的相对质量。相对质量是以 ^{12}C 的质量（$1.993×10^{-23}$ g）的 $\frac{1}{12}$（$1.66×10^{-24}$ g）作为相对质量的标准，分别与质子、中子的质量相比，比值分别是 1.008 和 1.009，取近似值为 1。由于是比值，所以相对质量没有单位。

若电子的质量忽略不计，将质子和中子的相对质量之和叫质量数，用符号 A 表示，质子数用 Z 表示，中子数用 N 表示。则

$$质量数(A)=质子数(Z)+中子数(N)$$

$$核电荷数(Z)=质子数=核外电子数$$

因此在原子中，只要知道质子数、中子数和质量数这三个数中的任意两个数，就可以求出其他粒子数。如钠原子的质量数为23，核外电子数为11，求中子数。

由于核外电子数＝质子数，所以钠的质子数也是11，则

$$中子数(N)=质量数(A)-质子数(Z)$$
$$=23-11=12$$

归纳起来，若以 $_Z^AX$ 代表一个质量数为 A、质子数为 Z 的原子，则构成原子的粒子间的关系可以表示如下：

$$原子\ (_Z^AX) \begin{cases} 原子核 \begin{cases} 质子\ Z\ 个 \\ 中子\ (A-Z)\ 个 \end{cases} \\ 核外电子\ Z\ 个 \end{cases}$$

三、同位素

科学实验发现，同一种元素的原子往往质子数相同，但中子数不一定相同。例如，氢元

素的原子都含有一个质子；但有的氢原子不含中子，有的含 1 个中子，有的含 2 个中子。为区别起见，把不含中子的氢原子叫氕，即普通氢原子，记为 $^{1}_{1}H$；含 1 个中子的氢原子叫氘，称为重氢，记为 $^{2}_{1}H$（或 D）；含 2 个中子的氢原子叫氚，称为超重氢，记为 $^{3}_{1}H$［元素符号左下角表示核电荷数（核外电子数），左上角表示质量数］。

化学上把相同核电荷数（质子数）的同一类原子叫元素，而把具有相同质子数而中子数不同的一类原子互称同位素。由于同位素具有相同核电荷数，因此在化学性质方面几乎无差异。到目前为止，经科学研究发现，现有的 116 种元素几乎都有很多种同位素，同位素的数目至今已有数千种之多，所以自然界中的大多数元素都是由多种同位素构成的均匀混合物，因此所有的相对原子质量也都是根据同位素的含量计算出来的。如氯的相对原子质量的计算：

同位素	相对原子质量	各同位素的质量分数/%
$^{35}_{17}Cl$	34.969	75.77
$^{37}_{17}Cl$	36.960	24.23

$$34.969 \times 75.77\% + 36.960 \times 24.23\% = 35.453$$

第二节 核外电子的运动状态

一、电子云

电子是微观粒子，微观粒子的运动形式和我们日常生活中接触到的宏观物体不一样。如火车在铁轨上行驶、飞机在天空中航行、人造卫星绕地球运行等都有明确的概念并能准确地计算出它们运动的速度和位移。然而微观粒子的运动，如电子在核外运动是比较复杂的，由于电子的质量很小，又在直径约 10^{-10} m 的很小的空间内作高速运动，速率约为 1.5×10^{8} m/s，因而人们没有办法能像用经典力学那样去描述每一个电子的运动状态，只能通过统计的办法去认识某一个电子在某一个区域出现的机会多少。在统计数学中，把机会称为概率，把在单位体积出现的概率叫概率密度。例如，在运动场上一个手枪射击运动员打靶时，对他的成绩考核就可以应用概率的概念。如在 1000 发的射击中，有 500 发命中十环，我们就说，他射中十环的概率为 50%，如果再检查一下，发现在靠近十环中心这个地方洞眼最密，外围的洞眼依次变稀，这时我们可以说，靠近十环中心的中弹概率密度最大，其他地方的概率密度较小。在量子力学中，为了形象具体，把这种概率密度分布叫电子云。

电子云被用来描述原子核外电子的运动状态。核外电子运动的状态比较复杂，只能通过对大量电子或一个电子的多次运动状态的统计，即用电子在核外不同地方出现的概率（或概率密度）的大小来表示。为了形象化地表示出电子的概率密度的分布，电子出现概率密度大的地方用密集的小黑点表示，对电子出现概率密度小的地方用稀少的小黑点表示。因此电子云是电子在核外空间出现概率密度分布的形象化的描述。

为了便于理解，用假想的给氢原子照相来说明。氢原子核外仅有一个电子，为了在一瞬间找到电子在氢原子核外的确定位置，设想有一架特殊的照相机，可以用它来给氢原子照相，记录下氢原子核外一个电子在不同瞬间所处的位置。先给某个氢原子拍五张照片，得到图 8-1 所示不同图像。图上的+表示原子核，小黑点表示电子。

然后继续给氢原子拍照，拍上近千万张，并将这些照片对比研究，这样，就获得一个印象：电子好像是在氢原子核外作毫无规律的运动，一会在这里出现，一会儿在那里出现。如果将这些照片叠印，就会看到如图 8-2 所示的图像。

图 8-2 说明，对氢原子的照片叠印张数越多，就越能使人形成一团"电子云雾"笼罩原

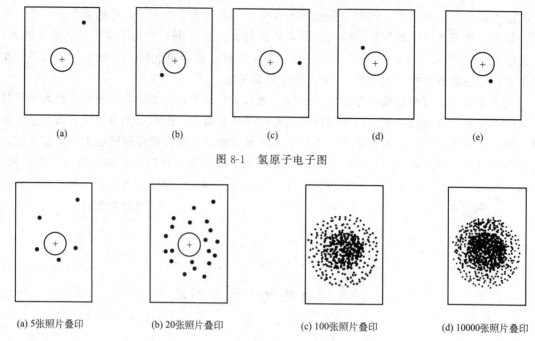

图 8-1 氢原子电子图

(a) 5张照片叠印　(b) 20张照片叠印　(c) 100张照片叠印　(d) 10000张照片叠印

图 8-2　若干张氢原子瞬间照相叠印的结果

子核的印象,这种图像被形象地称为"电子云"。电子云中,小黑点较密集的地方表示电子在该空间单位体积内出现的概率大,小黑点较稀疏的地方表示电子在该空间单位体积内出现的概率小。氢原子核外的电子云呈球形对称,在离核越近处单位体积的空间中电子出现的机会越多,在离核越远处单位体积的空间中电子出现的机会越小。

必须明确,电子云中的许许多多小黑点绝不表明核外有许许多多的电子,它只是形象地表明氢原子仅有的一个电子在核外空间出现的统计情况。

二、核外电子的运动状态

1. 电子层

根据量子力学研究,原子核外电子的运动实际上是按电子离核远近和能量大小分层排布的。各电子层(叫能层)的能量由低到高,如第一层、第二层、第三层等。常用 K、L、M、N、O、P、Q 等字母依次表示各电子层(即 1、2、3、4、5、6、7 层),层数越大,离核越远,能量越高。

2. 电子亚层和电子云形状

在同一电子层中,电子的能量还稍有差别,电子云在空间形成的形状也不相同,有的呈球形,有的呈哑铃形,有的呈花瓣形或更复杂的形状。把每一种不同形状的电子云称为一个亚层。第一层有一个亚层,即叫 s 亚层;第二层有两个亚层,即 s 亚层和 p 亚层;第三层有三个亚层,即 s 亚层、p 亚层和 d 亚层;第四层有四个亚层,分别为 s 亚层、p 亚层、d 亚层和 f 亚层。为了表示不同电子层的亚层,把亚层所属的电子层的层数标在亚层符号之前,如 1s、2p、3d、4f 等。不同亚层的电子云形状不同,s 电子云为球形〔见图 8-2(c)〕,p 电子云为哑铃形(见图 8-3),d 电子云为花瓣形,f 电子云形状复杂。

3. 电子云的伸展方向

电子云不仅形状不同,同属一种形状的电子云在空间伸展的方向也不同。如 s 亚层由于形状呈球形,它在空间只有一种取向;而 p 亚层的形状呈哑铃形,在三维空间分别沿 x、y、

z 三个互相垂直的坐标轴方向伸展,因此 p 亚层有三种取向,如图 8-4 所示;同样道理 d 亚层有五种取向;f 亚层有七种取向。

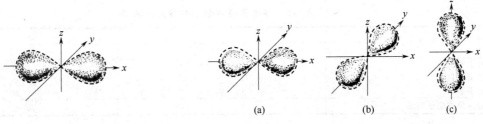

图 8-3　p 电子云的形状　　　　　图 8-4　p 电子云在空间的三种取向

现代量子力学把电子云在空间每一个伸展方向完全确定的运动状态称为原子轨道(简称轨道)。因此 s 亚层有一个轨道,即 s 轨道;p 亚层有三个轨道,即 p_x、p_y、p_z;d 亚层有五个轨道;f 亚层有七个轨道。同一亚层的轨道能量相等,叫等价轨道。为表示一个具体轨道,把表示电子层数的数字置于表示电子云形状的符号之前,用形状符号右下角标表示电子云在空间的伸展方向,如 $3p_x$、$3p_y$ 等。

4. 电子的自旋

电子在同一轨道内自身还要旋转。自旋的方向有两种,即顺时针旋转和逆时针旋转,通常分别用"↑"和"↓"表示两种自旋方向。

第三节　核外电子的排布

根据量子力学和光谱的实验,认为电子在核外的排布一般有如下规律。

一、能量最低原理

从自然界的大量事实中,人们认识到,物质要达到相对稳定,总是力求其能量最低。电子填充在各个轨道时也是遵循这一能量最低原理的,即先填充低能级的轨道,后填充较高能级的轨道。电子在核外运动尽可能处在最低能量状态。

轨道的能级高低(即能量大小)不仅与电子层数(n)有关,而且还与电子云形状有关,有时电子云形状对轨道能量大小的影响比电子层数(n)的影响还要大。在同一电子层中,各亚层能量按 s、p、d、f 的顺序递增,如 $E(3s)<E(3p)<E(3d)$,原子光谱实验还证明 $E(4s)<E(3d)$、$E(5s)<E(4d)$、$E(6s)<E(4f)<E(5d)$ 等,这种现象叫做轨道的能级交错。那么轨道的能级高低如何确定呢?我国化学家徐光宪先生从光谱实验数据中归纳出近似计算各轨道的能级的方法,并按能级的大小依次排列成图 8-4,即核外电子排布次序。

二、泡利不相容原理

所谓泡利不相容原理,就是说在每一个轨道中只能容纳 2 个自旋方向相反的电子。所以 s 轨道最多可容纳 2 个电子,p 轨道可容纳 6 个电子,d 轨道可容纳 10 个电子,

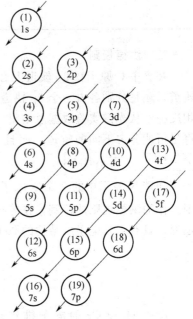

图 8-5　核外电子排布次序

f 轨道可容纳 14 个电子（见表 8-2）。

根据以上两条原理，可以对一些原子的核外电子依次（按图 8-5）从较低能级排布到较高能级轨道。下面将 1～10 号元素的原子核外电子排布情况列在表 8-3 中。

表 8-2 各电子层中电子的最大容纳量

电子层 n	K	L		M			N			
	1	2		3			4			
电子亚层	s	s	p	s	p	d	s	p	d	f
轨道数目	1	1	3	1	3	5	1	3	5	7
电子数目	2	2	6	2	6	10	2	6	10	14
每层最大电子容量	2	8		18			32			

表 8-3 1～10 号元素的原子核外电子排布

序 数	元素符号	轨 道 式	电子排布式
1	H	1s [↑]	$1s^1$
2	He	[↑↓]	$1s^2$
3	Li	[↑↓] 2s [↑]	$1s^2\ 2s^1$
4	Be	[↑↓] [↑↓]	$1s^2\ 2s^2$
5	B	[↑↓] [↑↓] 2p [↑][ ][ ]	$1s^2\ 2s^2\ 2p^1$
6	C	[↑↓] [↑↓] [↑][↑][ ]	$1s^2\ 2s^2\ 2p^2$
7	N	[↑↓] [↑↓] [↑][↑][↑]	$1s^2\ 2s^2\ 2p^3$
8	O	[↑↓] [↑↓] [↑↓][↑][↑]	$1s^2\ 2s^2\ 2p^4$
9	F	[↑↓] [↑↓] [↑↓][↑↓][↑]	$1s^2\ 2s^2\ 2p^5$
10	Ne	[↑↓] [↑↓] [↑↓][↑↓][↑↓]	$1s^2\ 2s^2\ 2p^6$

三、洪德规则

在表中 C 原子在 2p 轨道上有 2 个电子，而 2p 轨道有 3 个，这 2 个电子是在同一个 2p 轨道，还是分别各占一个 2p 轨道？如果分别占有 2 个 2p 轨道，则电子自旋方向是相同还是相反呢？从光谱实验数据总结出一个规律，即在能量相等的轨道（等价轨道）上排布的电子将尽可能分占不同的轨道，而且自旋的方向相同。因此 C 原子中的 2 个 p 电子的排布为 [↑][↑][ ]，而不是 [↑↓][ ][ ]。

同理 N 原子中的 3 个 p 电子的排布为 [↑][↑][↑]。这就是洪德规则，也叫最多轨道原则。作为洪德规则的特例，在等价轨道中全充满、半充满或全空的状态一般比较稳定，也就是说，具有下列电子层结构的原子是比较稳定的：

全充满　　p^6　　d^{10}　　f^{14}
半充满　　p^3　　d^5　　f^7
全　空　　p^0　　d^0　　f^0

所以 24 号 Cr 的电子排布是 $1s^2 2s^2 2p^6 3s^2 3p^6 3d^5 4s^1$，同理 29 号 Cu 的电子排布是 $1s^2 2s^2 2p^6 3s^2 3p^6 3d^{10} 4s^1$。

根据上述三条规律,原子的核外电子排布绝大多数是与上述电子排布的几条基本原理一致的。然而少数个别原子的核外电子排布经实验测定,不与上述电子排布原理完全一致,因此不要由此认为上述原理就不适用,这个原理也同其他理论一样,需要发展,需要完善,使它更科学。

第四节 原子结构与元素周期表

一、元素周期律和元素周期表

1. 元素周期律

人们为了研究元素的性质,将所有元素按核电荷数递增的顺序,从小到大(从 1 开始)依次编号,这个编号叫元素的原子序数,在数值上等于核电荷数,还等于核外电子数。这些元素的性质虽然各不相同,但它们有一定的变化规律。下面把 3~18 号共 16 种元素,分成 3~10 和 11~18 两组比较其核外电子结构、元素及化合物的性质,比较结果见表 8-4 和表 8-5。

表 8-4 3~10 号元素的化学性质比较表

项目	原子序数							
	3	4	5	6	7	8	9	10
元素名称	锂	铍	硼	碳	氮	氧	氟	氖
元素符号	Li	Be	B	C	N	O	F	Ne
外层电子排布	$1s^2 2s^1$	$1s^2 2s^2$	$1s^2 2s^2 2p^1$	$1s^2 2s^2 2p^2$	$1s^2 2s^2 2p^3$	$1s^2 2s^2 2p^4$	$1s^2 2s^2 2p^5$	$1s^2 2s^2 2p^6$
最高正化合价	+1	+2	+3	+4	+5			0
负化合价				−4	−3	−2		0
氧化物	Li_2O	BeO	B_2O_3	CO_2	N_2O_5			
氧化物的水化物	$LiOH$	$Be(OH)_2$	H_3BO_3	H_2CO_3	HNO_3			
氢化物				CH_4	NH_3	H_2O	HF	

表 8-5 11~18 号元素的化学性质比较表

项目	原子序数							
	11	12	13	14	15	16	17	18
元素名称	钠	镁	铝	硅	磷	硫	氯	氩
元素符号	Na	Mg	Al	Si	P	S	Cl	Ar
最外层电子排布	$3s^1$	$3s^2$	$3s^2 3p^1$	$3s^2 3p^2$	$3s^2 3p^3$	$3s^2 3p^4$	$3s^2 3p^5$	$3s^2 3p^6$
最高正化合价	+1	+2	+3	+4	+5	+6	+7	0
负化合价				−4	−3	−2	−1	0
氧化物	Na_2O	MgO	Al_2O_3	SiO_2	P_2O_5	SO_3	Cl_2O_7	
氧化物的水化物	$NaOH$	$Mg(OH)_2$	$Al(OH)_3$	H_2SiO_3	H_3PO_4	H_2SO_4	$HClO_4$	
氢化物				SiH_4	PH_3	H_2S	HCl	

← 金属性增强 →   ← 非金属性增强 →

从表 8-4 中数据可以看出,第 3 号元素锂,最外层电子为 $2s^1$,是 +1 价的金属元素,性质活泼,能与水发生反应,生成的氢氧化物 LiOH 是一种强碱。

第 4 号元素铍,最外层电子为 $2s^2$,是 +2 价的金属元素,金属性质比较弱,能与水反应,但反应速率很慢,生成的氢氧化物 $Be(OH)_2$ 是难溶于水的两性氢氧化物。

第 5 号元素硼,最外层电子为 $2s^2 2p^1$,是 +3 价的非金属元素,但又有一定的金属性。硼的氢氧化物 H_3BO_3 不是碱而是一种弱酸。

第 6 号元素碳,最外层电子为 $2s^2 2p^2$,是 +4 价的非金属元素,非金属性质比硼强,H_2CO_3(氧化物对应的水化物)是比硼酸稍强的弱酸。C 还能与 H_2 生成 CH_4(甲烷),其中 C 为 −4 价。

第 7 号元素氮,最外层电子为 $2s^2 2p^3$,是 +5 价的非金属元素,非金属性比碳强,

HNO₃（氧化物对应的水化物）是一种强酸。N_2 与 H_2 生成 NH_3（氨），其中 N 为 -3 价。

第 8 号元素氧，最外层电子为 $2s^22p^4$，是 -2 价的典型非金属元素，非金属性比氮还强，几乎能和大多数金属、非金属元素化合，生成氧化物。

第 9 号元素氟，最外层电子为 $2s^22p^5$，它是所有元素中最活泼的非金属元素，能和所有的金属、非金属元素相化合，生成氟化物，其中氟为 -1 价。

从上面七种元素的金属性的变化看，是按原子序数从小到大、由锂到氟依次降低，而非金属性是逐渐增强，如果按此规律变化，在氟之后，应该出现一个非金属性更强的元素，但事实并非如此。第 10 号元素氖，最外层电子为 $2s^22p^6$，正好是把第二层电子填满，这样的电子构型是最稳定的，所以它的化学性质最不活泼，称它为惰性气体。在一般条件下几乎不能和其他元素相化合。

从表 8-5 中数据可以看出，从第 11 号开始到 18 号元素，它们的性质变化规律基本与上述八种元素的性质变化一一相对应。只是它们的外层电子多了一层。例如，11 号元素钠，最外层电子为 $3s^1$，比锂多一层，是 $+1$ 价活泼金属，能强烈地与水作用，生成的氢氧化物 NaOH 是一种强碱。钠的性质与锂十分相似。

12 号元素镁，最外层电子为 $3s^2$，是 $+2$ 价的金属元素，但金属性比钠稍差，它的氢氧化物 $Mg(OH)_2$ 是微溶于水的中强碱。镁的性质与铍相似。

13 号元素铝，最外层电子为 $3s^23p^1$，是 $+3$ 价的两性元素（既有金属性又有非金属性）。铝的氢氧化物 $Al(OH)_3$ 是两性氢氧化物。铝的性质与硼相似。

14 号元素硅，最外层电子为 $3s^23p^2$，是 $+4$ 价的非金属元素，生成的 H_2SiO_3 是不溶于水的弱酸，与氢化合生成 SiH_4（硅烷），其中硅为 -4 价。硅的性质与碳相似。

15 号元素磷，最外层电子为 $3s^23p^3$，是 $+5$ 价的非金属元素，生成的 H_3PO_4 是中强酸，与氢化合生成 PH_3。磷的性质与氮相似。

16 号元素硫，最外层电子为 $3s^23p^4$，是 $+6$ 价的非金属元素，生成的 H_2SO_4 是一种强酸。硫的氢化物为 H_2S，其中硫为 -2 价。

17 号元素氯，最外层电子为 $3s^23p^5$，是非常活泼的非金属元素，在一般化合物中，氯为 -1 价，如 HCl，但也能形成 $+7$ 价的化合物，如高氯酸 $HClO_4$。

18 号元素氩，最外层电子为 $3s^23p^6$，第三层电子全充满，与氖的结构相似，因此也是惰性气体。

从上述列举的大量事实可以说明：随着核电荷数的增加，原子核外电子排布和元素及化合物的性质都呈周期性的变化。这里所说的周期性是指经过一定数量的元素以后，又重新出现以前元素的性质，但不是简单的重复。根据上述事实，在 1869 年由门捷列夫总结出一个非常重要的规律：元素及其化合物的性质，随着原子量的增加（实质是核电荷数的增加）而呈周期性的变化。这个规律叫元素周期律。

2. 元素周期表

把原子核外电子层数相同的元素，按原子序数递增的顺序从左到右排成一横行（共 7 行），每一行称为一个周期。再把不同横行中核外电子数相同的元素，按核外电子层数递增的顺序，依次排成纵列（共 18 个纵列），每一列称为一个族。经这样排成的表叫元素周期表，见表 8-6。

元素周期表是元素周期律的一种表现形式。在元素周期表中，每一种元素都占一格（镧系、锕系除外）。在格内都要分别标出原子序数、元素符号、元素名称、相对原子质量及最外层电子构型等项内容（见元素周期表）。

表 8-6 元素周期表[①]

周期\族	1	2	3	4	5	6	7	8	9	10	11	12	13	14	15	16	17	18
	IA	IIA											IIIA	IVA	VA	VIA	VIIA	VIIIA
1	1 H																	2 He
2	3 Li	4 Be											5 B	6 C	7 N	8 O	9 F	10 Ne
3	11 Na	12 Mg	IIIB	IVB	VB	VIB	VIIB		VIIIB		IB	IIB	13 Al	14 Si	15 P	16 S	17 Cl	18 Ar
4	19 K	20 Ca	21 Sc	22 Ti	23 V	24 Cr	25 Mn	26 Fe	27 Co	28 Ni	29 Cu	30 Zn	31 Ga	32 Ge	33 As	34 Se	35 Br	36 Kr
5	37 Rb	38 Sr	39 Y	40 Zr	41 Nb	42 Mo	43 Tc	44 Ru	45 Rh	46 Pd	47 Ag	48 Cd	49 In	50 Sn	51 Sb	52 Te	53 I	54 Xe
6	55 Cs	56 Ba	*71 Lu	72 Hf	73 Ta	74 W	75 Re	76 Os	77 Ir	78 Pt	79 Au	80 Hg	81 Tl	82 Pb	83 Bi	84 Po	85 At	86 Rn
7	87 Fr	88 Ra	**103 Lr	104 Rf	105 Db	106 Sg	107 Bh	108 Hs	109 Mt	110 Ds	111 Rg	112 Uub	113 Uut	114 Uuq	115 Uup	116 Uuh		

s 区，过渡元素(d 区)，p 区

内过渡元素 (f 区)[②]

* 镧系元素	57 La	58 Ce	59 Pr	60 Nd	61 Pm	62 Sm	63 Eu	64 Gd	65 Tb	66 Dy	67 Ho	68 Er	69 Tm	70 Yb
** 锕系元素	89 Ac	90 Th	91 Pa	92 U	93 Np	94 Pu	95 Am	96 Cm	97 Bk	98 Cf	99 Es	100 Fm	101 Md	102 No

① 用阿拉伯数字表示的族号，是 1988 年由 IUPAC 建议的；用罗马数字表示的族号，是以前通常采用的，其中第 VIIIB 族原称 VIII 族，第 VIIIA 族原称零族。

② 常见周期表认为 f 区元素是从 58 号 Ce→71 号 Lu，90 号 Th→103 号 Lr，近期光谱研究表明，f 区元素应从 57 号 La→70 号 Yb，89 号 Ac→102 号 No，把 71 号 Lu、103 号 Lr 作为 6、7 周期 d 区元素第一个成员排在第 3 族（IIIB）才合理。

目前常用的元素周期表有长表和短表两种。这里只介绍长式元素周期表。

(1) 周期 周期表中每一横行称为一个周期，周期表中共有 7 个周期，分别用 1、2、3、4、5、6、7 标出。

第 1 周期，从 H 到 He，共 2 种元素；

第 2 周期，从 Li 到 Ne，共 8 种元素；

第 3 周期，从 Na 到 Ar，共 8 种元素；

第 4 周期，从 K 到 Kr，共 18 种元素；

第 5 周期，从 Rb 到 Xe，共 18 种元素；

第 6 周期，从 Cs 到 Rn，共 32 种元素；

第 7 周期，从 Fr 到 116 号元素，未完。

这 7 个周期，1、2、3 为短周期；4、5、6 为长周期；第 7 周期为不完全周期。

在第 6 周期中，从 57 号元素镧到 71 号元素镥，共 15 种元素，它们的性质相似，称为镧系元素，把这 15 种元素另排于周期表的最下一横行，因此在周期表中第 71 号的格实际上是整个镧系，共 15 种元素。同样，第 7 周期中第 89 号元素锕到 103 号元素铹，共 15 种元素，也性质相似，在周期表中仅占一个格，把这 15 种元素同镧系一样另排于周期表的最下第二行，称为锕系。

(2) 族 元素周期表中共分 18 个纵列。按照国际纯粹与应用化学联合会（IUPAC）的推荐用 1~18 标记周期表的每一纵列，除 8~10 列为一族外，从左到右其他每一纵列为一族，共 16 族。本书仍按习惯用罗马数字编号系统，即标有 IA~VIIIA 共 8 个族（主族），标有ⅠB～ⅧB共8个族（副族）。

二、元素的性质和原子结构的关系

由于原子核外电子排布的周期性，使某些直接与原子结构有关的元素性质也呈现周期性的变化。

1. 原子半径

原子半径是指原子核到最外层电子层的平均距离，因此，原子半径的大小不仅与电子层数有关，而且还与电子层的结构有关。一般来说，电子层数越多，则原子半径越大；在同样电子层时，随着核电荷数的增多，原子半径变小。另外，当最外层电子达到惰性气体原子的稳定结构（s^2p^6）时，原子半径比较大，见表8-7。

表8-7 元素的原子半径　　　　　　　　　　　　单位：10^{-10} m

周期	ⅠA	ⅡA	ⅢB	ⅣB	ⅤB	ⅥB	ⅦB		ⅧB		ⅠB	ⅡB	ⅢA	ⅣA	ⅤA	ⅥA	ⅦA	ⅧA
1	H 0.37																	He 0.93
2	Li 1.549	Be 1.123											B 0.82	C 0.77	N 0.75	O 0.73	F 0.72	Ne 1.12
3	Na 1.896	Mg 1.598											Al 1.429	Si 1.11	P 1.06	S 1.02	Cl 0.99	Ar 1.54
4	K 2.349	Ca 1.970	Sc 1.620	Ti 1.467	V 1.338	Cr 1.267	Mn 1.261	Fe 1.260	Co 1.252	Ni 1.244	Cu 1.276	Zn 1.379	Ga 1.408	Ge 1.366	As 1.19	Se 1.16	Br 1.14	Kr 1.69
5	Rb 2.48	Sr 2.148	Y 1.797	Zr 1.597	Nb 1.456	Mo 1.386	Tc 1.358	Ru 1.336	Rh 1.342	Pd 1.373	Ag 1.442	Cd 1.543	In 1.660	Sn 1.620	Sb 1.59	Te 1.35	I 1.33	Xe 1.90
6	Cs 2.67	Ba 2.215	La 1.871	Hf 1.585	Ta 1.457	W 1.394	Re 1.373	Os 1.350	Ir 1.355	Pt 1.385	Au 1.439	Hg 1.570	Tl 1.712	Pb 1.746	Bi 1.70	Po 1.76	At 1.45	Rn 2.20

注：表中黑圆大小，表示原子半径相对大小。

从表8-7可以看出，同一周期元素，从左到右，随着核电荷数的增加，原子半径由大变小。这是由于同一周期的元素，电子层数相同，但是随着核电荷数的增加，原子核与各电子层的作用力增强而使原子半径变小。

同一主族元素从上到下，由于电子层数增多，使原子半径由小变大。

2. 元素的金属性和非金属性

因为金属原子容易失去电子变成正离子，非金属原子容易得到电子变成负离子。所以常用金属性表示原子失去电子的能力，用非金属性表示原子得到电子的能力。原子得失电子能力的大小与原子的电子层结构、原子半径的大小以及核电荷数的多少有关。原子的最外层电子数越少，越易失去电子而达到惰性气体原子的稳定结构。原子半径越大，核电荷数越少，原子核与电子的吸引力越弱，因而也就越易失去电子。反之，原子的最外层电子数越多，半径越小，核电荷数越多，则原子得到电子达到惰性气体原子的稳定结构的倾向就越大。

在短周期中，从左到右，由于核电荷数的增多，半径由大变小，因此，随着最外层电子数的增多，元素的金属性减弱，而非金属性增强。以第 3 周期为例，从活泼的金属钠到活泼的非金属氯，性质变化规律非常明显。在长周期中性质的变化规律和短周期基本一样。

3. 元素的电负性

为了说明元素的原子在化学反应中争夺电子能力的大小，在化学上用元素的电负性表示。电负性的绝对值是难以知道的，只要有相对大小就可以了，因此把争夺电子能力最强的 F 元素的电负性规定为 4，而把 Li 的电负性规定为 1，其他元素的电负性均与 F 和 Li 相比较而求得，见表 8-8。

表 8-8 元素的电负性

H 2.2																
Li 1.0	Be 1.6										B 2.0	C 2.6	N 3.0	O 3.4	F 4.0
Na 0.9	Mg 1.3											Al 1.6	Si 1.9	P 2.2	S 2.6	Cl 3.2
K 0.8	Ca 1.0	Sc 1.3	Ti 1.5	V 1.6	Cr 1.6	Mn 1.5	Fe 1.8	Co 1.9	Ni 1.9	Cu 1.9	Zn 1.6	Ga 1.8	Ge 2.0	As 2.2	Se 2.6	Br 3.0
Rb 0.8	Sr 1.0	Y 1.2	Zr 1.4	Nb 1.6	Mo 1.8	Tc 1.9	Ru 2.2	Rh 2.2	Pd 2.2	Ag 1.9	Cd 1.7	In 1.8	Sn 2.1	Sb 2.1	Te 2.1	I 2.7
Cs 0.8	Ba 0.9	La~Lu 1.1~1.2	Hf 1.3	Ta 1.5	W 1.7	Re 1.9	Os 2.2	Ir 2.2	Pt 2.2	Au 2.4	Hg 1.9	Tl 1.8	Pb 2.1	Bi 2.0	Po 2.0	At 2.2
Fr 0.7	Ra 0.9	Ac 1.1	Th 1.3	Pa 1.5	U 1.7	Np~No 1.3										

从表 8-8 中的数据可以看出，元素的电负性值的相对大小与其元素的金属性有很大的关系。一般电负性在 2.0 以下的元素都是金属，电负性值越小，则金属活泼性越强。电负性在 2.0 以上的，一般都是非金属，电负性值越大，则非金属性越强。元素的电负性和元素的金属性变化规律相同，也有周期性，在每一周期中从左到右递增，在同一主族中从上至下递减，见表 8-8。

4. 原子结构与化合价

元素的化合价与原子的电子层结构有密切关系，特别是与最外电子层上的电子数目有关。因此，除稀有气体外，元素原子的最外层电子，叫做价电子。有些元素的化合价还与它们原子的次外层或倒数第三层的部分电子有关，这部分电子也叫价电子。价电子的数目决定元素的化合价。

在元素周期表中，主族元素的化合价是由原子最外层电子数决定的，而它们的最外层电子数，即价电子数，与族的序数相同，所以，主族元素的最高正化合价等于它所在族的序数（氧元素和氟元素除外）。由于非金属元素的最高正化合价等于原子在化学反应中所失去或偏移的最外层电子数，而它的负化合价则等于原子最外电子层达到 8 个电子稳定结构所需要得到的电子数，因此，非金属元素的最高正化合价和它的负化合价绝对值的和等于 8。例如，第ⅦA族的氯元素，它的最高正化合价是 +7 价，负化合价是 -1 价，最高正化合价和它的负化合价绝对值的和等于 8。主族元素的最高正化合价和负化合价见表 8-9。

表 8-9 主族元素的最高正化合价和负化合价

主族	ⅠA	ⅡA	ⅢA	ⅣA	ⅤA	ⅥA	ⅦA
最外层电子构型	ns^1	ns^2	ns^2np^1	ns^2np^2	ns^2np^3	ns^2np^4	ns^2np^5
最高正化合价	+1	+2	+3	+4	+5	+6	+7
负化合价				-4	-3	-2	-1

综上所述，元素周期表把元素的性质与元素原子的核外电子的结构密切地结合起来，使人们看到元素的性质是随原子核电荷数的递增而呈现周期性的变化。而这种周期性的变化，是原子内部结构周期性变化的反映。

元素周期律的发现，不仅对化学，甚至对整个的自然科学的发展都做出了重大的贡献。例如，在催化剂的研究过程中，开始发现个别的过渡元素对许多化学反应有良好的催化性能，后来从理论上得知，这种良好的催化性能，与过渡元素原子的核外电子构型有关——d 轨道没有全部填满电子，于是在过渡元素中又发现了其他的元素也有良好的催化性能。又如在农药的研制中，最早是制造含氯的杀虫剂，后来发现与氯元素同周期的硫元素、磷元素也是制造杀虫剂的元素，因此，很多含硫或含磷的高效低毒的农药不断出现。在特种合金钢的试制过程中也是如此，开始是发现一种元素，最终是找到一个"区域"的元素，都是制造特种合金钢的很好元素。

第五节 分 子 结 构

在前几节我们学习了原子结构与元素性质的递变规律，这无疑是我们了解掌握元素及其化合物性质的理论基础，但这还不够，因为分子才是保持物质化学性质的最小微粒，所以要了解物质的化学性质，当然要学习分子结构。由于分子结构内容较多，在此不能详细介绍，现将主要内容介绍如下。

一、化学键

分子是由原子组成的，若把组成分子的原子重新拆开需要很大能量，一般大约在几百千焦每摩尔。由此可以看出，在分子中相邻的原子或离子之间是通过强烈的相互作用力而形成稳定的分子的。这种相邻原子或离子之间的强烈的相互作用力叫化学键。根据产生作用力的原因不同，可把化学键分为离子键、共价键及金属键。

二、化学键的分类

1. 离子键

离子键是通过原子得失电子形成的阴、阳离子之间依靠静电引力的作用而形成的化学键。例如活泼的金属元素的原子与典型非金属元素的原子形成化合物时，由于活泼金属元素的原子易失去电子，而变成阳离子；而典型非金属元素的原子得到电子变成阴离子。如果把阴、阳离子看作是一个球形的带电粒子，根据物理学中静电理论中的库仑定律得知，两种带相反电荷（q^+、q^-）的粒子之间的相互作用力 F 与带电体所带电荷的乘积成正比，而与两粒子之间距离 r 的平方成反比。即

$$F=k\frac{q^+\cdot q^-}{r^2}$$

可见离子所带电荷越多，离子之间距离越小，则相互作用力越强，产生的离子键越牢。离子键的实质是静电引力。当阴、阳离子互相接近时，它们的电子以及原子核之间，由于同种电荷产生斥力，异种电荷产生引力，当引力与斥力相等时，阴、阳离子各在自己的平衡位置上振动，这样就形成了离子键。

由于离子的电荷是分布在整个离子上的，因此只要空间条件许可，它就可以从各个方向同时吸引带异种电荷的离子。如在 NaCl 晶体中，每个 Na^+ 周围吸引着 6 个 Cl^-；每个 Cl^- 周围也吸引着 6 个 Na^+（见图 8-6）。这种现象是其他化学键所没有的，因此这是离子键的主要特征，即没有方向性、没有饱和性。

由离子键形成的化合物叫离子型化合物（也叫离子化合物）。形成离子化合物的必要条

件，必须是参加化学反应的两种元素之间存在较大的电负性之差（一般认为电负性之差＞2.1 以上，基本都是离子化合物），否则难以发生电子得失。位于元素周期表中左边的活泼金属元素与右边的典型非金属元素相互化合时形成的化合物几乎都是离子化合物。

离子化合物在通常情况下都以巨大的晶体存在，因此离子化合物不存在分子，当然也就不存在分子式，例如 NaCl 应是氯化钠的化学式。离子化合物都是电解质，在熔融状态或水溶液中均含有自由移动的带电离子，故导电性是离子化合物的通性，离子化合物一般易溶于水。由于离子键是斥力和引力平衡时的相互作用力，因此离子化合物具有较高的熔点、沸点和硬度，受力易粉碎。这些性质可以说是所有离子化合物的共性。

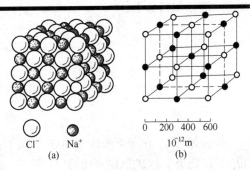

图 8-6　NaCl 晶体示意图

由于形成离子化合物的离子半径、所带电荷不同，使离子化合物的熔点、沸点也有很大的差异。几种常见离子化合物的熔点、沸点见表 8-10。

表 8-10　几种常见离子化合物的熔点、沸点

离子化合物	MgO	CaO	NaCl	KCl
熔点/℃	2800	2572	801	776
沸点/℃	3600	2850	1413	1417
离子间距离/pm	214	240	279	314（计算值）

注：$1pm=10^{-12}m$。

从表 8-10 中数据可以看出，离子所带电荷越多，熔点、沸点越高；在相同电荷的情况下，离子之间距离越小，熔点、沸点越高。

2. 共价键

离子键形成的条件必须是参加化合反应的元素之间有较大的电负性之差。那么由同种元素的原子形成的单质（如 N_2、O_2、H_2）以及由非金属元素之间形成的化合物（如 NH_3、HCl 等）又是怎样形成分子的呢？离子键理论根本无法解释这一点，关于这类分子形成的理论是人们通过对大量事实的观察而逐步发展起来的。开始人们注意到惰性气体原子中的电子是成双数的（s^2p^6），能以单原子状态存在，而绝大多数分子中的电子也是成双数的。这些重要的事实启发了人们，单电子可能有配对的趋向。1916 年，首先由路易士提出了原子借用共用电子对而形成化学键，称为共价键，其基本观点如下。

① 如果原子 A 和原子 B 各有一个未成对电子，而且两个电子自旋方向相反，则可以配对形成一个共价键。如氢分子：

$$\begin{matrix} H \\ + \\ H \end{matrix} \quad \boxed{\begin{matrix} \uparrow \\ 1s^1 \\ \\ \downarrow \\ 1s^1 \end{matrix}} \quad \longrightarrow \quad H—H$$

如果原子 A 和原子 B 各有两个或三个未成对的电子，而且自旋方向相反，则能形成双

键或三键。如氮分子：

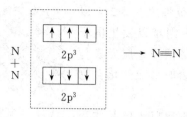

如果原子 A 有两个未成对电子，原子 B 只有 1 个未成对电子，则 1 个 A 原子能与 2 个 B 原子相化合，形成 AB_2 型的共价分子。如 H_2O 分子：

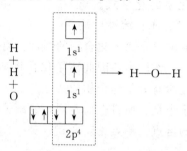

② 根据量子力学研究认为成键的电子云必须实现最大重叠，电子云重叠得越多，形成的共价键越牢固，分子越稳定。我们知道电子云不仅有形状之分，而且除了 s 电子云以外，p、d、f 都有一定的伸展方向，要实现电子云最大重叠，未成对的电子必须沿着一定的方向进行重叠，这就是共价键所谓的方向性；参加成键的未成对的电子只要成对后就不再参加成键，这就是所谓共价键的饱和性，见图 8-7。

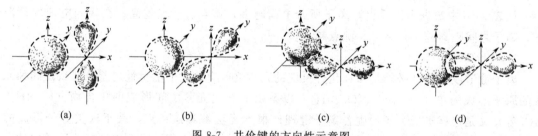

图 8-7 共价键的方向性示意图

图 8-7 中（a）、（b）、（c）都没有使电子云达到最大重叠，因此不能成键，只有（d）是 s 电子云沿 p 电子云的对称轴方向实现最大重叠，结果形成稳定的化学键。

在形成共价键时共用电子对是分别由两个原子提供的，这种共价键是正常共价键。如果在两个原子间的电子对是由一个原子单独提供而形成的共价键，为了区别于正常共价键，称为配位键，常用箭头表示，箭头指向接受电子的原子。形成配位键的条件，必须是两个原子中，一个有孤对电子，另一个有空轨道（接受孤对电子）。例如，氨分子是由一个氮原子和三个氢原子形成的正常共价键。即

$$3H^+ + :\overset{..}{\underset{.}{N}}\cdot \longrightarrow :\overset{+}{\underset{+}{N}}: H$$

从上式可以看出，形成 NH_3 分子之后，N 还有一对孤对电子（$2s^2$），这时 NH_3 遇到有空轨道的 H^+（$1s^0$）就能形成配位键。如：

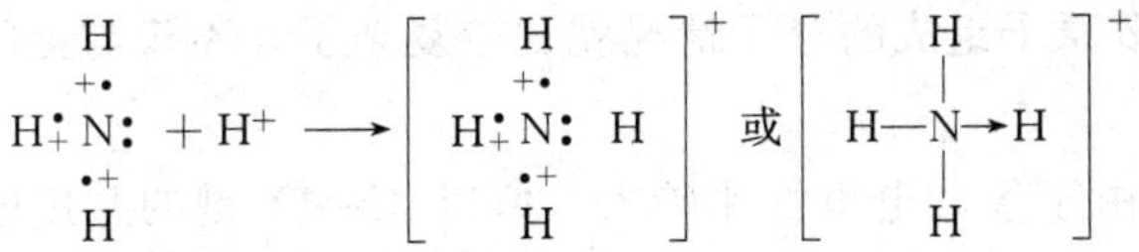

$$H : \overset{H}{\underset{H}{\overset{+}{N}}} : + H^+ \longrightarrow \left[H : \overset{H}{\underset{H}{\overset{+}{N}}} : H \right]^+ \text{或} \left[H - \overset{H}{\underset{H}{N}} \to H \right]^+$$

从 NH_4^+ 的式子看，NH_4^+ 中有 3 个氢以共价键与氮原子结合，还有一个 H^+ 以配位键与氮原子结合。但从实验测定得知，这 4 个键连接的 H 完全没有区别。之所以如此表示，主要是为了说明 NH_4^+ 的形成过程中有一个共价键的共用电子对是由 N 原子提供的，此外再无其他意义。

由共价键形成的化合物叫共价化合物。非金属元素的单质、化合物中的原子都是以共价键相结合的。由共价键所形成的晶体熔点和沸点都较低，见表 8-11。

表 8-11 几种常见的共价化合物的熔点、沸点

共价化合物	H_2	Cl_2	HCl	NH_3	H_2O
熔点/℃	−259.14	−100.98	−114.19	−77.74	0
沸点/℃	−252.87	−34.6	−85.03	−33.43	100

第六节 分子的极性

一、键的极性

H_2、HCl 两分子虽然都是由共价键形成的分子，但这两个分子中的共价键是有区别的。H_2 分子是由两个同种元素的原子组成的，共用电子对均等地围绕两个原子核运动，即电荷分布是对称的，成键的电子云中心恰好在两核中间，正、负电荷重心是重合的，这种共价键叫非极性共价键。而 HCl 分子中的共用电子对，由于两个元素原子的电负性大小不同，使电子对偏移到电负性较大的原子一方，这样就使两个原子分别带有一定的异种电荷，虽然整个分子中的正、负电荷总数相等，但正、负电荷的重心并不重合，这样的共价键叫极性共价键。形成共价键的两种原子的电负性相差越大，则形成的共价键的极性越强。当这种电负性之差大到一定程度（2.1 以上）时，共用电子对完全转移到另一原子一边，使"共用"变成了"独占"，这时的共价键就变成了离子键，因此说离子键是共价键的极端状态，反之非极性键也是极性键的另一种极端的状态，在这两个极端状态中间存在着一个由量变到质变的过程，如图 8-8 所示。

二、分子的极性

通过原子结构、分子结构的学习，可以看出，任何一个分子都包含有带正电荷的原子核和带负电荷的核外电子两部分，而且二者的电量相等，符号相反。为了讨论问题方便，我们假设每一种电荷都相当于集中在某一点，这一点叫电荷的重心，因此，在一个分子中应分别有正电和负电两个重心。如果在分子中这两个重心重合，这样的分子叫非极性分子；反之分子中两个电荷重心不重合，这种分子叫极性分子。

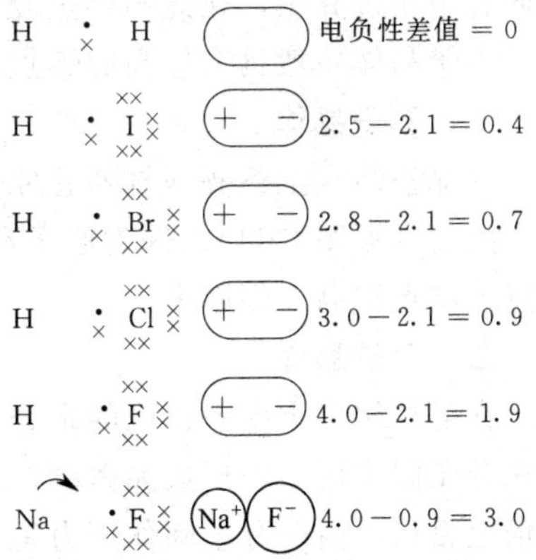

从分子的极性不难想到，键的极性是产生分子极性的根本原因，因此由非极性键形成的各种分子（如 H_2、N_2、Cl_2 等）都是非极性分子。那么具有极性键的分子都一定是极性分子吗？我们说不一定。

对于双原子组成的分子，一般分子的极性与键的极

H : H   电负性差值 = 0
H : I   2.5 − 2.1 = 0.4
H : Br   2.8 − 2.1 = 0.7
H : Cl   3.0 − 2.1 = 0.9
H : F   4.0 − 2.1 = 1.9
Na : F Na^+ F^- 4.0 − 0.9 = 3.0

图 8-8 非极性共价键到离子键的变化

性是一致的。而对于多原子组成的分子情况就比较复杂了，不仅与键的极性有关，还与分子的空间构型有关。

例如 CO_2 分子，由于氧的电负性比碳大，所以 C═O 键的共用电子对偏向氧一边，是极性键，但由于 CO_2 分子的空间构型是直线型，即

$$O═C═O$$

这样就能使两个键的极性互相抵消，相当于正电和负电重心重合，使分子不具有极性。同样道理，具有正四面体结构的 CCl_4（见图 8-9），虽然分子的键都是极性键，但由于 C 原子在正四面体的中心，4 个 Cl 原子正好占据正四面体的 4 个顶角，使电荷分布均匀对称，也相当于正负电荷重心重合，故分子也是非极性分子。然而像 H_2O 和 NH_3（见图 8-10），它们整个分子的电荷分布处于非均匀状态，极性键的极性不能互相抵消，因此分子具有极性。

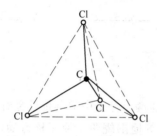

图 8-9　CCl_4 分子的空间构型

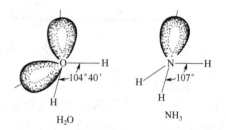

图 8-10　H_2O、NH_3 分子的空间构型

分子是否有极性，对物质的溶解度影响较大，一般极性分子易溶解在极性溶剂中，这就是我们在第三章讲到的相似相溶理论。

第七节　晶　　体

构成物质的微粒（分子、原子、离子）在空间有规则地排列所形成的几何多面体的固体叫晶体。根据构成晶体微粒的不同可分为离子晶体、原子晶体、分子晶体和金属晶体四种。

一、离子晶体

在晶格结点上交替地排列着正、负离子的晶体叫离子晶体。所谓晶格是指构成晶体的微粒有规则地排列在空间的一定的点，这些定点的总和叫晶格。有关离子晶体的知识已在离子键内容中作过介绍，在此不再重复。

离子晶体一般具有较高的熔点和较大的硬度，在熔融状态下可以导电。

二、原子晶体

在晶格结点上整齐地排列着原子，原子与原子之间以共价键结合的晶体叫原子晶体，例如金刚石（见图 8-11）。因为原子晶体中没有游离的电子，所以不导电。另外，原子晶体的熔点、沸点很高，硬度大。

三、分子晶体

在晶格结点上整齐排列的是分子，这种晶体叫分子晶体。分子晶体中分子与分子之间是依靠分子间作用力而形成晶体的。这种分子间的作用力叫范德华力，它比化学键的能量要小十倍至百倍。由于分子间作用力是很弱的，所以分子晶体比前两种晶体的熔点、沸点都低，硬度也很小，而且不导电。绝大多数共价化合物形成的晶体是分子晶体，如 CO_2 固体（干

冰)、尿素、碘、苯甲酸等。CO_2 的晶体结构见图 8-12。

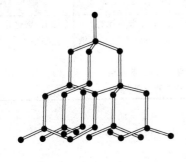

图 8-11 金刚石结构

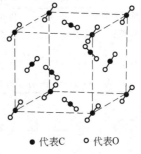

● 代表 C ○ 代表 O

图 8-12 CO_2 的晶体结构

四、金属晶体

在金属晶体的晶格结点上排列着金属原子和正离子，在原子和正离子之间存在着从金属原子脱落下来的电子（见图 8-13，其中的黑点表示电子），这些电子不属于某一离子，而是属于整个晶体，并在晶体中自由移动，所以叫自由电子。这些自由电子将金属中的原子、离子联结在一起形成所谓的金属键，对这种金属键有一种形象的比喻：金属离子"浸沉在电子的海洋中"。

金属具有良好的导电和导热性质，并都有金属光泽和延展性，这些金属的通性都与金属晶体中存在自由电子有关。例如，金属在外加电场作用下，自由电子沿着外加电场定向流动而形成电流。但由于晶格结点上的原子、离子在不停地振动，这种振动对自由电子的定向流动起阻碍作用。加热时它们的振动加强，使电子流动受到更大的阻力，因而金属的导电性随温度升高而下降。

金属可以锻打成型，甚至抽拉成丝，这些性能都属于金属的延展性。金属延展性的实质是当晶体受外力作用时，晶体结构中各晶格层之间发生了相对位置的滑动，但晶格中金属键不被破坏，这是金属键具有的独特性能。

五、层状晶体

层状晶体也叫混合键型晶体，典型的例子是石墨。在石墨晶体（见图 8-14）中，平面上碳原子之间既有共价键又有金属键，而层间结合是分子间作用力，所以石墨晶体是混合键型晶体。

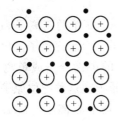

图 8-13 金属晶体

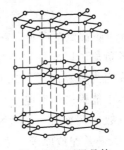

图 8-14 石墨晶体

石墨具有导电性。由于各层间存在分子间力，因此层之间容易滑动，是工业上良好的固体润滑剂。石墨和金刚石为同素异形体。

四种晶体的结构及其主要性质见表 8-12。

表 8-12　四种晶体的结构及其主要性质

晶体类型	结构微粒	结合力	晶体特征	示例
原子晶体	原子	共价键	硬度最大,熔点、沸点很高,一般不导电	金刚石、碳化硅
离子晶体	阴离子、阳离子	离子键	硬而脆,熔点、沸点较高,熔融态或水溶液能导电	NaCl、CsCl
分子晶体	分子	分子间力	硬度小,熔点、沸点低,水溶液能导电	HCl、NH_3、固体 CO_2
金属晶体	原子、离子和自由电子	金属键	导电,有延展性,有较高的熔点、沸点	Ag、Cu

第八节　配合物的基本概念

一、配合物

为了认识配合物,我们首先做两个实验。

(1) 在一个盛有蓝色透明的硫酸铜溶液的试管中,加入浓氨水,这时立刻看到有浅蓝色的 $Cu(OH)_2$ 沉淀生成:

$$CuSO_4 + 2NH_3 \cdot H_2O = Cu(OH)_2\downarrow + (NH_4)_2SO_4$$

当继续加入过量浓氨水时,则浅蓝色沉淀消失,生成深蓝色的透明溶液。为了降低溶解度,在此溶液中加入乙醇,则在溶液中有蓝色的晶体析出。经化学分析,该晶体的化学组成为 $CuSO_4 \cdot 4NH_3 \cdot H_2O$,其结构是 4 个氨分子和 1 个铜离子牢固地结合在一起,形成 $[Cu(NH_3)_4]^{2+}$,因此认为该晶体的分子式为:

$$[Cu(NH_3)_4]SO_4$$

其生成的反应式如下:

$$CuSO_4 + 4NH_3 = [Cu(NH_3)_4]SO_4$$

$[Cu(NH_3)_4]SO_4$ 就是配合物,叫硫酸四氨合铜(Ⅱ)。

(2) 将得到的 $[Cu(NH_3)_4]SO_4$ 晶体用水配成溶液,分别装在两支试管中,一支试管中加入 $BaCl_2$ 溶液,立刻看到有白色的 $BaSO_4$ 沉淀生成,这说明 $[Cu(NH_3)_4]SO_4$ 晶体的分子在水溶液中可以解离出 SO_4^{2-};在另一支试管中加入 NaOH 溶液,结果无 $Cu(OH)_2$ 沉淀生成,这说明 $[Cu(NH_3)_4]SO_4$ 晶体的分子在水溶液中不能解离出 Cu^{2+},更确切地说 Cu^{2+} 的浓度还达不到产生 $Cu(OH)_2$ 沉淀的要求。由此认为 $[Cu(NH_3)_4]SO_4$ 分子在水溶液中可以解离为 $[Cu(NH_3)_4]^{2+}$ 和 SO_4^{2-},即

$$[Cu(NH_3)_4]SO_4 = [Cu(NH_3)_4]^{2+} + SO_4^{2-}$$

$[Cu(NH_3)_4]^{2+}$ 叫铜氨配离子。在通常情况下,配离子是由一个简单的正离子和一定数目的中性分子或者负离子以配位键结合起来的难以解离的复杂离子。由于正离子占据配离子的中心位置,故称它为中心离子,或叫形成体。与中心离子结合的中性分子或负离子称为配位体,在配位体中能提供孤对电子以形成配位键的原子叫配位原子。这种配位原子的数目叫中心离子的配位数。例如在 $[Cu(NH_3)_4]^{2+}$ 配离子中,Cu^{2+} 是中心离子,NH_3 是配位体,NH_3 中的 N 原子是配位原子,中心离子 Cu^{2+} 的配位数为 4。

由于配离子是难以解离的复杂离子,因此配离子在配合物分子式中常用方括号把它括起来,这部分叫配合物的内界,配合物分子式中括号以外的部分叫配合物的外界。

通过以上的讨论,可以给出配合物的定义如下:由中心离子和配位体所形成的复杂离子叫配离子,包含配离子的化合物叫配合物。

二、配合物的结构和命名

下面以 $K_4[Fe(CN)_6]$ 和 $[Cu(NH_3)_4]SO_4$ 两个配合物为例,来说明配合物的结构和命名。

1. 结构

配合物一般是由内界和外界通过离子键形成的。内界由中心离子和配位体通过配位键形成,即配离子;外界是带有与配离子相反电荷的离子。例如:

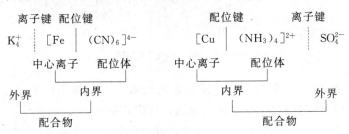

配离子是配合物的特征组分,它可以带正电荷,也可以带负电荷。带正电荷的叫正配离子,带负电荷的叫负配离子。配离子所带电荷的正负和多少是由中心离子和配位体决定的,中心离子和配位体所带的电荷的代数和即为配离子所带电荷。例如 $K_4[Fe(CN)_6]$,中心离子 Fe^{2+} 有 2 个正电荷,6 个配位体 CN^- 总电荷数为 $-1×6=-6$,则配离子所带电荷为:$+2+(-6)=-4$。

配离子所带电荷还可以由外界离子的电荷总数来推算。例如上一配合物,处于外界的 K^+ 共有 4 个,可推算该配离子带有 4 个负电荷,即 $[Fe(CN)_6]^{4-}$,由配离子的电荷数进一步算出中心离子 Fe 所带电荷为:$-4-(-1)×6=+2$,即 Fe^{2+}。

2. 命名

配合物的命名与一般无机化合物的命名原则相同,也是按化合物的组成分子式从后往前读。若配合物的外界是一个简单的酸根离子(如 Cl^- 等),可命名为"某化某";若酸根是一个较复杂的阴离子(如 SO_4^{2-} 等),可命名为"某酸某"。但配离子的命名与无机化合物不同,一般按下列顺序依次命名。

配位体—合—中心离子(价数)

若配位体有几种时,先命名负离子配位体,再命名中性分子配位体,并要用一、二、三、四等数字标明配位体的个数,用罗马数字标出中心离子的价数。

例如:配合物分子式　　　　　　命　　名

　　$[Cu(NH_3)_4]SO_4$　　　　硫酸四氨合铜(Ⅱ)

　　$[Co(NH_3)_5Cl]Cl_2$　　　二氯化一氯五氨合钴(Ⅲ)

　　$K_4[PtCl_6]$　　　　　　　六氯合铂(Ⅱ)酸钾

　　$K_2[HgI_4]$　　　　　　　四碘合汞(Ⅱ)酸钾

配合物命名一般要表示出下列内容:

(1) 中心离子名称及化合价;

(2) 配位体名称和数目;

(3) 外界离子名称。

有些配合物,由于人们已经习惯了它的俗称,因此继续沿用。例如,$K_3[Fe(CN)_6]$ 叫铁氰化钾或赤血盐;$K_4[Fe(CN)_6]$ 叫亚铁氰化钾或黄血盐。

三、配合物的应用

配合物在分析化学中应用得十分广泛。例如,用亚铁氰化钾 $\{K_4[Fe(CN)_6]\}$ 鉴定 Fe^{3+} 的存在:

$$4Fe^{3+} + 3[Fe(CN)_6]^{4-} = Fe_4[Fe(CN)_6]_3 \downarrow$$
(普鲁氏蓝)

用铁氰化钾 $\{K_3[Fe(CN)_6]\}$ 鉴定 Fe^{2+} 的存在:

$$3Fe^{2+} + 2[Fe(CN)_6]^{3-} = Fe_3[Fe(CN)_6]_2 \downarrow$$
(滕氏蓝)

用氨水鉴定 Cu^{2+} 的存在:

$$Cu^{2+} + 4NH_3 = [Cu(NH_3)_4]^{2+}$$
(深蓝色)

在环境保护工作中,为了处理含有氰化物的废液,一般都采用 $FeSO_4$ 溶液进行消毒,使极毒的 NaCN 等转变为毒性小的亚铁氰化铁,反应式如下:

$$6NaCN + 3FeSO_4 = Fe_2[Fe(CN)_6] + 3Na_2SO_4$$

近代很多元素的分离,如稀有元素的分离、核燃料裂变产物的分离都要应用配合物。配合物化学已经成为现代无机化学的一个新的领域,并已渗透到各个学科。可以相信,随着科学技术的发展,配合物的应用将不断扩大,人们对配合物的认识必将日益深化。

第九章 卤 素

1. 了解卤素元素的组成及所在元素周期表中的位置，并能应用原子结构理论解释卤素的主要通性。
2. 了解氯及其主要化合物（氯化氢与含氧化合物）的性质和用途。
3. 了解氟、溴、碘的主要性质及递变规律。

第一节 卤素及其通性

一、卤素元素

卤素包括氟、氯、溴、碘、砹五种元素，构成了元素周期表中的第ⅦA族（第17纵列），其中砹是放射性元素。卤素与活泼金属元素形成的化合物都是典型的盐，如NaCl、$MgCl_2$、$CaCl_2$等。

卤素具有很强的化学活泼性，因此它们在自然界中不存在单质，都是以化合物状态存在的。卤素在地壳中的丰度❶分别为：氟0.066%，氯0.02%，溴$2.1×10^{-4}$%，碘$4×10^{-5}$%。氟在自然界中的主要化合物有：萤石（CaF_2）、冰晶石（Na_3AlF_6）和磷灰石[$Ca_5F(PO_4)_3$]。氯主要有氯化钠、氯化镁等，氯化物大量存在于海水、井盐和岩盐中。溴化物常与氯化物共存于海水中，但含量较少，氯与溴的质量比大约为300:1。碘在海水中含量甚微，但在海洋中的某些生物，如海带、海藻都含有碘。人体的甲状腺也含有碘，而且它对维持人体的正常机能有重要作用。

二、卤素的性质

由于卤素原子的最外层电子构型（ns^2np^5）比相邻的惰性气体元素的构型仅仅少一个电子，因此卤素具有夺取1个电子变成-1价离子达到惰性气体元素构型的能力很强，所以卤素都是氧化剂。现已发现卤素几乎能同所有的元素发生化学反应。例如，氟能与惰性气体元素的原子发生化学反应，生成氟化物。卤素不仅能形成-1价离子，有时还能形成正价离子，其中最高正价可达+7，例如$HClO_4$、$HBrO_4$等。

卤素单质是双原子共价型分子，因此沸点、熔点都很低，见表9-1。

表9-1 卤素的原子结构和单质的性质

性 质	氟(F)	氯(Cl)	溴(Br)	碘(I)
原子序数	9	17	35	53
最外层电子构型	$2s^22p^5$	$3s^23p^5$	$4s^24p^5$	$5s^25p^5$
化合价	-1,0	-1,0,+1,+3,+5,+7	-1,0,+1,+3,+5,+7	-1,0,+1,+3,+5,+7
物态（常温、常压）	气	气	液	固
颜色（气态）	淡黄	黄绿	红棕	紫
熔点/℃	-219.46	-101.00	-7.25	113.60
沸点/℃	-187.98	-34.05	58.78	185.24
溶解度/$g·(100gH_2O)^{-1}$	—	0.732	3.58	0.029
共价半径/pm	71	99.4	114.2	133
电负性	4.0	3.2	3.0	2.7

---

❶ 元素在地壳中的含量叫做丰度。

从表 9-1 中数据可以看出，在常温常压下氟和氯都是气态，溴是液态，碘是固态。固态的碘有较高的蒸气压，因此碘在常压下加热很容易不经液态直接变成紫色的蒸气，而碘的蒸气遇冷又重新凝结成固态。这种固态物质不经液态而直接变气态的现象叫升华。在工业上常利用碘的这一性质将粗碘升华制取精碘。

卤素随着相对分子质量的增加，熔点、沸点都逐渐增大。这是由于从氟到碘，原子核外电子层数依次增多，使原子的共价半径变大，分子也相对增大（见图 9-1），因此使卤素的熔点、沸点按 F→Cl→Br→I 的次序增大。卤素在水中溶解度都很小，这主要是由于卤素单质都是非极性分子，易溶解在有机溶剂中，而不易溶解在水中。

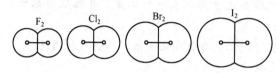

图 9-1 卤素分子的相对大小

所有的卤素均具有刺激性气味，强烈刺激眼、鼻、气管等黏膜，吸入较多的卤素，会引起肺炎和其他生理疾病，以至死亡。其毒性从氟到碘而减轻，氯气在空气中含有 0.01%（体积分数）时，就能引起人体的严重中毒，因此使用卤素时要注意安全。当发生氯气中毒时，可以吸入酒精和乙醚的蒸气作为解毒剂，吸入氨水蒸气也有效。液溴对皮肤的烧伤是很难治愈的，因此在使用和接触液溴时，要注意劳动保护。

卤素的化学性质非常活泼，但从氟到碘活泼性减弱。卤素的化学反应类型基本相同，主要化学性质有：可与金属反应、与非金属反应、与氢气反应等，但与水反应比较特殊。

1. 卤素与水的反应

卤素与水的反应分两种。

（1）水被氧化而放出氧气

$$X_2 + H_2O = 2H^+ + 2X^- + \frac{1}{2}O_2$$

在此反应中卤素单质 X_2（碘除外）被还原为 X^-，H_2O 被氧化而放出氧气。

（2）发生歧化反应

$$X_2 + H_2O = H^+ + X^- + HXO$$

例如：
$$Cl_2 + H_2O = HCl + HClO$$

从反应式可以看出，卤素分子中的两个原子，一个化合价升高，一个化合价降低，也就是说，一个原子被氧化，另一个原子被还原。这种自身氧化还原反应称为歧化反应。

2. 卤素间的置换反应

卤素之间的置换反应，主要是指单质卤素能把电负性比它小的卤素从卤化物中置换出来的反应。置换反应为氧化还原反应，卤素的氧化能力按 $F_2 > Cl_2 > Br_2 > I_2$ 的次序减弱，因此卤素之间置换也是按上述次序发生。例如：

$$2KBr + Cl_2 = 2KCl + Br_2$$
$$2KI + Br_2 = 2KBr + I_2$$

第二节 氯及其化合物

从表 9-1 可以知道，氯可以为 -1 价，也可以为 +7 价。氯是元素周期表中第 3 周期中的典型非金属元素。

氯气的工业制法主要是采用电解食盐水溶液的方法，而实验室是采用固体 MnO_2 与浓盐酸作用制取氯气（见图 9-2），反应式如下：

$$MnO_2 + 4HCl = MnCl_2 + Cl_2\uparrow + 2H_2O$$

一、氯气的主要性质

1. 物理性质

通常情况下，氯气是一种黄绿色的气体，在标准情况下的密度为 $3.21 kg \cdot m^{-3}$（比空气大 2.5 倍）。具有强烈的刺激性气味，而且有毒。常温下把氯气加压至 $600 \sim 700 kPa$ 或在常压下冷却到 $-34 ℃$ 都可以使其变成液氯。工业上使用的钢瓶氯气实际上都是液氯，液氯是一种油状的液体。

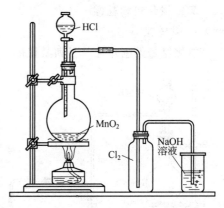

图 9-2 实验室中氯气的制取

2. 化学性质

（1）与金属反应 把很细的铁丝做成一个小圆圈，用酒精灯先把它烧红，然后迅速地把它放在盛有氯气的广口瓶内，这时看到铁与氯气发生了猛烈的燃烧反应，生成 $FeCl_3$。由于金属的活泼性不一样，与氯气反应生成化合物的化学键的类型也不同，一般与电负性较小的活泼金属生成的氯化物都是离子型化合物，如 $NaCl$、$MgCl_2$ 等；与电负性比较大的金属元素形成的氯化物的化学键不完全是离子键，其共价键性质比较明显，如它们的熔点、沸点较低。在冶金工业中常利用这一性质从矿石中提炼贵重金属。例如，工业制取金属钛，首先在高温下，使含有 TiO_2 的矿石与氯气发生反应生成 $TiCl_4$，而由于 $TiCl_4$ 熔点、沸点较低，在高温下挥发出来，然后用冷却的方法收集 $TiCl_4$，最后用置换反应，把金属钛还原出来，这一方法叫氯气冶金法。

（2）与非金属反应 氯气与非金属反应生成的化合物都是共价型化合物，如 HCl、PCl_5 等，生成的非金属氯化物都是极性分子，它们大多数是易挥发的液体。氯与碳、氧、氮不能直接化合，氯与硫化合也较困难。

（3）与碱作用 氯气与碱作用可生成氯化物和次氯酸盐。例如，氯气与氢氧化钠反应：

$$2NaOH + Cl_2 = NaCl + NaClO + H_2O$$

这个反应可以认为是氯气先与水作用生成 HCl 和 $HClO$，然后这两种酸再分别与 $NaOH$ 作用生成 $NaCl$ 和 $NaClO$。所以在工业上常用碱液吸收氯气。

（4）与水作用生成氯水 氯气溶于水要发生化学反应，生成盐酸（HCl）和次氯酸（$HClO$）。这两种酸又能互相反应生成氯气和水，因此氯气与水的反应是一个可逆反应，其反应方程式表示如下：

$$H_2O + Cl_2 \rightleftharpoons HCl + HClO$$

因此，氯水是由上述 4 种物质构成的一个复杂的平衡体系，其中有游离的氯气，还有盐酸和次氯酸，所以氯水具有酸性。次氯酸很不稳定，见光后能分解成盐酸和新生态氧，反应式如下：

$$HClO \xrightarrow{光} HCl + [O]$$

氯的水溶液（氯水）有强烈的漂白作用和杀菌能力。许多有色物质与氯气作用时都能使有色物质褪色，这种作用叫氯的漂白作用，从上述反应式可知，氯气的漂白作用必须要有水或潮湿的空气存在下才能发生。

氯气是重要的化工原料，它除了用于漂白物质和自来水消毒外，还大量用于制取含氯的有机化合物。

二、氯化氢和盐酸

1. 氯化氢

氯化氢是无色并有强烈刺激性的气体。沸点-85℃，凝固点-114℃，密度比空气略大。它在水中溶解度较大（每升水可溶450L氯化氢），其水溶液叫盐酸，最大浓度为 12.4mol·L^{-1}（质量分数38%）。

实验室制取氯化氢是用食盐和浓硫酸反应（见图9-3）。反应式为：

$$NaCl + H_2SO_4 \xrightarrow{\text{微热}} NaHSO_4 + HCl \uparrow$$

或

$$2NaCl + H_2SO_4 \xrightarrow{550℃} Na_2SO_4 + 2HCl \uparrow$$

工业上用电解食盐水溶液中得到的氯气和氢气为原料，按一定的比例在氯化氢的合成炉中通过燃烧反应制取氯化氢，反应式如下：

$$H_2 + Cl_2 \xrightarrow{\text{燃烧}} 2HCl$$

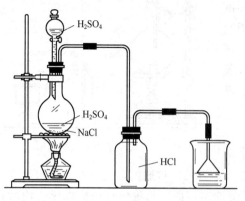

图 9-3　氯化氢的实验室制法

图9-4是工业上常用的氯化氢合成炉。合成炉内有一个燃烧器，开炉时首先把进炉内的氢气点燃，然后通入氯气。一般控制 $V(H_2) : V(Cl_2) = (1.1 \sim 1.5) : 1$。

2. 盐酸

盐酸按酸的命名为氢氯酸，习惯叫盐酸。它是重要的三大无机酸之一。纯盐酸是无色透明液体，工业盐酸一般由于含 $FeCl_3$，而使颜色发黄。

盐酸的工业生产是以电解食盐水溶液生成的氢气和氯气为原料，在反应炉中直接合成氯化氢，然后经冷却器降温，在吸收塔中用水吸收制得盐酸。盐酸的生产工艺流程如图9-5所示。

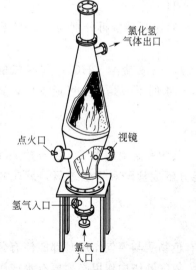

图 9-4　氯化氢合成炉

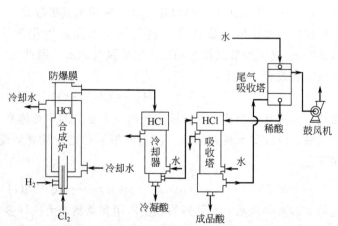

图 9-5　盐酸的生产工艺流程图

盐酸是典型的强酸之一，它具有一切强酸的通性。盐酸是化工生产的基本化工原料，它广泛用于机械工业、食品工业、皮革和其他工业之中。

三、氯的含氧化合物

氯的含氧化合物中，主要介绍氯的含氧酸及其盐。

1. 次氯酸及其盐

次氯酸（HClO）是氯气与水发生歧化反应而生成的。HClO的结构式为H—O—Cl，因此HClO分子中Cl是带正电荷的，关于歧化反应可以这样解释：氯分子（Cl_2）是非极性分子，受水分子作用，使氯分子中的共用电子对发生偏移，这样就使两个氯原子一个带正电荷，另一个带负电荷，带正电荷的氯原子与OH^-结合形成H—O—Cl，而带负电荷的氯原子与H^+结合形成HCl。反应过程可以表示如下：

$$Cl:Cl \xrightarrow{\text{在水的作用下}} Cl^+ \vdots :Cl^- +^- HO \vdots H^+ \longrightarrow H^+Cl^- +^- HOCl^+$$

次氯酸是一种很弱的酸（$K=3.6\times10^{-8}$），而且极不稳定，不能制得纯酸，只能得到它的水溶液。次氯酸在光的照射下和加热时分解反应不同，反应如下：

$$2HClO \xrightarrow{\text{光}} 2HCl+O_2\uparrow \text{（分解放出氧气）}$$

$$3HClO \xrightarrow{\triangle} HClO_3+2HCl \text{（发生歧化反应）}$$

从反应式可以看出，氯气与冷水反应能获得次氯酸。次氯酸分解而放出氧气，因此是很强的氧化剂。

次氯酸盐的制取不是用次氯酸与碱作用，而是把氯气Cl_2通入冷的碱液中制取。反应式如下：

$$Cl_2+2NaOH =\!=\!= NaClO+NaCl+H_2O$$

次卤酸盐很容易水解，例如：

$$NaClO =\!=\!= Na^++ClO^-$$

$$ClO^-+H_2O \rightleftharpoons HClO+OH^-$$

生成的次氯酸易分解放出氧气，因此次氯酸盐也是很不稳定的。分解放出的氧具有漂白和杀菌作用，所以次氯酸盐大量用于制造漂白剂和杀菌剂。例如，工业漂白粉是用氯气与消石灰作用而制得的，主要反应式表示如下：

$$2Cl_2+3Ca(OH)_2 =\!=\!= Ca(ClO)_2+CaCl_2\cdot Ca(OH)_2\cdot H_2O+H_2O$$

从反应式可以知道，漂白粉的主要成分是次氯酸盐。次氯酸盐不能在空气中长期存放，因为空气中的CO_2气体会使次氯酸盐发生下列反应，而使漂白粉失效。

$$Ca(ClO)_2+H_2O+CO_2 =\!=\!= CaCO_3+2HClO$$

$$2HClO =\!=\!= 2HCl+O_2\uparrow$$

2. 亚氯酸及其盐

亚氯酸是二氧化氯与水反应生成的产物之一。

$$2ClO_2+H_2O =\!=\!= HClO_2+HClO_3$$

利用亚氯酸盐的溶液与硫酸作用，可以制取纯净的亚氯酸溶液。反应式如下：

$$H_2SO_4+Ba(ClO_2)_2 =\!=\!= BaSO_4\downarrow+2HClO_2$$

过滤分离出$BaSO_4$，可得到稀的亚氯酸溶液。亚氯酸不稳定，其水溶液也很不稳定，只要数分钟后便开始分解，溶液从无色转为黄色。

$$8HClO_2 =\!=\!= 6ClO_2+Cl_2+4H_2O$$

亚氯酸盐比较稳定。二氧化氯与碱溶液反应时，可得到亚氯酸盐和氯酸盐：

$$2ClO_2+2NaOH =\!=\!= H_2O+NaClO_2+NaClO_3$$

加热或敲击固体亚氯酸盐时，立即发生爆炸，并分解成氯酸盐和氯化物。氯酸盐的水溶液比较稳定，有强氧化性，可作漂白剂。

3. 氯酸及其盐

次氯酸加热时，发生歧化反应而生成氯酸和盐酸，工业上往往利用这一反应制取氯酸。氯酸是强酸，其强度与盐酸和硝酸相近。氯酸比次氯酸稳定。一般可以制取质量分数为40%的氯酸，质量分数更高的氯酸不稳定、易分解，并能引起爆炸：

$$26HClO_3 =\!=\!= 10HClO_4 + 15O_2\uparrow + 8Cl_2\uparrow + 8H_2O$$

重要的氯酸盐有氯酸钾和氯酸钠。工业上制取 $NaClO_3$ 是采用无隔膜槽电解食盐水溶液，产生的 Cl_2 在槽中与热的 NaOH 溶液反应生成 $NaClO_3$。如果将 $NaClO_3$ 溶液与等摩尔的 KCl 进行复盐分解可制取 $KClO_3$：

$$NaClO_3 + KCl =\!=\!= KClO_3 + NaCl$$

因 $KClO_3$ 溶解度较小，在溶液中可结晶出来。

氯酸钾和氯酸钠在有催化剂存在下加热可分解出氧气，无催化剂存在下，小心加热 $KClO_3$，则发生歧化反应：

$$2KClO_3 \xrightarrow{MnO_2} 2KCl + 3O_2\uparrow$$

$$4KClO_3 =\!=\!= 3KClO_4 + KCl$$

固体 $KClO_3$ 是强氧化剂，与各种易燃物质（如硫、磷、碳）混合，经撞击会引起爆炸着火，因此多用于制造节日焰火和民用火柴的生产。

4. 高氯酸

高氯酸（$HClO_4$）是已知无机酸中较强的酸之一。它是无色液体，很不稳定，一般质量分数为70%～72%。贮存时，一旦与有机物接触极易引起爆炸。$HClO_4$ 的水溶液较稳定，它的氧化性不如 $HClO_3$。用高氯酸钾与硫酸反应可以制取高氯酸，反应式如下：

$$KClO_4 + H_2SO_4 =\!=\!= HClO_4 + KHSO_4$$

高氯酸的浓热溶液是强氧化剂，冷的稀溶液没有明显的氧化性。高氯酸是制备醋酸纤维的催化剂。

高氯酸钾是高氯酸盐中的重要盐之一，它主要用于制造炸药。

第三节 氟、溴、碘及其化合物

从卤素的通性可以知道，由于卤素按 F→Cl→Br→I 的次序共价半径变大，原子夺取或吸引另一元素原子的电子能力减弱，故氧化性降低。因此，氟是卤素中氧化性最强的元素，也是所有元素中氧化性最强的元素。

它们的制法，除氟之外，都可以用类似氯气的制法，制取相应的卤素。但由于 HBr、HI 不稳定，可用溴化物或碘化物与二氧化锰混合，再加硫酸，来制取 Br_2 和 I_2，反应式如下：

$$2NaBr + 3H_2SO_4 + MnO_2 \xrightarrow{\triangle} 2NaHSO_4 + MnSO_4 + Br_2 + 2H_2O$$

$$2NaI + 3H_2SO_4 + MnO_2 \xrightarrow{\triangle} 2NaHSO_4 + MnSO_4 + I_2 + 2H_2O$$

由于氟的电负性、氧化性最强，不能用化学方法制取，常用电解氟氢化钾的办法制取氟：

$$2KHF_2 \xrightarrow{电解} 2KF + H_2\uparrow + F_2\uparrow$$

一、氟、溴、碘的氢化物及其盐

氟、溴、碘的氢化物 HF、HBr、HI 都易溶于水，其水溶液是酸，分别称为氢氟酸、氢溴酸、氢碘酸。除氢氟酸外，其余都是强酸。它们的酸性按 HF→HCl→HBr→HI 增强。氢氟酸是弱酸（$K=6.71\times10^{-4}$），但它几乎不能被其他氧化剂氧化，这也是氟化氢与其他卤化氢不同的地方。氢氟酸有剧毒，对玻璃有腐蚀作用，因此大量用于玻璃仪器制造。它与玻璃发生如下化学反应（玻璃的主要成分中不论是 SiO_2 还是 $CaSiO_3$ 均能与 HF 发生作用）：

$$SiO_2 + 4HF == SiF_4\uparrow + 2H_2O$$

$$CaSiO_3 + 6HF == CaF_2 + SiF_4\uparrow + 3H_2O$$

由于卤化氢分子中，卤素原子的电负性比氢大，卤素原子都处在低价态，故卤化氢都有一定的还原性，其还原性按 HF→HCl→HBr→HI 增强。因此，HF 与 HBr、HI 的制法不同，氟化氢的制法同制取 HCl 一样，可用相应的盐与硫酸作用，例如：

$$CaF_2 + H_2SO_4 == CaSO_4 + 2HF\uparrow$$

而 HBr 和 HI 不能用相应的盐与 H_2SO_4 作用，因为反应生成的 HBr、HI 能被 H_2SO_4 氧化，例如：

$$NaBr + H_2SO_4 == NaHSO_4 + HBr\uparrow$$

$$2HBr + H_2SO_4 == 2H_2O + SO_2\uparrow + Br_2$$

因此一般常用对应的非金属卤化物水解的办法制取卤化氢，例如：

$$PBr_3 + 3H_2O == H_3PO_3 + 3HBr\uparrow$$

$$PI_3 + 3H_2O == H_3PO_3 + 3HI\uparrow$$

二、溴、碘的含氧化合物

溴和碘的含氧化合物与氯的含氧化合物相似，见表 9-2。

表 9-2 氯、溴和碘的含氧化合物

氯	溴	碘	氯	溴	碘
HClO	HBrO	HIO	$HClO_3$	$HBrO_3$	HIO_3
$HClO_2$	$HBrO_2$		$HClO_4$	$HBrO_4$	HIO_4, H_5IO_6

它们的性质都很相似，例如 HBrO、HIO 及其盐的性质与氯的含氧化合物 HClO 及其盐相似，而且其漂白作用比氯的化合物好。$HBrO_3$、HIO_3 的制法也同 $HClO_3$ 的制法一样，也是用 HBrO 发生歧化反应制取。$HBrO_4$ 是强酸，它的氧化能力介于 $HClO_4$ 和 HIO_4 之间。HIO_4 常能与 2 个 H_2O 形成水化物 H_5IO_6，这样它相当于一个五元酸。

卤素的含氧酸及其盐的许多重要性质有一定的变化规律。现以氯的含氧酸和含氧酸盐为代表，将它们性质的变化规律总结于表 9-3 中。

表 9-3 氯的含氧酸及其盐的性质变化规律

化合价	酸	热稳定性和酸的强弱	氧化性	盐	热稳定性	氧化能力
+1	HClO			NaClO		
+3	$HClO_2$	↓增大	↓降低	$NaClO_2$	↓增大	↓降低
+5	$HClO_3$			$NaClO_3$		
+7	$HClO_4$			$NaClO_4$		

→ 热稳定性增高
← 氧化性增高

从表 9-3 中可以看出，卤素的含氧化合物，随着卤素的化合价升高，酸性增强或热稳定增强。

三、氟、溴和碘及其化合物的应用

氟的主要用途是制造有机氟化物，如聚四氟乙烯树脂具有耐热防腐的特殊性能，广泛应用于防腐设备的密封。氟还能作高能燃料的氧化剂。氟化钾、氟化钠不仅可制造农业的杀虫剂，还可制造防牙病的药物。

溴和碘主要应用于制药工业，溴化物是神经镇静剂，碘的质量分数为 2％的酒精溶液是很好的外科消毒剂。溴化银、碘化银是制造感光胶片的感光剂，此外，溴还大量用于有机化学工业，如制造某些染料中间体等。碘和淀粉反应可使溶液颜色变蓝，在分析化学中的碘量法就是利用碘的这一性质，作滴定终点的指示反应。碘在人类的新陈代谢过程中起重要作用，人如果缺少碘，就会导致甲状腺肿大，为使甲状腺能维持正常功能，在食物中需适量地配以碘化物形式存在的碘。

卤素中的氯化物、溴化物和碘化物中的卤素离子，能与硝酸银反应生成有特殊颜色的卤化银沉淀，因此在分析化学中常用这一反应检查上述三种离子是否存在，反应式如下：

$$NaCl + AgNO_3 = AgCl\downarrow + NaNO_3 \text{（白色沉淀不溶于稀硝酸）}$$
$$NaBr + AgNO_3 = AgBr\downarrow + NaNO_3 \text{（淡黄色沉淀不溶于稀硝酸）}$$
$$NaI + AgNO_3 = AgI\downarrow + NaNO_3 \text{（黄色沉淀不溶于稀硝酸）}$$

第十章 碱金属与碱土金属

1. 了解碱金属、碱土金属的元素组成及其在元素周期表中的位置,并能应用原子结构理论解释其主要通性。
2. 了解钾、钠及其主要化合物的性质和用途。
3. 了解镁、钙及其化合物的主要性质和用途。
4. 了解硬水形成的原因和根据硬度大小对天然水的分类标准及对硬水的软化方法。

碱金属包括锂、钠、钾、铷、铯、钫六种元素,构成了元素周期表中第ⅠA族(第1纵列)。碱土金属包括铍、镁、钙、锶、钡、镭六种元素,构成了元素周期表中第ⅡA族(第2纵列)。这两族元素的最外层电子构型分别为 ns^1 和 ns^2,所以在化学反应中极易失去电子,表现出很强的金属性,能与许多非金属元素相化合,生成的化合物绝大多数是离子型化合物。它们的氢氧化物除铍以外都是强碱或中强碱。本章只介绍钾、钠、钙、镁元素及其化合物。

第一节 碱金属及其通性

一、碱金属

碱金属元素原子结构的特点是它们的最外层电子只有一个,而且次外层又是全充满,有8个电子或2个电子,因此这族元素的原子在化学反应中性质非常活泼,极易失去一个电子,变成+1价离子,达到惰性气体的稳定结构。所以它们在自然界中没有游离态单质,都是以化合物状态存在。

在地壳中,钾、钠有较高的丰度,K 为 1.1%,Na 为 2.0%。其主要矿石有钠长石 [$Na(AlSi_3O_8)$] 和钾长石 [$K(AlSi_3O_8)$],光卤石($KCl·MgCl_2·6H_2O$)及明矾石 [$K_2SO_4·Al_2(SO_4)_3·24H_2O$]。海水中也含有氯化钠相当于 2.7%(质量分数),总贮量约为 $3640×10^{13}$ t。有些盐湖还含有氯化钾,植物灰中也含有钾盐。锂、铷和铯在自然界含量极少,故属于稀有金属。

二、碱金属的通性

碱金属元素最大的特点是密度小,熔点、沸点、硬度低,这些性质都与它们的原子核外电子结构有关(见表10-1)。

表10-1 碱金属元素的原子结构与单质的性质

性质	锂(Li)	钠(Na)	钾(K)	铷(Rb)	铯(Cs)
原子序数	3	11	19	37	55
最外层电子构型	$2s^1$	$3s^1$	$4s^1$	$5s^1$	$6s^1$
化合价	+1	+1	+1	+1	+1
电负性	1.0	0.9	0.8	0.8	0.8
熔点/℃	185	97.8	63.7	38.98	28.59
沸点/℃	1336	883	758	700	670
硬度(最大为10)	0.6	0.4	0.5	0.3	0.2
离子半径/pm	60	95	133	148	169
固体密度/g·cm^{-3}	0.535	0.971	0.862	1.532	1.90

碱金属中，Li、Na、K 最轻，比水还轻，因此能浮在水面上而不沉。碱金属的硬度都很低，用小刀可以切开，甚至用指甲都能划破其表面。它们的熔点、沸点也较低，能形成常温下液态的合金，如钾钠合金（质量分数分别为 K 77.2%，Na 22.8%）熔点为 12.3℃。这些特殊的性质，是由于碱金属元素的原子只有 1 个价电子，形成的金属键较弱。

碱金属同其他金属一样，具有金属光泽，有良好的导电性和延展性。

碱金属的化学性质非常活泼，极易失去 1 个电子变成 +1 价离子，几乎能和所有的非金属元素相化合。例如与卤素、硫、氧、磷、氢等元素相化合，生成的化合物大多数是离子型化合物。化学性质活泼程度按 Li→Na→K→Rb→Cs 增强，例如它们与 H_2O 的反应（见表 10-2），这主要是由于随着相对原子质量的增大，电子层数增多，原子半径变大，致使核外电子受核的作用力降低，因而失电子能力增强。

表 10-2 碱金属与水的作用情况

碱金属	Li	Na	K	Rb	Cs
与 H_2O 的作用情况	剧烈	剧烈	很剧烈	爆炸	爆炸

碱金属的化学活泼性比同周期元素强，其主要原因是它们的原子半径比同周期的其他元素原子半径大，而且核电荷数少，所以表现出有很大的活泼性。在稀有金属分离时，常应用它们的活泼性去置换稀有金属。例如：

$$TiCl_4 + 4Na = Ti + 4NaCl$$

目前，稀有金属钛的生产就是利用这一反应。

第二节 钾、钠及其化合物

钾、钠都是银白色的金属，在空气中易氧化而使颜色变暗。硬度很低，几乎像蜡一样软，可以用小刀切割或用力挤压成任意形状。

钾、钠的化学性质基本相同，而钾的反应比钠更剧烈一些。它们的主要化学性质如下。

一、钾、钠的氧化物

钾、钠在空气中燃烧时，主要生成超氧化物（KO_2）、过氧化物（Na_2O_2）。尽管在缺氧的空气中也可以得到普通的氧化物，但这种反应条件不易控制。因此制取钾、钠的一般氧化物，都是用它们的过氧化物与其金属发生还原反应，或用硝酸盐、亚硝酸盐来制取。如：

$$Na_2O_2 + 2Na = 2Na_2O$$
$$2KNO_3 + 10K = 6K_2O + N_2\uparrow$$

工业上制取过氧化钠的方法是将钠加热至熔化，通入一定量的干燥空气（除去 CO_2），温度在 180~200℃，钠被氧化成 Na_2O，然后再增加空气流量并升温至 300~400℃，即可制得 Na_2O_2，反应式如下：

$$4Na + O_2 \xrightarrow{180\sim200℃} 2Na_2O$$
$$2Na_2O + O_2 \xrightarrow{300\sim400℃} 2Na_2O_2$$

过氧化钠比较稳定，加热至 500℃ 也不分解。它与稀酸或与水作用生成过氧化氢，反应式如下：

$$Na_2O_2 + 2H_2O = H_2O_2 + 2NaOH$$
$$Na_2O_2 + H_2SO_4 = H_2O_2 + Na_2SO_4$$

生成的 H_2O_2 立即分解放出氧气。因此 Na_2O_2 广泛用于制氧化剂或漂白剂，它还能与潮湿空气中的 CO_2 气体作用放出氧气，反应式如下：

$$2Na_2O_2 + 2CO_2 = 2Na_2CO_3 + O_2\uparrow$$

因此，Na_2O_2 可以用于防毒面具和潜水或飞行人员的供氧剂。

超氧化钾同样具有这一性质：

$$4KO_2 + 2CO_2 = 2K_2CO_3 + 3O_2\uparrow$$

故 KO_2 常用于急救器中以备供氧。

二、钾、钠的氢氧化物

钾、钠与水反应生成氢氧化物并放出氢气，反应式如下：

$$2Na + 2H_2O = 2NaOH + H_2\uparrow$$
$$2K + 2H_2O = 2KOH + H_2\uparrow$$

该反应迅速而剧烈，同时放出大量的热。由于钾、钠熔点较低，被熔化成小球而浮在水面上，放出氢气，并发生氢气的燃烧，因此，钾、钠与水的反应是迅速而危险的。所以在保存和使用钾、钠时，一定要防止与水接触。一般是把它们放在煤油中贮存。使用时用镊子夹出，擦净，用小刀切取，然后把剩余部分放入盛有煤油的瓶中，绝对不许乱扔，更不能用水冲入下水道。万一在使用时发生火灾，只能用砂子灭火。

为了防止新切取的钾、钠在空气中氧化，应把已经切取的部分立即投放在盛有煤油的容器中待用。

钾、钠的氢氧化物是强碱，特别是氢氧化钠已是化工生产中不可缺少的重要碱之一。下面简要介绍一下它的性质。

1. 与 CO_2 反应

$$2NaOH + CO_2 = Na_2CO_3 + H_2O$$

由于上述反应，所以在存放 NaOH 时一定要密封，以免吸收空气中的 CO_2，使 NaOH 变成 Na_2CO_3。有时也利用这一性质，用 NaOH 溶液（或固体）作 CO_2 气体的吸收剂，使 CO_2 气体从混合气体中被清除。

2. 与某些金属反应

例如与锌、铝反应：

$$2Al + 2NaOH + 6H_2O = 2Na[Al(OH)_4] + 3H_2\uparrow$$
$$Zn + 2NaOH + 2H_2O = Na_2[Zn(OH)_4] + H_2\uparrow$$

3. 与某些非金属反应

如与卤素反应：

$$X_2 + 2NaOH = NaX + NaXO + H_2O$$

4. 与酸性氧化物反应

如与 SiO_2 反应：

$$2NaOH + SiO_2 = Na_2SiO_3 + H_2O$$

由于玻璃的主要成分含有 SiO_2，因此盛有 NaOH 溶液的玻璃瓶不能用玻璃塞，而要用橡胶塞，因为长期存放，NaOH 与 SiO_2 作用生成黏性的 Na_2SiO_3，会把玻璃塞与瓶口粘在一起。

NaOH 具有很强的腐蚀性，能严重地侵蚀皮肤、衣物、玻璃、陶瓷以至极为稳定的金属铂。因此，接触和使用 NaOH 时要注意安全。铁、银、镍这三种金属对 NaOH 具有较强的抗腐蚀作用。

氢氧化钠的工业制法，主要是电解食盐水溶液（在第七章已介绍）。

KOH 与 NaOH 性质相似，但价格比 NaOH 贵，除特殊需要外，一般都用 NaOH。它是重要的化工原料，广泛地用于各个工业部门。

三、钾、钠的氢化物

氢在与其他元素化合时，一般是 +1 价，但与这两族金属元素反应生成的化合物，氢都显 -1 价。这是由于氢的电负性大于这些金属的电负性。因此，在化学反应中是金属失去电子，氢得到电子，如氢与钾、钠反应：

$$2Na + H_2 \xrightarrow{2\times e} 2NaH$$

$$2K + H_2 \xrightarrow{2\times e} 2KH$$

钾、钠的氢化物是重要的还原剂，特别是 NaH，由于价格低廉，常应用于稀有金属的生产中。如金属钛的生产过程中，利用 NaH 作还原剂将 $TiCl_4$ 还原为金属钛。

$$TiCl_4 + 4NaH \longrightarrow Ti + 4NaCl + 2H_2 \uparrow$$

含有钾、钠的化合物，在高温火焰中，钠离子呈黄色，钾离子呈紫色。在分析化学中常利用这一特殊颜色反应，鉴定钾、钠离子是否存在。

第三节 碱土金属及其通性

一、碱土金属

人们之所以把第ⅡA族六种元素叫碱土金属，是由于这一族元素之中钙、锶、钡的氧化物的性质介于碱金属氧化物和第ⅢA族——土族氧化物性质之间，故有碱土金属之称。现在已习惯地把铍、镁也包括在碱土金属之内。

碱土金属的最外层电子构型比相邻的碱金属多一个电子，因此电子构型为 ns^2，故在化学反应中显 +2 价。所形成的化合物基本上都是离子型化合物。它们在地壳中的丰度（原子百分数）为：Be 0.001%，Mg 1.4%，Ca 1.5%，Sr 0.008%，Ba 0.005%，Ra 8×10^{-12}%。从丰度值看 Mg 和 Ca 含量较高，镁的主要矿物是菱镁矿（$MgCO_3$）和白云石（$MgCO_3 \cdot CaCO_3$）。我国内地许多盐湖都含有镁盐，丰富的镁矿对发展我国的轻金属工业和耐火材料工业很有利。钙的主要矿石有大理石、石灰石、方解石（以上矿石主要成分是 $CaCO_3$ 和石膏 $CaSO_4 \cdot 2H_2O$）。锶的主要矿石有天青石（$SrSO_4$）和碳酸锶。钡的主要矿石是重晶石（$BaSO_4$）、毒重石（$BaCO_3$）。

二、碱土金属的通性

碱土金属的基本性质列于表 10-3。从表中数据可以看出，碱土金属的密度、熔点、沸点的变化无一定的规律。其中密度最大的是钡，最小的是钙。但所有的碱土金属的密度都小于 5，属于轻金属。硬度最大的是铍，沸点最高的也是铍。

人们常利用这一族金属的某些特点，制造一些特殊性能的合金，如重要的铍青铜合金、镁铝合金等。铍青铜合金硬度大，具有很高的弹性，而且热膨胀系数较小，是制造各种钟表的游丝和精密仪器的最好材料；镁铝合金由于具有质轻而坚硬的特点，是制造飞机和汽车零件的最好材料。

表 10-3　碱土金属元素的原子结构与单质的性质

性　　质	铍(Be)	镁(Mg)	钙(Ca)	锶(Sr)	钡(Ba)
原子序数	4	12	20	38	56
最外层电子构型	$2s^2$	$3s^2$	$4s^2$	$5s^2$	$6s^2$
化合价	+2	+2	+2	+2	+2
电负性	1.6	1.3	1.0	1.0	0.9
熔点/℃	1278	651	834	796	725
沸点/℃	2500	1105	1494	1381	1849
硬度	4	2.5	2	1.8	—
离子半径/pm	31	65	99	113	135
固体密度/g·cm^{-3}	1.85	1.74	1.55	2.63	3.62

碱土金属的化学活泼性不如同周期的碱金属,这是由于碱土金属的原子比相邻的碱金属原子多 1 个核电荷,使它的原子半径比碱金属的原子半径小,因而原子核对最外层电子的作用力增强,所以碱土金属不如同周期相邻的碱金属的化学性质活泼,但仍是活泼金属。除 Be 以外,Mg、Ca、Sr、Ba 与电负性较大的非金属元素相化合时,形成的化学键基本上都是离子键。

碱土金属元素的半径是按由 Be 到 Ba 的顺序增大,因此活泼性也按此顺序增强。它们的主要化学性质如下。

1. 与氧反应生成氧化物

碱土金属在一般情况下,与氧反应不能生成过氧化物,而生成氧化物。但在高压下的氧气中 Sr 和 Ba 能生成过氧化物:

$$Sr + O_2 = SrO_2$$
$$Ba + O_2 = BaO_2$$

镁在空气中与氧反应,由于在金属表面上生成坚固而致密的氧化膜,能阻止镁继续被氧化,因此镁在空气中比较稳定。但在加热时,镁不但能与氧反应,而且反应能达到剧烈燃烧的程度,并放出耀眼的白光,故用金属镁可以制造照明弹、节日焰火和照相用的镁灯。

2. 与水反应生成氢氧化物和氢气

碱土金属与水反应的激烈程度仅次于同周期的相邻的碱金属,反应后都生成氢氧化物和氢气:

$$Ca + 2H_2O = Ca(OH)_2 + H_2 \uparrow$$
$$Sr + 2H_2O = Sr(OH)_2 + H_2 \uparrow$$
$$Ba + 2H_2O = Ba(OH)_2 + H_2 \uparrow$$

但金属铍和镁与冷水反应较慢。这是由于在金属表面生成一种难溶的氢氧化物,阻碍了反应的继续进行。铍和镁在热的水蒸气作用下,可以反应生成氢氧化物。

碱土金属的氢氧化物的溶解度比碱金属小,而且它们并不都呈碱性,见表 10-4。从表中明显地看出,它们的碱性是由 Be 到 Ba 依次增强。

表 10-4　碱土金属的氢氧化物

氢氧化物	Be(OH)$_2$	Mg(OH)$_2$	Ca(OH)$_2$	Sr(OH)$_2$	Ba(OH)$_2$
碱性程度	两性	中强碱	强碱	强碱	强碱

Ca(OH)$_2$ 是工业上的廉价碱,由于它在水中溶解度比较小,常用它的悬浮液,即石

灰乳。

3. 与氢反应生成氢化物

钙、锶、钡在高温（200～300℃）下能直接与氢反应，生成氢化物，如：

$$Ba + H_2 =\!=\!= BaH_2$$

氢化物的活泼性按 Ca→Sr→Ba 的顺序增强。它们也是强还原剂。它们与水反应生成氢氧化物和氢气，如：

$$BaH_2 + 2H_2O =\!=\!= Ba(OH)_2 + 2H_2 \uparrow$$

4. 与酸反应生成盐和氢气

碱土金属与各种酸反应，都生成盐和氢气，其中不少盐是难溶的，这是它们区别于碱金属的特点之一。

三、几种重要的盐

(1) **氯化钡**（$BaCl_2 \cdot 2H_2O$） 氯化钡是钡的最重要的可溶性盐，对人畜都有毒，对人的致死量为 0.8g，故使用时切忌入口。

由于 Ba^{2+} 与 SO_4^{2-} 反应能生成难溶的 $BaSO_4$ 沉淀，故在分析化学中常用它鉴定或分离 SO_4^{2-}。

(2) **碳酸盐** 碱土金属的碳酸盐在常温下是稳定的。除铍以外，只有在强热下才能发生分解，生成金属氧化物和 CO_2。它们的热稳定性由 Be 到 Ba 依次增强，如它们的分解温度分别为 100℃、540℃、900℃、1290℃、1360℃。

碳酸盐难溶于水，但可以溶解在稀酸中，并生成 CO_2 和对应的盐。在分析化学中常利用这一性质鉴别碳酸盐的存在。如：

$$MgCO_3 + 2H^+ =\!=\!= Mg^{2+} + CO_2 \uparrow + H_2O$$

碱土金属的碳酸氢盐是可溶于水的。一般可将碳酸盐的悬浮液通入过量的 CO_2 气体，使碳酸盐转化为碳酸氢盐。如：

$$CaCO_3 + CO_2 + H_2O =\!=\!= Ca(HCO_3)_2$$

由于 CO_2 气体在水中的溶解度随温度升高而降低，所以在加热 $Ca(HCO_3)_2$ 的水溶液时，会发生下列反应：

$$Ca(HCO_3)_2 \rightleftharpoons Ca^{2+} + 2HCO_3^-$$
$$\Updownarrow$$
$$H_2O + CO_3^{2-} + CO_2 \uparrow$$

从反应式可以看出，随着 CO_2 气体的逸出，HCO_3^- 逐渐转变为 CO_3^{2-}，当达 $[Ca^{2+}][CO_3^{2-}] > K_{sp}$ 时，会有 $CaCO_3$ 析出。固体碳酸氢盐的热稳定性较差，一般分解为相应的碳酸盐和 CO_2 气体，如：

$$2NaHCO_3 \xrightarrow{\triangle} Na_2CO_3 + CO_2 \uparrow + H_2O$$

根据这一反应，如果工业 Na_2CO_3 由于吸收空气中的 CO_2 气体和水而生成一定量的 $NaHCO_3$，通过加热的办法，可以将 $NaHCO_3$ 转变为 Na_2CO_3 进而达到提纯的目的。

在自然界中，由于水中溶有 CO_2 气体，能将本来难溶的碳酸盐转变为碳酸氢盐，从而使水中含有 Ca^{2+}、Mg^{2+}，这种含有 Ca^{2+}、Mg^{2+} 的水叫硬水。

(3) **硫酸盐** 硫酸盐中除了 $BeSO_4$ 和 $MgSO_4$ 是可溶盐外，其他盐都难溶。溶解度按 Ca→Sr→Ba 的顺序减小。硫酸钡的溶解度最小。由于钡的相对原子质量较大，能阻止 X 射线通过，故在医疗上用 $BaSO_4$ 作胃肠 X 射线检查时的内吸试剂（但服用时，一定要清除可溶性的钡盐)。硫酸钡在人体内,既不溶解,也不被吸收,能完全排出体外。

硫酸盐的热稳定性很大,只有在高温时才能分解成相应的氧化物和三氧化硫。如 $MgSO_4$ 分解:

$$MgSO_4 \xrightarrow{\triangle} MgO + SO_3 \uparrow$$

硫酸盐中除锶盐和钡盐以外,其他硫酸盐都是带有结晶水的晶体。

碱土金属的化学性质比较活泼,在高温时,能从某些贵重金属的氧化物或氯化物中置换出金属。在稀有金属钛的生产中,常利用这一性质,如:

$$TiCl_4 + 2Mg = Ti + 2MgCl_2$$

第四节 镁、钙及其化合物

一、镁及其化合物

镁是一种银白色的轻金属,由于镁在空气中很稳定,在工业上被广泛应用,特别是它的合金用途更为广泛。例如,在镁中加入少量的铝、锌、锰等,是有名的电子合金。此外镁在有机合成和稀有金属的冶炼上还可作还原剂。

镁的工业制法,是通过电解无水氯化镁或去掉结晶水的光卤石($KCl \cdot MgCl_2$)来制取的。

镁的重要化合物有以下几种。

1. 氧化镁(MgO)

镁具有与本族不同的特点,它在过量的氧气中燃烧也不形成过氧化物,只能形成氧化物。把镁的碳酸盐加热分解也能得到氧化镁。氧化镁是一种白色粉末,俗名叫苦土,不溶于水,熔点为2900℃,由于它的熔点较高,在工业上常用于制造耐火材料。

2. 氢氧化镁 [$Mg(OH)_2$]

氢氧化镁是一种中强碱,因此具有碱的一切通性。此外还能与铵盐反应:

$$Mg(OH)_2 + 2NH_4^+ = Mg^{2+} + 2NH_3 \cdot H_2O$$

由于在此反应过程中,生成不易解离的弱电解质 $NH_3 \cdot H_2O$,从而使 $[Mg^{2+}][OH^-]^2 < K_{sp}$,因此,在足够的 NH_4^+ 存在下可使 $Mg(OH)_2$ 完全溶解。

氢氧化镁是一种微溶于水的白色粉末,是造纸及其他工业的白色填充剂。

3. 氯化镁

氯化镁是碱土金属氯化物中最重要的镁盐。它是生产金属镁的主要原料。海水中有氯化镁存在,平均每1kg海水含5g $MgCl_2$。目前,全世界生产的金属镁有65%来自海水。

4. 硫酸镁($MgSO_4 \cdot 7H_2O$)

硫酸镁是一种无色的晶体,易溶于水,有苦味。在医药上常用作泻药。$MgSO_4 \cdot 7H_2O$ 极易脱水,在200℃时就可制得无水 $MgSO_4$。

硫酸镁在造纸和纺织工业中应用。

二、钙及其化合物

钙是一种银白色的轻金属,性质比较活泼,在空气中极易被氧化,能和很多非金属元素相化合,生成相应的化合物。

钙的工业制法是电解熔融的氯化钙。在加热时,钙几乎能与所有的金属氧化物起反应,将该金属还原出来。因此,常用它作贵重金属的还原剂。此外钙与其他金属制造轴承合金,在机械制造工业上得到广泛的应用。

钙的重要化合物有如下几种。

1. 氧化钙（CaO）

氧化钙也叫生石灰，是一种碱性氧化物。在高温时，能与 SiO_2、P_2O_5 等酸性氧化物反应，生成相应的含氧酸盐。例如：

$$CaO + SiO_2 == CaSiO_3$$

$$3CaO + P_2O_5 == Ca_3(PO_4)_2$$

在炼铁、炼钢的过程中，常利用这一反应，加入生石灰，除去铁水中的有害组分 SiO_2 和 P_2O_5 等。

氧化钙很容易与水反应生成氢氧化钙，同时放出大量的热：

$$CaO + H_2O == Ca(OH)_2 + 62.7kJ$$

这个反应叫生石灰的熟化反应，因此把 $Ca(OH)_2$ 叫熟石灰。

氧化钙的主要用途是制取氢氧化钙，它是建筑工业上的重要材料。

工业上采用煅烧石灰石（$CaCO_3$）的方法生产氧化钙，反应式如下：

$$CaCO_3 \xrightleftharpoons{\text{煅烧}} CaO + CO_2 \uparrow - Q$$

这个反应是可逆、吸热反应，为提高生石灰的产量，在生产过程中高温要控制在 800～1000℃，还要适当地通入空气，降低反应过程中生成的 CO_2 气体的分压，使反应始终向着生成物方向进行。

纯的氧化钙的制取，不能以工业品氧化钙为原料进行提纯，只能用硝酸钙、碳酸钙或氢氧化钙加热分解制得。

2. 氢氧化钙〔$Ca(OH)_2$〕

氢氧化钙也叫消石灰，是一种可溶于水的白色固体。在20℃时溶解度为 $0.156g \cdot (100g\ H_2O)^{-1}$，而且随温度升高溶解度降低。

氢氧化钙的碱性很强，具有碱的一切通性，在工业上一般都使用它的悬浮液（石灰乳）。$Ca(OH)_2$ 能与 CO_2 气体反应生成难溶的 $CaCO_3$ 沉淀，使溶液变混浊，在化学上常利用这一反应检查 CO_2 气体。

在化学工业上，氢氧化钙是生产漂白粉的原料，但其广泛的用途还是用作建筑材料。

3. 氯化钙（$CaCl_2 \cdot 6H_2O$）

氯化钙是白色的晶体，它是常用的钙盐之一。将它加热到200℃时先脱掉4个分子水，变成 $CaCl_2 \cdot 2H_2O$，温度再高可将结晶水全部脱掉，变成无水 $CaCl_2$。

氯化钙的制法，是用氧化钙、氢氧化钙或碳酸钙等与稀盐酸反应制得。

无水氯化钙由于吸水性很强，常用它作干燥剂，但不能用它干燥乙醇和氨，因为它能与乙醇和氨发生化学反应：

$$CaCl_2 + 4C_2H_5OH == CaCl_2 \cdot 4C_2H_5OH$$

$$CaCl_2 + 8NH_3 == CaCl_2 \cdot 8NH_3$$

氯化钙与冰按 1.44∶1 的比例混合，可获得 -54.9℃ 的低温，是一种很好的制冷剂。在建筑工程上通常用它作防冻剂。在化工生产上电解无水氯化钙可以制取金属钙。

4. 硫酸钙

天然的硫酸钙有两种：$CaSO_4$ 和 $CaSO_4 \cdot 2H_2O$，前者叫硬石膏，后者叫石膏。

石膏（$CaSO_4 \cdot 2H_2O$）很容易脱结晶水，在150℃时2个分子 $CaSO_4 \cdot 2H_2O$ 脱掉3个分子 H_2O，变成 $CaSO_4 \cdot 0.5H_2O$（熟石膏）：

$$2CaSO_4 \cdot 2H_2O \xrightleftharpoons{150℃} (CaSO_4)_2 \cdot H_2O + 3H_2O$$

这个反应是可逆吸热反应，因此，把熟石膏与水调成糊状后，不久又会变成硬块，而且在硬化过程中，体积稍有膨胀。人们利用这一性质可以用熟石膏制造各种模型、塑像、粉笔和医疗用的石膏绷带。

石膏也是一种重要的化工原料。

含有碱土金属元素的化合物，能使火焰呈现特征颜色。如钙元素能使火焰呈橙红色，锶元素能使火焰呈洋红色，钡元素能使火焰呈绿色。在分析化学中常根据这一特征检验这三种元素是否存在。

第五节 硬水及其软化

含有一定量可溶性钙盐和镁盐的水叫硬水。表示硬水中含有这种可溶性盐的多少叫硬度。1个硬度（简称1度）相当于在1L水中含有10mg的CaO。按硬度大小，把天然水分为以下几类：硬度小于8度的叫软水，硬度在8～16度的叫中硬度水，16～28度之间的叫硬水。如果钙、镁盐是以碳酸氢盐形式存在的，由于碳酸氢盐在水中受热会分解成相应的碳酸盐以沉淀析出，如：

$$Ca(HCO_3)_2 \xrightleftharpoons{煮沸} CaCO_3 \downarrow + H_2O + CO_2 \uparrow$$

从而大大降低水中钙、镁离子的含量，这种硬水叫暂时硬水。反之以硫酸盐、氯化物形式存在的钙、镁盐的硬水叫永久硬水。

硬水中的钙、镁离子不论是以哪一种盐存在，它对化工生产、日用生活及工业锅炉都能造成不良的影响。例如，用硬水洗衣服能使肥皂与钙离子生成一种不溶性物质，影响肥皂的去污效果。在化工生产中，由于使用硬水会增加产品的杂质，使质量低劣。在锅炉中，如果使用硬水，日久就要产生水垢，当水垢厚度达1mm时，就要多消耗燃料5%，另外由于水垢的热导率与金属不同，有时水垢要产生裂缝，一旦水进入裂缝与过热的铁接触，很容易引起锅炉爆炸，因此，一定要把硬水中的可溶性钙、镁盐除掉，这个过程叫水的软化。除掉可溶性钙、镁盐的水叫软水。水的软化是一个很重要的问题，下面简要介绍几种软化方法。

一、暂时硬水的软化方法

1. 加热

把含有碳酸氢盐的硬水加热煮沸，这时含在水中的钙、镁的碳酸氢盐可变成难溶的碳酸盐沉淀，使硬水得到软化。如：

$$Mg(HCO_3)_2 \xrightarrow{\triangle} MgCO_3 \downarrow + CO_2 \uparrow + H_2O$$

2. 加石灰乳

在暂时硬水中，加入石灰乳 [$Ca(OH)_2$]，使水中含有的碳酸氢盐变成难溶盐。反应式如下：

$$Ca(HCO_3)_2 + Ca(OH)_2 = 2CaCO_3 \downarrow + 2H_2O$$

或

$$Mg(HCO_3)_2 + 2Ca(OH)_2 = Mg(OH)_2 \downarrow + 2CaCO_3 \downarrow + 2H_2O$$

二、永久硬水的软化

1. 石灰-纯碱法

工业上将石灰和纯碱各一半混合用于硬水的软化，叫石灰-纯碱法。反应式如下：

$$MgCl_2 + Ca(OH)_2 = Mg(OH)_2\downarrow + CaCl_2$$

$$CaCl_2 + Na_2CO_3 = CaCO_3\downarrow + 2NaCl$$

这种方法操作比较复杂，软化效果差，但成本低，适于处理大量而且硬度很高的硬水。如发电厂、热电站都采用此方法作为硬水软化的预处理。

2. 用离子交换树脂

离子交换树脂是一种带有可交换离子的高分子化合物，根据可交换离子的不同，又分阳离子和阴离子交换树脂。例如磺酸型阳离子交换树脂，常以 $R\text{—}SO_3^- H^+$ 代表；还有阴离子交换树脂，以 $R\text{—}NH_2$ 为代表，它水解后为：

$$R\text{—}NH_2 + H_2O = R\text{—}NH_3^+ OH^-$$

代表式中的 H^+ 和 OH^- 都是可交换离子。当待处理的硬水流过阳离子交换树脂柱时，水中的 Mg^{2+}、Ca^{2+} 及其他正离子与阳离子交换树脂发生如下交换反应：

$$2R\text{—}SO_3^- H^+ + Mg^{2+} = (R\text{—}SO_3)_2Mg + 2H^+$$

当经过阳离子交换树脂后的水，再流过阴离子交换树脂柱时，水中的负离子再与阴离子交换树脂发生如下的反应：

$$R\text{—}NH_3^+ OH + Cl^- = R\text{—}NH_3^+ Cl + OH^-$$

在交换过程中产生的 H^+ 与 OH^- 结合成水。如果经过多次这样的反复处理，可使水中的各种正、负离子全部除掉，这种水叫无离子水。

第十一章 氧族元素

1. 了解氧族元素的组成及其在元素周期表中的位置，并能应用原子结构理论解释其主要通性。
2. 了解氧及其化合物的主要性质和用途。
3. 掌握硫及其主要化合物 H_2S、H_2SO_3 和 H_2SO_4 等的特性反应。

第一节 氧族元素及其通性

一、氧族元素

氧族包括氧、硫、硒、碲、钋五种元素，构成了元素周期表中的第ⅥA族（第16纵列）。其中，钋是一种稀有放射性元素，硒、碲是稀有分散元素，本章仅介绍氧和硫及其化合物。

氧在地壳中分布最广、丰度最高（约为地壳总原子数的52.3%），按质量计算约占地壳的50%。自由状态的氧在空气中体积分数约为21%，氧在水中的质量分数为89%。动植物体、岩石及土壤中都含有氧元素。

硫在地壳中的丰度为0.03%，也是一种分布很广的元素。它在自然界常以两种状态存在，即游离态和化合态。天然的硫化物包括金属硫化物和硫酸盐两类。最重要的硫化物是黄铁矿（FeS_2），天然的硫酸盐以石膏（$CaSO_4 \cdot 2H_2O$）最为丰富。

二、氧族元素的通性

氧族元素原子的最外层电子构型为 ns^2np^4，共有6个价电子。除钋元素以外，都易夺得2个电子，达到惰性气体原子的稳定结构，因此表现出很强的非金属性。但是比同周期的卤素元素的非金属性弱。另外，在氧族中硫与氧之间有很大的突变，氧一般只能形成负价离子，而硫、硒、碲能形成正价离子，最高可达+6价。在这个族中随着原子半径的增大，非金属性逐渐减弱，而金属性逐渐增强，因此氧是该族非金属性最强的元素，而钋为金属性元素。氧族元素的原子结构和单质性质见表11-1。

表11-1 氧族元素的原子结构和单质性质

性 质	氧(O)	硫(S)	硒(Se)	碲(Te)
原子序数	8	16	34	52
最外层电子构型	$2s^22p^4$	$3s^23p^4$	$4s^24p^4$	$5s^25p^4$
化合价	$-2,0$	$-2,0,+2,+4,+6$	$-2,0,+2,+4,+6$	$-2,0,+2,+4,+6$
电负性	3.4	2.6	2.6	2.1
熔点/℃	-218.99	119	220	450
沸点/℃	-183.0	445	680	1390
-2价离子半径/pm	73	103	117	137
+6价离子半径/pm	—	170	181	197

氧族元素的化学性质按 $O \rightarrow S \rightarrow Se \rightarrow Te$ 的顺序依次降低，其中氧和硫是比较活泼的非金属元素。氧几乎能和所有的元素相化合生成相应的氧化物。硫也能和许多金属发生反应，

生成相应的金属硫化物。高温时硫还能与氢、碳、氧等非金属元素相化合。硒和碲也能同大多数元素相化合生成相应的硒化物和碲化物。

第二节 氧及其化合物

在自然界中氧有三种同位素，即 ^{16}O、^{17}O、^{18}O，其中 ^{16}O 含量最高达 99.76%。氧的单质有两种同素异形体，即氧气（O_2）和臭氧（O_3）。

一、氧的同素异形体

我们把一种元素形成几种单质的现象叫做同素异形现象。由同一种元素形成的多种单质叫做这种元素的同素异形体。

氧的同素异形体叫臭氧，分子式为 O_3，它是在 1840 年被发现的。臭氧为淡蓝色，是具有特殊臭味的气体，因此常根据臭氧的臭味鉴别臭氧的存在。

臭氧与氧气在某些物理性质上有明显的区别，见表 11-2。从表中可以看出，臭氧比氧重，易溶于水，熔点高，容易液化。

表 11-2　臭氧与氧气的某些物理性质

性　质	氧(O_2)	臭氧(O_3)	性　质	氧(O_2)	臭氧(O_3)
颜色	无色	淡蓝色	沸点/℃	−183	−112
密度/g·L^{-1}	1.429	2.069	0℃时在水中的溶解度/L·L^{-1}	0.0491	0.496
熔点/℃	−219	−192			

臭氧是很不稳定的，极易分解放出原子氧，所以它比氧的化学性质更活泼，具有很强的氧化性。分解反应式为：

$$O_3 =\!=\!= O_2 + [O]$$

所以在空气中很稳定的银、汞等金属，均能被臭氧氧化生成过氧化物。例如臭氧和银的反应：

$$2Ag + 2O_3 =\!=\!= Ag_2O_2 + 2O_2 \uparrow$$

臭氧能将碘化钾溶液中的 I^- 氧化成 I_2：

$$2KI + O_3 + H_2O =\!=\!= 2KOH + I_2 \downarrow + O_2 \uparrow$$

析出的碘能与淀粉作用使淀粉溶液变蓝色，所以常用碘化钾的淀粉溶液来检验臭氧。

一般臭氧含量在百万分之一以下时，对人体有益处，但过高含量会对人的呼吸器官有破坏作用。

氧气吸收电能或光能后，可以使氧转化为臭氧，所以在雷电发生后的大气中常含有少量臭氧，使人感觉空气格外新鲜。

二、过氧化氢

氧和氢能形成两种化合物：一种是水（H_2O）；另一种是过氧化氢（H_2O_2）。过氧化氢的结构式为：

$$H-O-O-H$$

过氧化氢是无色无臭而具有黏性的液体，密度为 $1.148 g\cdot mL^{-1}$，在 152℃沸腾，在 −1.7℃时凝固成针状结晶。它可以与水、乙醇以任意比例互溶。其水溶液称为双氧水。一般商品的双氧水有 3%（质量分数）和 30% 两种，前一种多用于医药行业作消毒杀菌剂，后一种多用作工业和化学实验试剂。

过氧化氢是一种强氧化剂，受热分解放出氧：
$$2H_2O_2 = 2H_2O + O_2\uparrow$$
这种分解反应受碱性物质影响较大，碱性物质能加速 H_2O_2 的分解。因此保存 H_2O_2 时，可在溶液中加入少量酸，以防分解。

当 H_2O_2 与比它更强的氧化剂反应时，它显示出还原性，这时 H_2O_2 被氧化放出氧。例如，H_2O_2 与 KI 反应时，它是氧化剂，能把 I^- 氧化成 I_2：
$$2KI + H_2O_2 = 2KOH + I_2\downarrow$$
它与强氧化剂 Cl_2 反应时，被氧化，而作还原剂：
$$H_2O_2 + Cl_2 = 2HCl + O_2\uparrow$$
过氧化氢的实验室制法，是用过氧化钡（BaO_2）与稀硫酸反应制取：
$$BaO_2 + H_2SO_4 = BaSO_4\downarrow + H_2O_2$$

第三节 硫及其化合物

一、硫

硫又称硫黄，为黄色的晶体。硫有几种同素异形体，最常见的为密度 2.06g·cm^{-3}、熔点 112.8℃ 的斜方硫和密度 1.96g·cm^{-3}、熔点 119℃ 的单斜硫。这两种硫之间可以互相转化：
$$S_{斜方} \underset{冷却}{\overset{95.6℃}{\rightleftharpoons}} S_{单斜}$$
经测定，硫的相对分子质量相当于 S_8，但一般仍以 S 为代表。

硫的化学性质很活泼，能与许多元素相化合。在加热时可与氯、溴、氧、氢非金属元素相化合，还能与金、铂之外的所有金属元素相化合。硫与金属形成的化合物叫硫化物，硫在化合物中为 -2 价。

由于硫的最高化合价为 +6，负价为 -2，因此硫既有氧化性，又有还原性。

当硫与氢、金属或碳反应时，形成化合物，表现硫的氧化性。如与 H_2 反应：
$$H_2 + S = H_2S\uparrow$$
当硫与氧或氟化合时，形成化合物，表现硫的还原性。如与 O_2 化合：
$$S + O_2 = SO_2\uparrow$$
硫的制法，是从它的天然矿床或化合物中制得。一般常用含有天然硫的矿石在隔绝空气下加热熔化，经过蒸馏而得到粉状的硫，也叫硫华。

单质硫主要用于硫酸、橡胶、造纸、火柴、农药和医药等方面。

二、硫化氢

硫化氢（H_2S）是比空气稍重的无色而有腐蛋臭味的有毒气体。在空气中含有 0.1% 的 H_2S 气体，就能使人感到头疼眩晕；吸入大量的 H_2S 气体可致人死亡。因此工业上规定 H_2S 气体在空气中的含量不得超过 0.01mg·L^{-1}。

硫化氢的水溶液叫氢硫酸，它在水中的最大溶解度约为 0.1mol·L^{-1}，氢硫酸是二元弱酸。很多金属能与 H_2S 反应，生成难溶的有色硫化物（见表 11-3）。在分析化学中常根据这一性质，对某些金属元素进行鉴定和分离。

由于硫化氢中的硫为 -2 价，所以不论 H_2S 还是氢硫酸都具有还原性，这是硫化氢的主要化学性质。

表 11-3 金属硫化物

硫化物	K_{sp}	颜色	硫化物	K_{sp}	颜色
Ag_2S	1.6×10^{-49}	黑	Hg_2S	1.0×10^{-45}	黑
CdS	3.6×10^{-29}	黄	MnS	1.4×10^{-15}	肉色
CuS	6×10^{-36}	黑	NiS	3×10^{-21}	黑
FeS	3.7×10^{-19}	黑	ZnS	1.2×10^{-23}	白

(1) H_2S 在空气中可被氧化成 SO_2 或 S。

$$2H_2S+3O_2 \xrightarrow[\text{空气充足}]{\text{燃烧}} 2H_2O+2SO_2\uparrow$$

$$2H_2S+O_2 \xrightarrow[\text{空气不足}]{\text{燃烧}} 2H_2O+2S\downarrow$$

(2) H_2S 与卤素反应生成氢卤酸和硫。

$$H_2S+X_2 = 2HX+S\downarrow \quad \text{（X 代表 Cl、Br、I）}$$

(3) H_2S 与 HNO_3 反应：

$$2HNO_3+3H_2S = 3S\downarrow+2NO\uparrow+4H_2O$$

所以在制取 H_2S 时，不能用 HNO_3 与 FeS 反应。

(4) H_2S 与铁盐反应，能将铁盐还原为亚铁盐。如与 $FeCl_3$ 反应：

$$2FeCl_3+H_2S = 2FeCl_2+2HCl+S\downarrow$$

(5) 硫化氢能与许多金属反应，使金属被腐蚀。如：

$$4Ag+2H_2S+O_2 = 2Ag_2S+2H_2O$$

$$2Ni+2H_2S+O_2 = 2NiS+2H_2O$$

所以精密仪器、设备等绝对不能放置于经常有 H_2S 存在的地方。

硫化氢的制取是用硫化亚铁与稀酸反应，通常实验室制取 H_2S 是用稀盐酸与硫化亚铁在启普发生器中反应。

$$FeS+2HCl = FeCl_2+H_2S\uparrow$$

三、二氧化硫与亚硫酸

1. 二氧化硫

二氧化硫（SO_2）是一种无色有刺激臭味的气体，在空气中 SO_2 含量不准超过 $0.02mg\cdot L^{-1}$，长期接触 SO_2 气体，容易使人丧失食欲，出现大便不通和气管发炎等症状。SO_2 在常压下，$-10℃$ 时可液化，易溶于水，它的水溶液是亚硫酸。

二氧化硫中的硫是 +4 价，它在化学反应中，可以失去电子变为 +6 价的硫，也可以得到电子变为 +2、0、-2 价的硫，因此它既可以作氧化剂，又可以作还原剂。其中作还原剂是它的主要化学性质。SO_2 在作酸性氧化物时，在化学反应中没有发生化合价的变化。例如：

(1) 不变价的反应

$$H_2O+SO_2 = H_2SO_3$$

$$CaO+SO_2 = CaSO_3$$

$$2NaOH+SO_2 = Na_2SO_3+H_2O$$

(2) 作还原剂

$$2SO_2+O_2 = 2SO_3$$

$$3SO_2+2HNO_3+2H_2O = 3H_2SO_4+2NO\uparrow$$

(3) 作氧化剂

$$SO_2 + 2CO = S + 2CO_2\uparrow$$
$$SO_2 + 2H_2S = 2H_2O + 3S\downarrow$$

SO_2 能与一些有机色素发生作用，使色素褪色。但漂白作用不能保持日久，这是因为它与色素生成的化合物很不稳定，时间久了，又会分解而使色素重新显示出颜色。

工业上制取 SO_2，是将硫或硫铁矿在空气中燃烧制得。反应式如下：

$$S + O_2 = SO_2\uparrow$$
$$3FeS_2 + 8O_2 = Fe_3O_4 + 6SO_2\uparrow$$

二氧化硫的主要用途是制造亚硫酸和硫酸。此外它还大量用于制造合成洗涤剂、食物或果品的防腐剂、消毒剂和漂白剂等。

2. 亚硫酸

亚硫酸（H_2SO_3）是中等强度的二元酸。

$$H_2SO_3 \rightleftharpoons H^+ + HSO_3^- \quad K_1 = 1.7 \times 10^{-2}$$
$$HSO_3^- \rightleftharpoons H^+ + SO_3^{2-} \quad K_2 = 5.6 \times 10^{-8}$$

亚硫酸性质极不稳定，只存在于水溶液中，它在空气中能被氧化成 H_2SO_4。

$$2H_2SO_3 + O_2 = 2H_2SO_4$$

亚硫酸具有酸的一切通性。它同 SO_2 一样主要作还原剂，有时也能作氧化剂。

$$H_2SO_3 + Cl_2 + H_2O = H_2SO_4 + 2HCl$$
（还原剂）

$$H_2SO_3 + 2H_2S = 3S\downarrow + 3H_2O$$
（氧化剂）

由于亚硫酸是一种二元酸，因此可生成正盐和酸式盐，其中酸式盐比较常见。亚硫酸盐和亚硫酸同二氧化硫一样，在化学反应中主要是作还原剂；也能与许多有机色素反应，使色素褪色。亚硫酸盐和强酸反应可以放出 SO_2，这是实验室制取少量 SO_2 气体的一种方法。反应式如下：

$$SO_3^{2-} + 2H^+ = H_2O + SO_2\uparrow$$

四、三氧化硫

三氧化硫（SO_3）在低温下是一种丝光状的晶体，熔点 $16.8℃$，沸点 $44.8℃$，在常温下是液体，密度为 $1.92\text{g}\cdot\text{mL}^{-1}$。

三氧化硫极易吸水，其水溶液称为硫酸。它是强氧化剂，可以使磷燃烧，可使碘化物中的碘被氧化成碘单质。反应式如下：

$$5SO_3 + 2P = 5SO_2\uparrow + P_2O_5$$
$$2KI + SO_3 = K_2SO_3 + I_2\downarrow$$

在催化剂的作用下，SO_2 与氧反应可制得三氧化硫：

$$2SO_2 + O_2 \xrightarrow{V_2O_5} 2SO_3$$

三氧化硫是硫酸生产中的间间产物，主要用于生产硫酸。

第四节 硫酸及其盐

一、硫酸

纯硫酸是一种无色油状液体，熔点为 $10℃$。商品硫酸的质量分数约为 98%，密度 $1.84\text{g}\cdot\text{mL}^{-1}$，沸点 $338℃$。

硫酸（H_2SO_4）能以任何比例溶解于水，在溶解时放出大量的热。如果把水倒入浓硫酸中，由于水的密度小，能浮在硫酸的上面。这时放出大量的热，使硫酸溶液局部过热，部分水会急速沸腾变成蒸汽，带着硫酸一起飞溅出来，很容易造成烧伤。因此配制硫酸溶液时，一定要将硫酸倾入水中，并不断地搅拌，切不可把水倾入硫酸中。

由于硫酸具有很强的氧化性和脱水性，它对动植物组织有很强的破坏作用。因此在工作中必须小心，不要将硫酸溅在皮肤或衣物上，一旦发生此事，应立即用大量水冲洗被硫酸接触的部位，然后再用稀氨水和水分别冲洗。

1. 硫酸的化学性质

浓硫酸与稀硫酸不仅在浓度上有差别，在化学性质上也有明显的不同。

（1）稀硫酸具有酸的一切通性　能与活泼金属反应生成盐和氢气，而浓硫酸与金属反应不产生氢气。通常是浓硫酸中的+6价的硫被还原为低价的硫。例如：

$$Zn + H_2SO_4(稀) = ZnSO_4 + H_2\uparrow$$
$$Zn + 2H_2SO_4(浓) = ZnSO_4 + SO_2\uparrow + 2H_2O$$

或
$$3Zn + 4H_2SO_4(浓) = 3ZnSO_4 + S\downarrow + 4H_2O$$
$$4Zn + 5H_2SO_4(浓) = 4ZnSO_4 + H_2S\uparrow + 4H_2O$$

图11-1　硫酸使蔗糖炭化

（2）浓硫酸的脱水反应　浓硫酸不仅能吸收游离状态的水，而且对许多物质能按水的分子组成进行脱水。如对糖的脱水反应见图11-1。反应式表示如下：

$$C_{12}H_{22}O_{11} \xrightarrow[脱水]{浓\ H_2SO_4} 12C + 11H_2O$$

生成的C又继续被H_2SO_4氧化成CO_2，所以有泡沫溢出来。

（3）浓硫酸与非金属反应　浓硫酸不仅能与金属反应，也能氧化一些非金属。例如它与碳反应：

$$C + 2H_2SO_4(浓) = CO_2\uparrow + 2SO_2\uparrow + 2H_2O$$

冷的浓硫酸与铁、铝不反应，这是因为冷的浓H_2SO_4能使铁、铝的表面上生成一种致密的保护膜，保护金属不再与浓H_2SO_4反应，这种现象称为钝化。利用这一性质可用铁、铝的容器贮存浓硫酸。

2. 硫酸的制法和用途

工业上制造硫酸主要是采用接触法，这种方法的特点是在固定床反应器内，以V_2O_5为催化剂，用空气中的氧将SO_2氧化成SO_3，然后用浓H_2SO_4吸收，得到发烟硫酸，最后用稀硫酸稀释得到浓硫酸。现将其主要反应表示如下：

（1）氧化SO_2制取SO_3　把反应生成的SO_2气体经过净化处理后，在450℃左右通入装有V_2O_5催化剂的固定床反应器中氧化制取SO_3。

$$2SO_2 + O_2 = 2SO_3$$

（2）吸收制取浓硫酸　为了防止生成酸雾，不能直接用水吸收SO_3，而必须用浓H_2SO_4吸收，这时制得的是发烟硫酸。

$$H_2SO_4 + xSO_3 = H_2SO_4 \cdot xSO_3$$

最后再用稀H_2SO_4稀释，即得浓硫酸。

$$H_2SO_4 \cdot xSO_3 + xH_2O = (x+1)H_2SO_4$$

硫酸是化工生产中的重要三酸之一。它大量用于制造化肥、有机合成、石油炼制和冶金等工业。

二、硫酸盐

硫酸与金属反应可以生成正盐和酸式盐两种。只有碱金属和铵与硫酸反应能生成两种盐，其他金属与硫酸反应只能生成正盐。硫酸盐大多数是易溶于水的，其中硫酸钡和硫酸钙等溶解度很小，特别是硫酸钡几乎不溶于水，也不溶于酸，因此常利用这一性质检验和分离 SO_4^{2-}。如：

$$Na_2SO_4 + BaCl_2 = BaSO_4\downarrow + 2NaCl$$

$$H_2SO_4 + BaCl_2 = BaSO_4\downarrow + 2HCl$$

硫酸盐一般都带有结晶水，常叫做矾。例如，$CuSO_4·5H_2O$ 叫做胆矾，$FeSO_4·7H_2O$ 叫做绿矾，$ZnSO_4·7H_2O$ 叫做皓矾等。硫酸盐受热分解时，由于盐中的金属离子活泼性不同，分解产物也不同。例如：

$$CuSO_4 \xrightarrow{\triangle} CuO + SO_3\uparrow$$

$$Ag_2SO_4 \xrightarrow{\triangle} Ag_2O + SO_3\uparrow$$

$$2Ag_2O \xrightarrow{\triangle} 4Ag + O_2\uparrow$$

很多硫酸盐都是重要的化工原料。例如，$Al_2(SO_4)_3$ 是净水剂、造纸的填充剂和媒染剂；$CuSO_4·5H_2O$ 是消毒剂和农业的杀虫剂；$FeSO_4·7H_2O$ 是农药和治疗贫血的药剂；$Na_2SO_4·7H_2O$ 是制革及其他工业的重要原料；$ZnSO_4·7H_2O$ 在印染工业中作媒染剂、在颜料工业中制造锌白、在医药上作收敛剂和眼药等。

三、硫代硫酸及其盐

硫代硫酸可以看成是硫酸分子中的一个氧原子被硫取代的产物：

从结构式可以看出，有一个 S 是 -2 价的，所以硫代硫酸及其盐具有还原性，但硫代硫酸是极不稳定的，所以自由的硫代硫酸根本不存在，就是它的酸式盐也不存在。但在碱性溶液中，硫代硫酸根离子是相当稳定的。碱金属的硫代硫酸盐是常见的。一般制取硫代硫酸盐是采用将硫粉溶于加热的亚硫酸盐溶液中的方法。例如硫代硫酸钠的制法：

$$Na_2SO_3 + S = Na_2S_2O_3$$

硫代硫酸盐中，硫代硫酸钠是比较重要的盐，它的俗名叫海波或大苏打。它是照相过程中的定影剂，在分析化学中是碘量法中的重要试剂。

第十二章 氮族元素

1. 了解氮族元素的组成及其在元素周期中的位置,并能应用原子结构理论解释其主要通性。
2. 掌握氨、铵盐的主要性质和用途。
3. 掌握硝酸及硝酸盐的主要性质和用途。
4. 了解磷及磷酸、磷酸盐的主要性质和用途。

第一节 氮族元素及其通性

一、氮族元素

氮族包括氮、磷、砷、锑、铋五种元素,构成了元素周期表中的第ⅤA族(第15纵列)。

氮在地壳中的丰度为0.03%。绝大部分的氮以自由状态的氮气存在于大气中,总量达4×10^{15} t。动植物体中也含有氮。磷在地壳中的丰度为0.04%,主要以磷酸钙矿石[$Ca_3(PO_4)_2$]、磷灰石[$Ca_5F(PO_4)_3$]存在。砷、锑、铋在地壳中的丰度分别为1×10^{-4}%、5×10^{-6}%、2×10^{-6}%。它们常以硫化物存在,如雄黄(As_4S_4)、雌黄(As_2S_3)、辉锑矿(Sb_2S_3)和辉铋矿(Bi_2S_3),还有的以氧化物存在,如信石(As_2O_3)、方锑矿(Sb_2O_3)和铋华(Bi_2O_3)等。

二、氮族元素的通性

氮族元素的原子的最外层电子构型为ns^2np^3,共有5个价电子,因此在化学反应中最高正价为+5,负价为-3,但锑和铋只有正价。这说明氮族元素随着相对原子质量的增加,原子半径增大,使从N至Bi非金属性逐渐减弱,而金属性逐渐增强。所以氮是典型的非金属,铋是典型的金属,而磷的负价化合物开始出现不稳定,砷具有两性。氮族元素的原子结构和单质性质见表12-1。

表12-1 氮族元素的原子结构和单质性质

性 质	氮(N)	磷(P)	砷(As)	锑(Sb)	铋(Bi)
原子序数	7	15	33	51	83
最外层电子构型	$2s^22p^3$	$3s^23p^3$	$4s^24p^3$	$5s^25p^3$	$6s^26p^3$
主要化合价	-3,0,+1,+2,+3,+4,+5	-3,0,+3,+5	-3,+3,+5	+3,+5	+3,+5
电负性	3.0	2.2	2.2	2.1	2.0
熔点/℃	-210	44.1(白磷)	814.5	630.5	271
沸点/℃	-196	280.5(白磷)	610(升华)	1380	1450
-3价离子半径/pm	171	212	222	245	—
+5价离子半径/pm	11	34	47	62	74

氮族元素由于最外层电子是半充满状态,比较稳定,因此在化学反应过程中不易形成离子键。例如NH_3相当稳定,其水溶液不能解离出H^+和N^{3-},反而显碱性,能与酸反应生成盐。本章只讨论氮和磷两种元素。

第二节 氮及其化合物

一、氮

氮气是一种无色无臭的气体,在标准状态下的密度为 $1.25g·L^{-1}$,比空气稍轻。空气中五分之四的体积都是氮气,因此空气是氮气的主要来源。以化合状态存在的氮,在无机化合物中是硝酸盐,在有机化合物中是蛋白质。

由于单质氮(N_2)在常态下性质比较稳定,人们以此认为氮(N_2)是化学性质不活泼的元素。实际上氮(N_2)也有很大的活泼性,电负性为3,仅次于O和Cl,因此它能和很多元素相化合。

① 在高温和催化剂存在下,氮可以与各种金属反应生成氮化物。例如氮与镁反应生成氮化镁:
$$3Mg+N_2 = Mg_3N_2$$

② 在高温、高压和催化剂存在下,氮与氢反应生成氨:
$$N_2+3H_2 \rightleftharpoons 2NH_3$$

③ 在放电条件下,氮与氧反应生成一氧化氮:
$$N_2+O_2 = 2NO$$
在电力发达的国家,这个反应已应用于生产硝酸。

氮与氧反应除了生成一氧化氮(NO)外,在其他条件下还能生成一氧化二氮(N_2O)、二氧化氮(NO_2)、三氧化二氮(N_2O_3)和五氧化二氮(N_2O_5),这些氧化物中氮的化合价分别为+1、+4、+3和+5,NO中的氮的化合价为+2。

氮(N_2)在工业上,主要由液化空气制得。在实验室中制取少量氮气可以利用 NH_4Cl 与 $NaNO_2$ 饱和溶液反应来制得:
$$NH_4Cl+NaNO_2 = NaCl+NH_4NO_2$$
$$NH_4NO_2 \xrightarrow{煮沸} N_2\uparrow+2H_2O$$

二、氮的化合物

1. 氨

氨是无色有刺激性气味的气体,比空气轻,沸点 $-33℃$,熔点 $-78℃$,很易液化(常温下 $800kPa$ 左右或常压下 $-34℃$)。氨在水中的溶解度很大,在 $0℃$ 时每1体积水能溶解1200体积的氨,其水溶液称为氨水,一般商品氨水的密度为 $0.91g·mL^{-1}$,含 NH_3 25%(质量分数)左右。氨对人的神经系统有刺激作用,它可以使昏迷的人恢复知觉,但吸多了会使人中毒。

(1) 氨的化学性质

① 氨的水溶液呈碱性,有下列平衡关系:
$$NH_3+H_2O \rightleftharpoons NH_4^+ +OH^-$$
因此,氨的水溶液具有碱的一切通性,如使石蕊变蓝,与酸反应生成盐和水。

② 氨与氧反应,氨在空气中不能燃烧,但在纯氧中可以燃烧生成 N_2 和 H_2O:
$$4NH_3+3O_2 = 2N_2\uparrow+6H_2O$$
在铂催化剂存在时,氨与空气中的氧在高温下发生氧化反应,生成NO:
$$4NH_3+5O_2 \xrightarrow[高温]{Pt} 4NO+6H_2O$$

这个反应是工业上氨氧化制取硝酸的基本反应。

(2) 氨的用途和制法　氨是现代化学工业的重要产品之一，它的用途十分广泛，在肥料生产中可以制各种铵盐和尿素，氨氧化可以制取硝酸，在合成纤维和医药工业中也大量用氨。由于氨的汽化热很大，又容易液化，是冷冻过程中的吸热介质。

氨的工业制法是在高压、高温及有催化剂的存在下直接用氮与氢反应生成NH_3。在实验室中制取少量氨，可用加热氨水或用碱分解铵盐来制取，如用$Ca(OH)_2$与NH_4Cl反应制取NH_3：

$$2NH_4Cl + Ca(OH)_2 = CaCl_2 + 2NH_3\uparrow + 2H_2O$$

2. 铵盐

氨与酸反应，生成的盐叫铵盐。铵盐是由铵离子（NH_4^+）和酸根离子组成的化合物。

铵盐都是晶体，易溶于水。铵盐加热能分解为氨和酸（硝酸铵除外），但在加热分解时，与组成铵盐的酸的挥发程度有关。一般是由挥发性酸组成的铵盐，加热分解时，氨与酸一齐挥发，遇冷时又可重新生成铵盐。例如加热分解NH_4Cl：

$$NH_4Cl \underset{\text{冷却}}{\overset{\triangle}{\rightleftharpoons}} NH_3\uparrow + HCl\uparrow$$

由不挥发性酸组成的铵盐，加热分解时，只是NH_3挥发，而酸或酸式的铵盐留在容器内。例如：

$$(NH_4)_2SO_4 \overset{\triangle}{=\!=\!=} NH_3\uparrow + NH_4HSO_4$$

$$(NH_4)_3PO_4 \overset{\triangle}{=\!=\!=} 3NH_3\uparrow + H_3PO_4$$

如果铵盐中的酸属于强氧化性酸，则分解产生的NH_3又被酸氧化成N_2或N_2O。例如：

$$NH_4NO_2 \overset{\triangle}{=\!=\!=} N_2\uparrow + 2H_2O$$

$$NH_4NO_3 \overset{\triangle}{=\!=\!=} N_2O\uparrow + 2H_2O$$

铵盐与强碱反应生成氨气：

$$NH_4^+ + OH^- = NH_3\uparrow + H_2O$$

常利用这一反应检验铵离子的存在。

铵盐之中最重要的是$(NH_4)_2SO_4$、NH_4NO_3和NH_4Cl，它们不仅可以作农业的肥料，在工业中也有重要的用途，例如，硝酸铵是制造炸药的原料，氯化铵在印染和干电池制造等方面都大量使用。

第三节　硝酸及其硝酸盐

一、硝酸

纯硝酸是无色液体，密度$1.53 g \cdot mL^{-1}$，熔点$-41℃$，沸点$86℃$。由于浓硝酸中溶有NO_2，使硝酸呈红棕色，遇到水蒸气形成烟雾，故也叫发烟硝酸［86%（质量分数）以上］。

1. 硝酸的化学性质

硝酸除了具有酸的一般通性外，还有如下主要性质。

(1) 不稳定性　浓硝酸在加热或被光照射时，能发生部分分解：

$$4HNO_3 = 4NO_2\uparrow + O_2\uparrow + 2H_2O$$

如果将一小块木炭烧红，放在一个正加热浓硝酸的试管管口，木炭会发生猛烈的燃烧，这个现象证明浓硝酸加热分解过程中确实有氧气出现。

为了防止硝酸分解,一般都是用棕色玻璃瓶装硝酸,并放在暗处。

(2) 硝酸与金属反应　金属与硝酸作用,不论硝酸的浓度如何,都不能产生氢气,但随着金属的活泼性和硝酸的浓度不同,反应产物也不同,情况比较复杂。具体反应如下:

$$Cu + 4H\overset{+5}{N}O_3(浓) = Cu(NO_3)_2 + 2\overset{+4}{N}O_2\uparrow + 2H_2O$$

$$3Cu + 8H\overset{+5}{N}O_3(稀) = 3Cu(NO_3)_2 + 2\overset{+2}{N}O\uparrow + 4H_2O$$

$$4Zn + 10H\overset{+5}{N}O_3(极稀) = 4Zn(NO_3)_2 + \overset{-3}{N}H_4NO_3 + 3H_2O$$

从以上硝酸的氧化还原反应可以看出,氮的化合价降低与硝酸的浓度有关,硝酸浓度越稀,氮的化合价下降得越多(在一定范围内)。但这并不意味着硝酸浓度越稀,硝酸的氧化性越强。实际上是硝酸浓度越稀,氧化性越弱。

(3) 浓硝酸与铁、铝反应会使其金属表面钝化　工业上常利用这一性质,对铝制品进行表面钝化处理,例如,日用铝制品都是经过硝酸钝化处理过的,以达到防腐的作用。

(4) 硝酸与盐酸生成"王水"　硝酸与盐酸物质的量比为1:3的混合液叫王水。它是一种比硝酸更强的氧化剂,能溶解金(Au)和铂(Pt)。

2. 硝酸的制法和用途

现代工业上制取硝酸的主要方法是用氨直接氧化制取。现将主要反应过程介绍如下。

(1) 氧化 NH_3 制取 NO　将氨与空气的混合物通过由铂、铑合金制成的网(作催化剂),温度在800℃时,使 NH_3 氧化生成NO:

$$4NH_3 + 5O_2 = 4NO\uparrow + 6H_2O$$

(2) NO 氧化制取 NO_2　把生成的 NO 气体经净化处理后,在加压下,用空气氧化NO,而变成 NO_2:

$$2NO + O_2 = 2NO_2$$

(3) 用水吸收 NO_2 制取 HNO_3:

$$3NO_2 + H_2O = 2HNO_3 + NO\uparrow$$

反应生成的 NO 可循环使用。这种方法制成的硝酸纯度只有50%～55%(质量分数),用直接蒸发的办法也只能得到68%的硝酸。为了制取浓硝酸可用浓硫酸脱水,这样就可得到96%～98%的发烟硝酸。

近来也有用液体的 N_2O_4 和 H_2O 混合,在高压下通入氧气制取浓硝酸的办法。反应式如下:

$$2N_2O_4 + 2H_2O + O_2 = 4HNO_3$$

硝酸是化工生产中的三酸之一,也是化工生产中的重要产品和原料,很多工业生产都要用到硝酸,如军工生产的炸药、民用的染料、农业的化肥等。

二、硝酸盐

大多数的硝酸盐都是易溶于水的晶体。硝酸盐的热稳定性较差,受热分解都能放出氧气,但随着组成盐的金属原子的活泼性不同,分解产物也不同。例如:

活泼金属的硝酸盐(在金属活动顺序表中 Mg 以前的金属),受热分解放出氧气,并生成亚硝酸盐。例如:

$$2NaNO_3 \xrightarrow{\triangle} 2NaNO_2 + O_2\uparrow$$

较活泼金属的硝酸盐(Mg～Cu 之间),受热分解放出氧气、二氧化氮,并生成金属氧化物。例如：

$$2Pb(NO_3)_2 \xrightarrow{\triangle} 2PbO + 4NO_2 \uparrow + O_2 \uparrow$$

不活泼金属的硝酸盐，受热分解，放出氧气、二氧化氮，并得到金属单质。例如：

$$2AgNO_3 \xrightarrow{\triangle} 2Ag \downarrow + 2NO_2 \uparrow + O_2 \uparrow$$

从分解反应式中可以看出，所有的硝酸盐受热分解都放出氧气，因此硝酸盐是一种强氧化剂。加之固体硝酸盐的热稳定性较差，故硝酸盐可以用于制造各种炸药。硝酸盐的水溶液无氧化性，只有在酸性介质中才有氧化性。

第四节 磷、磷酸及其磷酸盐

一、磷

1. 磷的同素异形体

磷有几种同素异形体，其中主要的有白磷（也叫黄磷）和红磷（也叫赤磷）两种。它们的物理性质和化学性质有明显不同（见表12-2）。

表 12-2 白磷与红磷性质的比较

性　质	白　磷	红　磷
颜色、状态	无色蜡状物质	深红色粉末
嗅味	大蒜味	无臭
溶解性	不溶于水，易溶于CS_2	既不溶于水，又不溶于CS_2
熔点/℃	44	—
沸点/℃	281	416(升华)
着火点/℃	40	240
发光性	在暗处发光	不发光
毒性	剧毒，致死量0.1g	无毒
相互转变	白磷 $\underset{\text{加热至416℃以上,急冷}}{\overset{\text{加热到280～340℃}}{\rightleftharpoons}}$ 红磷	

从表12-2中数据可以看出白磷比红磷性质活泼，易燃。例如，把用白磷CS_2溶液浸润的滤纸，用吹风机吹至40℃左右，滤纸就能自燃。这种性质的差异原因，主要与它们的分子结构有关。

虽然白磷和红磷的物理性质不同，但化学性质是一样的，因此，在化学反应中，仍以P为代表。

2. 磷的化学性质

(1) 磷与氧反应生成磷的氧化物　磷在常温下与氧反应很慢，在高温时能发生燃烧反应，在氧气不足的条件下生成三氧化二磷，在氧气充足时，生成五氧化二磷。

$$4P + 3O_2 \xrightarrow{\text{氧气不足}} 2P_2O_3$$

P_2O_3不稳定，继续被氧化变成P_2O_5：

$$P_2O_3 + O_2 = P_2O_5$$

或磷在充足氧气中燃烧也能生成P_2O_5。

五氧化二磷是白色粉末，熔点420℃，但在300℃升华。有很强的吸水性，与水作用可生成磷酸，因此P_2O_5又叫做磷酸酐。

(2) 磷与氯反应生成磷的氯化物　磷与氯化合可生成两种磷化物：

$$2P + 3Cl_2 =\!=\!= 2PCl_3$$
$$2P + 5Cl_2 =\!=\!= 2PCl_5$$

三氯化磷和五氯化磷都是有机合成工业中的重要原料，利用它们可以在有机化合物中引进氯原子。

（3）磷与金属反应生成磷化物：
$$3Zn + 2P =\!=\!= Zn_3P_2$$
$$3Ca + 2P =\!=\!= Ca_3P_2$$

磷化锌是一种有效的杀鼠剂，多应用于粮仓中。磷化钙遇水能分解出磷化氢：
$$Ca_3P_2 + 6H_2O =\!=\!= 3Ca(OH)_2 + 2PH_3\uparrow$$

磷的氢化物，基本上不能用磷与氢直接化合，因此磷的氢化物都是间接制取的。磷的氢化物主要有 PH_3 和 P_2H_4 两种。PH_3 是一种极毒的无色有恶臭的气体，P_2H_4 具有自燃的性质。由于人体骨骼的主要成分是 Ca_3P_2，因此尸体里能产生 PH_3 和少量 P_2H_4，有时在空气中会发生自燃，墓地里常出现的淡蓝色火，就是它在自燃，绝对不是"鬼火"。

3. 磷的制法和用途

磷的工业制法，主要是将磷酸钙、砂和炭粉混合在一起，在电炉中焙烧制得。反应式如下：
$$Ca_3(PO_4)_2 + 3SiO_2 + 5C =\!=\!= 3CaSiO_3 + 2P + 5CO\uparrow$$

将生成的磷的蒸气通入到水面下就得到凝固的白磷。

磷的主要用途是用于制造火柴、军用的烟幕剂和高效的农药。磷在人体中起重要的作用，人的脑、血液及骨骼组织中都含有磷。一些复杂磷的化合物是神经系统中的营养剂，所以磷元素被人们称为生活和思维的元素。

二、磷酸及其盐

磷的含氧酸中以磷酸最为稳定。P_2O_5 与水作用时，根据与反应水的分子数目不同，可以生成以下几种主要磷的含氧酸。

1. 正磷酸（H_3PO_4）
$$P_2O_5 + 3H_2O =\!=\!= 2H_3PO_4$$

正磷酸简称磷酸，无色晶体，熔点 42.3℃。它与水可以任意比例混合。商品磷酸一般质量分数为 98%。磷酸是中强的三元酸。

2. 焦磷酸（$H_4P_2O_7$）
$$P_2O_5 + 2H_2O =\!=\!= H_4P_2O_7$$

纯净的焦磷酸是无色玻璃状物质，易溶于水，它与硝酸银反应生成白色的沉淀，而正磷酸是黄色沉淀，以此可以互相区别。在冷水中焦磷酸能慢慢地转化为正磷酸，在加热或有硝酸存在下，这种转化更快。焦磷酸是四元酸，酸性比正磷酸强。焦磷酸可以看成是两分子正磷酸脱掉一分子水而生成的产物。

$$\underset{\underset{OH}{|}}{\overset{\overset{O}{\uparrow}}{HO-P-\boxed{OH + H}}}\ \underset{\underset{OH}{|}}{\overset{\overset{O}{\uparrow}}{O-P-OH}} \xrightarrow{-H_2O} \underset{\underset{OH}{|}}{\overset{\overset{O}{\uparrow}}{HO-P-O}}\underset{\underset{OH}{|}}{\overset{\overset{O}{\uparrow}}{-P-OH}} + H_2O$$

这种反应叫磷酸的缩合反应。一般来说，磷酸的缩合程度越大，酸性越强。

3. 偏磷酸（HPO_3）
$$P_2O_5 + H_2O =\!=\!= 2HPO_3$$

偏磷酸也可以看成是磷酸分子内的脱水而得到的产物：

$$H_3PO_4 \xrightarrow{-H_2O} HPO_3 + H_2O$$

纯净的偏磷酸是硬而透明的玻璃状物质，易溶于水，其水溶液的酸性与焦磷酸相似。它与硝酸银反应生成白色沉淀，但它又能使蛋白质产生白色沉淀，这是区别于焦磷酸的主要特征。偏磷酸的水溶液能自动地使偏磷酸变成正磷酸，在加热或有硝酸存在下这种转化更快。这一点与焦磷酸相似。

磷的含氧酸盐的种类比较多，其中以磷酸盐为重要。磷酸盐有三种类型：

酸式盐	NaH_2PO_4	磷酸二氢钠
	Na_2HPO_4	磷酸氢二钠
正　盐	Na_3PO_4	磷酸钠

磷酸盐中，大多数磷酸二氢盐易溶于水，而磷酸氢盐和正盐（除钠、钾和铵盐外）一般都难溶于水。农作物所能直接吸收利用的只是可溶性磷酸盐。因此，化学工业制造磷肥的目的，就是加工磷矿石，使难溶于水的磷矿石转化为较易溶于水（或弱酸）的酸式磷酸盐。例如，使磷酸钙转化为磷酸二氢钙，以利于农作物吸收。常用的磷肥是过磷酸钙，它是由磷灰石和适量的硫酸反应而制得的。

$$Ca_3(PO_4)_2 + 2H_2SO_4 \xrightarrow{\triangle} Ca(H_2PO_4)_2 + 2CaSO_4$$

过磷酸钙（简称普钙）是磷酸二氢钙和硫酸钙的混合物，它的有效成分是磷酸二氢钙。

如果用磷酸代替硫酸跟磷矿粉起反应，可以制得重过磷酸钙（简称重钙）。

$$Ca_3(PO_4)_2 + 4H_3PO_4 = 3Ca(H_2PO_4)_2$$

第十三章 碳族元素

1. 了解碳族元素的组成及其在元素周期表中的位置,并能应用原子结构理论解释其主要通性。
2. 了解碳及其主要化合物的性质和用途。
3. 了解硅、锗、锡、铅的主要性质和用途。
4. 理解铅蓄电池充电放电反应式的含义。

第一节 碳族元素及其通性

一、碳族元素

碳族元素包括碳、硅、锗、锡、铅五种元素,构成了元素周期表中第ⅣA族(第14纵列)。其中碳和硅是非金属元素,其余是金属元素。

碳在地壳中的丰度为0.14%,这个数目虽然不大,但它分布很广,在煤炭、石油、天然气、植物、动物、石灰石以及空气中都有碳存在。在自然界中碳以单质状态存在的有金刚石和石墨。

硅在地壳中的丰度为16.7%,以质量计算约占地壳的四分之一,仅次于氧的含量。硅在自然界都是以化合物状态存在的,主要化合物有:二氧化硅和各种硅酸盐。二氧化硅和天然的硅酸盐是构成各种岩石的主要成分。

锗、锡、铅在地壳中的分布量分别为 $2\times10^{-4}\%$、$6\times10^{-4}\%$ 和 $1\times10^{-4}\%$。

二、碳族元素的通性

碳族元素的原子最外层电子构型为 ns^2np^2,共有4个价电子,即最高正化合价为+4(碳还能形成负价)。碳族元素从碳到铅,非金属性减弱,而金属性增强。例如:

$$\begin{array}{ccccc} CO_2 & SiO_2 & GeO_2 & SnO_2 & PbO_2 \\ H_2CO_3 & H_2SiO_3 & Ge(OH)_2 & Sn(OH)_2 & Pb(OH)_2 \end{array}$$

$\longleftarrow$ 酸性增强

碳是非金属。硅的外观像金属,但化学性质却显示出更多的非金属性。锗兼有金属性和非金属性(常称类金属或半金属),但金属性强于非金属性。锡和铅则是较典型的金属。

碳族元素的原子结构和单质的性质见表13-1。

表13-1 碳族元素的原子结构和单质的性质

性质	碳(C)	硅(Si)	锗(Ge)	锡(Sn)	铅(Pb)
原子序数	6	14	32	50	82
最外层电子构型	$2s^22p^2$	$3s^23p^2$	$4s^24p^2$	$5s^25p^2$	$6s^26p^2$
主要化合价	+4,+2,-4,-2	+4(+2)	+4,+2	+4,+2	+2(+4)
电负性	2.6	1.9	2.0	1.9	2.1
熔点/℃	3570	1414	958.5	231.2	327.5
沸点/℃	—	2355	2700	2362	1755
原子半径/pm	77	117	122	140	146
+4价离子半径/pm	15	41	53	71	84

第二节 碳及其化合物

一、碳

碳的单质有三种同素异形体：金刚石、石墨和无定形碳（从微粒晶型看仍属于石墨晶型，由于晶粒太小，人眼看不清楚，给人以无形的感觉）。

关于金刚石和石墨的结构、性质在第八章已介绍过，在此不再赘述。

无定形碳包括焦炭、木炭、活性炭和炭黑等，它们都是化工生产中的重要燃料和原料。现简要介绍活性炭。

活性炭由于具有很大的比表面积，因此有很强的吸附能力，是化工生产中常用的吸附剂。

吸附剂吸附能力的大小，主要与吸附剂本身的物理化学性质和被吸附物质的分子结构及其性质有关。例如，同一种吸附剂对不同物质的吸附能力相差很大，也就是说吸附作用是有选择性地进行的。利用这一性质，可以使多种物质通过吸附剂的选择性吸附，达到对某种物质的分离。例如，制糖工业和甘油的生产过程中，用活性炭进行脱色、脱臭，就是利用活性炭对色素和臭味的选择性吸附，从而把它们分离除去。

活性炭还可以用于制造催化剂的载体。其作载体的作用机理比较复杂，但主要作用还是吸附。

二、碳的重要化合物

碳的重要化合物主要介绍以下几种。

1. 碳化物

在常温下，碳是一种不很活泼的元素，但在高温时能与许多物质发生反应，生成碳化物。例如，焦炭与石灰石在电炉中熔烧制取电石（CaC_2）：

$$CaO + 3C = CaC_2 + CO\uparrow$$

纯的 CaC_2 是无色晶体，但工业品中因含有游离的碳及其他杂质而呈灰色。

电石的主要用途是制造乙炔：

$$CaC_2 + 2H_2O = C_2H_2\uparrow + Ca(OH)_2$$

乙炔主要用于金属焊接、矿井照明和基本有机合成等方面。

碳在高温时，还能与硫的蒸气反应生成二硫化碳：

$$C + 2S = CS_2$$

纯的二硫化碳是一种无色、有特殊臭味的液体。它的蒸气有毒，易燃，因此使用 CS_2 时应在通风橱内进行，并远离火源。二硫化碳是油脂类的良好溶剂，也可作杀虫剂。

二硫化碳与氯反应生成四氯化碳：

$$CS_2 + 2Cl_2 = CCl_4 + 2S$$

四氯化碳是无色的液体，不能燃烧，是良好的灭火剂。

焦炭与二氧化硅在电炉中熔烧制得碳化硅：

$$SiO_2 + 3C = SiC + 2CO\uparrow$$

碳化硅是人们熟知的金刚砂，是制作砂轮、磨石的原料。

2. 碳的氧化物

碳的氧化物有两种：CO 和 CO_2。一氧化碳是碳在不充足的氧气中燃烧而产生的。

一氧化碳是无色的气体，它是化工生产、冶金工业中常用的还原剂，也是基本有机合成工业中的重要原料。例如：

$$Fe_2O_3 + 3CO \xrightarrow{\text{高温}} 2Fe + 3CO_2$$

在合成氨的过程中，利用 CO 与水蒸气反应生成 H_2 和 CO_2：

$$CO + H_2O = CO_2 + H_2$$

应当特别注意，CO 气体对人的生理中毒作用是非常严重的，当空气中含有 0.006％（体积分数）的 CO 时，就会中毒；空气中只要有 0.125％（体积分数）的 CO 就能使人在半小时内死亡。

一氧化碳中毒的原因，是由于 CO 被吸入体内后，和人体内的血液中的血红蛋白结合，使血红蛋白丧失运输氧气的功能，从而造成全体组织缺氧，而人体的中枢神经系统对缺氧最敏感，开始使人感到头昏，严重时使人窒息死亡。因此，对 CO 中毒的病人，一定要迅速送到空气流通的地方或输入氧气，这样可使中毒患者得到抢救。

二氧化碳也是无色的气体。工业上常将它加压变成液态二氧化碳，贮存在钢瓶中使用或运输。液态二氧化碳在自由蒸发时，一部分可冷凝成雪花状的固体，叫做干冰。干冰是一种很好的低温制冷剂，最低温度可达 $-77\,℃$，在实验室工作中可作低温冷浴。

二氧化碳虽不是有毒气体，但如果空气中含量超过 10％（体积分数），也会使人窒息死亡。

二氧化碳在食品、饮料、化肥、纯碱等方面大量使用，另外也是目前大量使用的灭火剂。

3. 碳酸和碳酸盐

二氧化碳溶于水后，可以得到碳酸水溶液。纯碳酸是很不稳定的，至今尚未分离出纯的碳酸。碳酸是很弱的二元酸，分步解离如下：

$$H_2CO_3 \rightleftharpoons H^+ + HCO_3^- \quad K_1 = 4.2 \times 10^{-7}$$

$$HCO_3^- \rightleftharpoons H^+ + CO_3^{2-} \quad K_2 = 4.8 \times 10^{-11}$$

碳酸盐有正盐和酸式盐两种。铵、钾、钠的碳酸盐都是易溶于水的，而且水溶液显碱性，故 Na_2CO_3 有纯碱之称。其他碳酸盐均难溶于水。一般酸式盐比相应的碳酸盐有较大的溶解度。一切碳酸盐与酸反应都能生成 CO_2 和水，这是碳酸盐的共同特征，以此可以区别其他盐。碳酸盐的热稳定性一般较差，但随金属离子半径的增大而热稳定性增强。例如从碱土金属的碳酸盐的分解温度可以看出：

	$MgCO_3$	$CaCO_3$	$SrCO_3$	$BaCO_3$
分解温度/℃	600	900	1290	1360

→ 热稳定性增强

一般来说，碳酸氢盐的热稳定性比相应的碳酸盐弱。例如：

$$2NaHCO_3 \xrightarrow{150\,℃} Na_2CO_3 + H_2O + CO_2 \uparrow$$

$$Na_2CO_3 \xrightarrow{\text{灼烧}} Na_2O + CO_2 \uparrow$$

碳酸盐中比较重要的是 Na_2CO_3、K_2CO_3、$MgCO_3$ 和 $CaCO_3$，它们都是化工、冶金、硅酸盐工业和建筑工业的重要原料。下面简要介绍一下碳酸钠。

碳酸钠（俗名纯碱或苏打）是化工生产中的重要三酸二碱之一。

纯碱的生产一般采用氨碱法和联合制碱法。下面主要介绍氨碱法，它的基本原料是石灰石和食盐，而氨是循环使用的媒介物，其主要化学反应如下。

(1) 煅烧石灰石制取 CO_2 气体：

$$CaCO_3 \xrightarrow{煅烧} CaO + CO_2\uparrow$$

(2) 制取碳酸氢钠　将氨和二氧化碳气通入饱和食盐水溶液生成 $NaHCO_3$：

$$NH_3 + CO_2 + H_2O + NaCl == NaHCO_3 + NH_4Cl$$

(3) 分解碳酸氢钠制取碳酸钠：

$$2NaHCO_3 == Na_2CO_3 + CO_2\uparrow + H_2O$$

(4) 回收氨　在分离出碳酸氢钠的母液中，加入石灰乳回收氨：

$$2NH_4Cl + Ca(OH)_2 == CaCl_2 + 2NH_3\uparrow + 2H_2O$$

石灰乳是用第（1）步制取 CO_2 气体时生成的 CaO 与 H_2O 反应制得的。

这个方法的缺点是有大量 $NaCl$ 转变为 $CaCl_2$，成为生产中的废料，日久天长，就成为工厂的累赘。

对氨碱法存在的上述缺点，经我国已故制碱专家侯德榜苦心钻研，成功地改进了氨碱法，后来被称为侯氏联合制碱法。

侯氏联合制碱法的特点是不用石灰乳，不生成废物氯化钙，从而提高了氯化钠的利用率，降低了生产纯碱的成本。特别是在不用盐酸的情况下能生产出 NH_4Cl，也就是说在制碱的同时，还得到了化肥，这是侯氏联合制碱法的显著经济效益。

侯氏联合制碱法的化学反应过程前几步同氨碱法一样，只是对回收氨的反应过程进行了改进，即在分离出 $NaHCO_3$ 的母液中，不加石灰乳，而通入氨气和加少量的 $NaCl$，应用同离子效应的原理，使氯化铵以结晶状态析出，从而得出大量 NH_4Cl。反应过程可表示如下：母液中含有 NH_4Cl 但只是未饱和溶液，$NH_4Cl == NH_4^+ + Cl^-$，当加入 NH_3 后与 H_2O 发生 $NH_3 + H_2O \rightleftharpoons NH_4^+ + OH^-$，再加入 $NaCl$ 则 $NaCl == Na^+ + Cl^-$，此时溶液中的 $[NH_4^+]$ 和 $[Cl^-]$ 早达到过饱和状态，因此开始有大量 NH_4Cl 晶体析出。

第三节　硅、锗、锡、铅及其化合物

一、硅及其化合物

1. 硅

单质硅是晶体，结构类似金刚石，能刻划玻璃，性质脆，呈灰黑色，有金属光泽。在低温下单质硅不活泼，与水、空气和酸（氢氟酸除外）均无作用，但能与强碱反应。在高温下能与空气中的氧燃烧生成二氧化硅。反应式如下：

$$2NaOH + Si + H_2O == Na_2SiO_3 + 2H_2\uparrow$$

$$Si + O_2 \xrightarrow{高温} SiO_2$$

晶体硅分单晶硅和多晶硅两种。其中单晶硅是一种良好的半导体材料，半导体材料的性能优劣与单晶硅含杂质的种类和数量有很大关系，即使含有十万万分之一的有害杂质，对半导体器件性能的影响也是很大的。因此对半导体材料单晶硅的纯度要求特别高，一般都必须保证纯度在 99.9999%（质量分数），特殊情况必须保证纯度达 99.999999%（质量分数）才能满足产品性能的要求，因此生产高纯度的单晶硅，对发展我国的尖端科学技术及现代化国防建设的重要作用是不言而喻的。

2. 硅的重要化合物

（1）二氧化硅（SiO_2）　二氧化硅也叫硅石，在自然界中石英是常见的一种二氧化硅晶体。纯净的二氧化硅是无色透明的，叫水晶。含有微量杂质的水晶，常常带有各种颜色，如紫色水晶、茶色水晶等。

石英在1600℃熔化变成无色透明的液体，经冷却以后得到玻璃状的透明体——石英玻璃，它有特殊的耐高温性能，而且热膨胀系数也小，即烧红后，急速投到冷水里也不会破裂，因此它是制造化学仪器的最好材料。又因它有良好的透过紫外线性能，所以又是医学上制造水银灯和其他光学仪器的重要材料。

SiO_2是酸性氧化物，但不溶解于水，因此H_2SiO_3不是SiO_2的水化物。

SiO_2与碱性氧化物或碱反应生成硅酸盐：

$$SiO_2 + 2NaOH = Na_2SiO_3 + H_2O$$

硅酸钠（Na_2SiO_3）俗名水玻璃，不怕火，是很好的防火材料。又由于它有一定的黏合力，还可作黏合剂。在肥皂工业中，常用它作填充剂。

（2）硅酸 硅酸有几种存在形式：偏硅酸（H_2SiO_3）、正硅酸（H_4SiO_4）及二偏硅酸（$H_2Si_2O_5$）等。但其中最简单的是H_2SiO_3，所以常以H_2SiO_3代表硅酸。硅酸的制取只能用硅酸盐与酸反应制取。例如：

$$Na_2SiO_3 + 2HCl = 2NaCl + H_2SiO_3$$

它是很弱的二元酸（$K_1 = 3 \times 10^{-10}$，$K_2 = 2 \times 10^{-12}$）。

硅酸在水中溶解度不大，但在水中可以形成胶体，即硅酸溶胶。在稀的硅酸溶胶内加入电解质，可生成硅酸凝胶。

根据硅酸能形成凝胶的性质，可用它的可溶性盐Na_2SiO_3与酸混合（实际是生成H_2SiO_3）制得硅胶。硅胶是一种很好的干燥剂。为了表示吸水的情况，可将硅胶用$CoCl_2$溶液润泡，然后干燥，即所谓变色硅胶。因无水时$CoCl_2$为蓝色，吸水后变成$CoCl_2 \cdot 6H_2O$时显红色，表示再不能吸水了。这时经干燥后，又变为蓝色，可重新使用。

3. 分子筛

分子筛由于具有筛选分子的性能，所以称为分子筛。天然的沸石就是一种分子筛。沸石的主要成分是硅酸盐，具有立体骨架结构。当把沸石经过一定的方法处理后，它就能形成许多内表面积很大的空穴和与空穴相互贯通的一些微型孔道。这许多的空穴和微型孔道造成了沸石具有很大的比表面积，一般是$800 \sim 1000 m^2 \cdot g^{-1}$，因此沸石具有相当大的吸附能力。沸石具有的筛选分子的性能是通过吸附作用表现出来的，即把分子直径比分子筛的孔径小的某些分子吸附在其内表面积上，而分子直径大于孔径的不被吸附，以此起到筛选分子的作用。

由于科学技术的发展，天然的分子筛已经不能满足需要，于是人们开始制造各种类型的分子筛（见表13-2）。

表13-2 A型和X型分子筛的型号与性能举例

分子筛类型		孔径/nm	组　成	可被吸附的分子举例
A型	3A（钾A型）	约0.3	$0.75K_2O \cdot 0.25Na_2O \cdot Al_2O_3 \cdot 2SiO_2$	H_2、N_2、O_2、Ar、CO、CO_2、H_2O、NH_3等
	4A（钠A型）	约0.4	$Na_2O \cdot Al_2O_3 \cdot 2SiO_2$	H_2S、SO_2、CH_4、甲醇、乙烷等以及3A分子筛能吸附的分子
	5A（钙A型）	约0.5	$CaO \cdot Al_2O_3 \cdot 2SiO_2$	正丁醇和高级醇、丙烷等有机物，以及3A、4A分子筛能吸附的分子
X型	10X（钙X型）	约0.8	$CaO \cdot Al_2O_3 \cdot (2 \sim 3) SiO_2$	正丁烷、苯等分子，大于0.5nm但小于0.9nm的物质，也可吸附较小的分子
	13X（钠X型）	约1.0	$Na_2O \cdot Al_2O_3 \cdot (2 \sim 3) SiO_2$	分子在0.9～1.0nm之间的物质，也可吸附较小的分子

分子筛的用途十分广泛，由于分子筛对水和其他极性分子有吸附能力，而且又易再生重复使用，故大量用作干燥剂和吸附剂。例如在半导体生产中，氢气中的微量水分就是用分子筛作干燥剂进行吸水的。由于组成分子筛的阳离子可以和溶液中的某些阳离子发生交换作用，故可作阳离子交换剂，例如可作硬水软化处理过程中的阳离子交换剂。此外，某些分子筛还可作石油催化裂化的催化剂。5A型分子筛能从空气中筛分氧气，利用这种办法得到的氧气对炼铁、炼钢等都有很大的经济意义。

近年来，一些难以保存的危险药品，可以吸附在分子筛上以便保存和运输，国防工业利用分子筛提取铀，各种新的用途也越来越多，已涉及各个部门。

二、锗、锡、铅

锗、锡、铅是碳族元素中具有金属性的三种元素，也称为锗分族。它们在化学反应中以+2价和+4价两种状态存在于化合物中。对于锡和铅来说，铅的+2价的化合物比+4价的化合物稳定，而锡是+4价的化合物比+2价化合物稳定。所以+4价铅的化合物都有氧化性，是强氧化剂。由于+2价锡的化合物容易转为+4价锡的化合物，所以+2价锡的化合物都有还原性，是强还原剂。

1. 锗

锗同锡一样，+2价的化合物不稳定，可作还原剂。由于锗是一种分散稀有元素，常以极少的含量存在于硫化物和煤炭之中，在工业上常以煤的烟道灰为原料提取锗。锗的纯品是晶体，结构与金刚石相似。超纯度的锗是生产半导体的重要材料。它在电子工业中占有举足轻重的地位。

2. 锡

锡有三种同素异形体：灰锡、白锡和脆锡，三者可以互相转化：

$$\text{灰锡} \xrightleftharpoons{13.2℃} \text{白锡} \xrightleftharpoons{161℃} \text{脆锡} \xrightleftharpoons{231.8℃} \text{液锡}$$

白锡是银白的金属，密度 $7.3 \text{g} \cdot \text{cm}^{-3}$，熔点 $231.8℃$，沸点 $2362℃$，有延展性。灰锡呈粉末状态，白锡遇剧冷转变成灰锡。锡制品在寒冬季节长期处于低温时这种转化可以自动进行，使锡自行"毁灭"。毁坏先从某一点开始，最后迅速蔓延使整个的锡制品或锡的金属块变成粉末，故常称为"锡疫"。

金属锡在冷的稀盐酸中反应很慢，但在热的浓盐酸中反应很快：

$$\text{Sn} + 2\text{HCl}(\text{浓}) \xrightarrow{\triangle} \text{SnCl}_2 + \text{H}_2 \uparrow$$

金属锡与浓的硝酸反应，锡并不溶于硝酸，而是被氧化成白色粉末状的锡酸：

$$3\text{Sn} + 4\text{HNO}_3(\text{浓}) + \text{H}_2\text{O} =\!=\!= 3\text{H}_2\text{SnO}_3 + 4\text{NO} \uparrow$$

金属锡与稀硝酸反应很慢，且无气体产生，而生成硝酸铵和硝酸亚锡：

$$4\text{Sn} + 10\text{HNO}_3(\text{稀}) =\!=\!= 4\text{Sn}(\text{NO}_3)_2 + \text{NH}_4\text{NO}_3 + 3\text{H}_2\text{O}$$

锡与碱反应生成亚锡酸盐和氢气，例如与NaOH反应：

$$\text{Sn} + 2\text{NaOH} + 2\text{H}_2\text{O} =\!=\!= \text{Na}_2[\text{Sn}(\text{OH})_4] + \text{H}_2 \uparrow$$

锡与干燥的氯气反应生成 SnCl_4：

$$\text{Sn} + 2\text{Cl}_2 =\!=\!= \text{SnCl}_4$$

锡与氧反应生成 SnO_2：

$$\text{Sn} + \text{O}_2 \xrightarrow{\triangle} \text{SnO}_2$$

由于锡在常温下性质比较稳定，不易与氧和水作用，所以大量的锡都用于电镀其他金属表面以防止腐蚀。例如在铁皮表面镀锡的马口铁，是制造罐头盒的材料。此外锡也是合金的原料，例如青铜就是铜与锡的合金，焊锡是锡和铅的合金。锡的用途是比较广泛的。

3. 铅及铅蓄电池

铅的熔点很低，只有327℃，而且很软，密度较大（11.34g·cm^{-3}），仅次于汞（13.6g·cm^{-3}）。铅在空气中被氧化后变成暗灰色（实际上是由于空气中的氧和二氧化碳作用，生成一种结构致密的碱式碳酸铅的保护膜，使铅不再继续被氧化）。铅有两种价态，+4价和+2价。+4价铅的化合物有强氧化性，+2价铅的化合物有还原性。铅的重要用途之一是制造铅蓄电池。

铅蓄电池的构造原理如下。

在硫酸介质中，利用PbO_2的氧化性和Pb的还原性，以及它们在$PbSO_4$之间反应的可逆性做成铅蓄电池。

铅蓄电池是由两个电极和电解质稀硫酸构成的，见图13-1。电极的极板是用铅-锑合金制成的栅状隔板，中间充有PbO和水组成的糊状物质，干燥后，用30%（质量分数）、密度为1.2g·mL^{-1}的稀硫酸处理，此时两极发生如下化学反应：

$$PbO + H_2SO_4 =\!=\!= PbSO_4 + H_2O$$

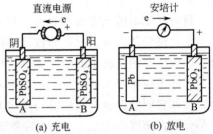

(a) 充电　　　　(b) 放电

图 13-1　铅蓄电池充电、放电示意图

于是在两个栅状的极板上分别生成一层难溶的$PbSO_4$，并吸附在极板上。然后把它们放在盛有30%（质量分数）的稀硫酸的特殊容器中组成铅蓄电池，进行充电。充电时分别把蓄电池的两个极板与直流电源的正、负极相接，这时电极发生如下的化学反应：

负极（A板、还原）　　　　$PbSO_4 + 2e =\!=\!= Pb + SO_4^{2-}$

正极（B板、氧化）　　+）$PbSO_4 + 2H_2O - 2e =\!=\!= PbO_2 + 4H^+ + SO_4^{2-}$

充电时总反应式　　　　$2PbSO_4 + 2H_2O \xrightarrow{充电} PbO_2 + Pb + 4H^+ + 2SO_4^{2-}$

从上面的反应式可以看出，在充电时，两个极板上发生了不同的化学反应，负极板上生成的是海绵状的金属铅；正极板上生成的是氧化铅，此时就相当于一个原电池：

$$(-)\ Pb\ |\ H_2SO_4\ |\ PbO_2\ (+)$$

因此只要把两极接通就应放电：

负极（A板、氧化）　　　　$Pb + SO_4^{2-} - 2e =\!=\!= PbSO_4$

正极（B板、还原）　　+）$PbO_2 + 4H^+ + SO_4^{2-} + 2e =\!=\!= PbSO_4 + 2H_2O$

放电时总反应式　　　　$Pb + PbO_2 + 2H_2SO_4 =\!=\!= 2PbSO_4 + 2H_2O$

从充电和放电两个总反应式可以看出，上述两反应互为可逆反应。

$$Pb + PbO_2 + 4H^+ + 2SO_4^{2-} \underset{充电}{\overset{放电}{\rightleftharpoons}} 2PbSO_4 + 2H_2O$$

铅蓄电池在放电过程中要消耗硫酸，当电动势低于1.9V或硫酸的密度小于1.05g·mL^{-1}时，必须重新充电。

第十四章 几种常见的金属元素及其化合物

1. 应用金属键理论解释金属的主要物理性质。
2. 了解合金的性质和用途。
3. 掌握重铬酸钾（$K_2Cr_2O_7$）、二氧化锰（MnO_2）和高锰酸钾（$KMnO_4$）的主要性质和用途。
4. 了解生铁、熟铁和钢三者之间含碳量的主要区别。

目前已知道的元素有 116 种，其中 94 种是金属元素。

金属是现代工业、农业和国防的重要结构材料，在国民经济和人民生活中占有特殊的地位。本章将介绍几种重要的金属及其化合物。

工业上根据金属的颜色，把金属分为有色金属和黑色金属两大类。黑色金属主要指铁、铬、锰和它们的合金；其余的金属均为有色金属，如铜、锌、铝等金属。若根据金属的密度大小分类，密度小于 $5g \cdot cm^{-3}$ 的金属叫轻金属，如钾、钠、镁等；密度大于 $5g \cdot cm^{-3}$ 的金属叫重金属，如铅、汞、金等。若按化学活泼性分，在金属活动顺序表中，位于氢之前的金属叫活泼金属，其中锂、钠、钙又是最活泼的金属；而位于氢之后的金属叫不活泼金属，其中铂、金是最不活泼金属。

金属元素的原子半径一般比非金属元素的原子半径大，而且最外层电子个数较少，绝大多数不超过 3 个。因此金属元素的原子比非金属元素的原子容易失去电子变成正离子，在化合物中显正价。

第一节 金属的通性

一、金属的物理性质

1. 金属的导电性和传热性

金属大多数都是电的良导体，也是热的良导体，但彼此之间也不完全一样，现将常见的金属按照它们的导电性能由强到弱的顺序排列如下：

Ag、Cu、Au、Al、Zn、Pt、Sn、Fe、Pb、Hg

从以上顺序看，银的导电性能最强。如果所有的输电导线都用银导线是最理想的。但是由于银的产量少，价格高，不宜大量用于制造导线。因此在电气工业中使用较多的是铜导线。铝由于比铜轻，而且又容易大量生产，故铝导线也是用量很大的。

金属的导电能力随温度升高而降低，随含杂质的增多而减弱，因此，用于制造铜导线的铜，一般是含铜量为 99.9%（质量分数）以上的紫铜。

2. 金属光泽和颜色

在常温下，除汞以外所有的金属都是固体，并都有一定的金属光泽和颜色。如铜是紫色，银是白色，金是黄色。

3. 金属的延展性

金属的延展性表现在金属可以抽成细丝和压成薄片，最细的金属丝的直径可达 $0.2\mu m$，最薄的金属片只有 0.1μm 厚。

金属的延展性也叫金属的可塑性,它随温度的升高而增大,所以金属在锻造、轧制过程中,一般要在炽热条件下进行。

应该指出,不是所有的金属都有可塑性,例如,锑、铋、锰等几种金属就没有可塑性,属于脆性金属,一经敲打就破碎。

金属的这些物理性质,主要与金属晶体内存在自由电子有关,这部分内容已在第八章作过介绍。

二、金属的化学性质

金属主要的化学性质是由于它们的原子半径一般都比非金属元素的原子半径大,容易给出电子,变成带有正电荷的离子。金属原子给出电子的能力各不相同。金属越容易给出电子,则金属越活泼,越容易与非金属相化合;反之,金属越不易给出电子,则金属越不活泼,越不易与非金属相化合。例如,钾、钠、钙在空气中就能与氧气化合,而铜、汞等金属必须在加热的条件下才能与空气中的氧气化合,而银和金即使在高温的条件下也不与氧气化合。因此,金属原子给出电子的难易程度,可用金属活泼性的相对大小来表示。按金属活泼性的相对大小依次排列的表叫金属活动顺序表。

K、Ca、Na、Mg、Al、Mn、Zn、Fe、Ni、Sn、Pb、H、Cu、Hg、Ag、Pt、Au

←──────────────────────────

金属活泼性增强

在这个表中,将 H 也排上了,这是因为它能像金属元素一样可以形成带正电荷的离子。排在 H 前边的金属都能与非氧化性酸反应,置换出氢气;排在 H 后边的金属则不能与非氧化性酸反应。这是因为 H 前边的金属元素的电极电势值都是负值,小于 H 的电极电势,因此是酸中的 H^+ 夺取了金属元素原子的电子,金属变成了带有正电荷的离子,H^+ 被还原成氢气。而 H 后边的金属元素的电极电势值都是正值,比 H 的电极电势大,因此,H^+ 不能从这些金属元素的原子中夺取电子,故不能与酸反应。

三、合金

在熔融状态下,很多金属能互相混合或者互相溶解形成均匀的熔融体,将它冷却之后就可以得到由几种不同金属组成的固体,称为合金。金属和非金属元素也能形成合金。由于合金具有一些特殊的性能,所以在工业中使用的金属大多数是合金而不是纯金属。例如,黄铜是铜和锌的合金,钢是铁与碳的合金。

合金的性质不同于组成合金的各种金属的性质,而是会出现组成合金的组分金属所不具备的性质。例如,铋的熔点 217℃,铅的熔点 327℃,镉的熔点 321℃,锡的熔点 232℃,如果按 $m(Bi):m(Pb):m(Sn):m(Cd)=50:25:12.5:12.5$(质量)的比例组成合金(称为武德合金),它的熔点只有 61℃,在沸水中就能熔化。又如铝、镁都不很坚硬,但由铝镁组成的合金具有质轻而坚硬的特点,是汽车工业和航空工业的最好材料。

合金的化学性质也与组成合金的组分金属不一样。例如,由铬、镍和钛组成的合金——不锈钢,具有很好的耐腐蚀性,是化工生产过程中最好的防腐材料。随着科学技术的发展,一些具有特殊性能的合金必将不断出现。下面将常见的几种合金的组成和性质列于表 14-1 中。

表 14-1　几种合金的成分、特性和用途

合金种类	成分(质量分数)/%	特　性	用　途
黄铜	Cu 60, Zn 40	强度比铜大	制造仪器、机器零件、日用品
青铜	Cu 90, Sn 10	强度比铜大,机械性能强	制造轴承、齿轮
白铜	Cu 53, Ni 27, Zn 20	强度比铜大	制造器皿
坚铝	Al 93～94, Cu 2.6～5.2, Mg 0.5, Mn 0.2～1.2	坚硬、轻	制造飞机
焊锡	Sn 63, Pb 37	熔化时易附着在金属表面上	焊接金属
轴承合金	Sn 或 Pb 中加入 Sb 10～16, Cu 2～5 和少量 Ca	耐磨,不易耗损	制造轴承
镍铬合金	Ni 80, Cr 20	电阻大,高温下不易氧化	制电阻丝
电子合金	Mg 80 以上, Al 12～10 和少量 Zn、Cu、Sn、Mn	轻、坚固	用于航空和电子工业
武德合金	Bi 50, Pb 25, Sn 12.5, Cd 12.5	熔点很低	制造保险丝
活字合金	Pb 75～90, Sb 25～10 和少量 Sn	凝固时略有膨胀、易熔、坚硬	制造铅字

第二节　铝及其化合物

铝的原子序数为 13,位于元素周期表中第 3 周期第ⅢA 族(第 13 纵列)。它的最外层电子构型为 $3s^23p^1$,在化合物中显 +3 价,是比较活泼的金属,所以在自然界中不存在单质铝,大部分以复杂的形式存在于黏土、长石和云母等矿石中。最重要的铝矿石是矾土 ($Al_2O_3 \cdot 2H_2O$)、冰晶石 (Na_3AlF_6) 和明矾石。铝在地壳中的丰度为 5.5%,仅次于氧、氢和硅,居第四位。

一、金属铝

铝是银白色有光泽的金属,密度 2.7g·cm^{-3},是一种轻金属。熔点 660℃,沸点 2060℃,具有很好的延展性和导电性。

铝的主要化学性质如下。

1. 与氧反应

铝在高温下与氧反应生成氧化铝,并放出大量的热:

$$2Al + \frac{3}{2}O_2 = Al_2O_3 + 1644kJ$$

故常用铝和其他金属氧化物作用,使相应的金属还原(铝热还原法)。在反应过程中释放出来的热量可以将生成的金属和熔渣都被熔化,因密度不同而分层,这样就可以得到整块的金属。这种方法常用于还原某些难以还原的金属氧化物,如 MnO_2、Cr_2O_3 等。

$$Cr_2O_3 + 2Al = 2Cr + Al_2O_3$$

如果将铝粉和四氧化三铁粉末按一定比例混合组成铝热剂,用镁粉和氯酸钾组成的混合物去引燃,反应立刻发生,并放出大量热:

$$8Al + 3Fe_3O_4 = 4Al_2O_3 + 9Fe + 3326kJ$$

由于反应热效应很大,可使温度达到 3000℃,故常用这一反应来焊接损坏了的铁轨和制造燃烧弹。

2. 铝的两性

铝与稀酸反应生成盐并放出氢气:

$$2Al+6HCl =\!\!=\!\!= 2AlCl_3+3H_2\uparrow$$
$$2Al+3H_2SO_4 =\!\!=\!\!= Al_2(SO_4)_3+3H_2\uparrow$$

冷的浓硫酸、硝酸能使铝的表面生成结构紧密的氧化膜，这层氧化膜保护了铝不再被氧化，因此常用铝的容器盛贮和装运浓硝酸。

铝与碱反应：
$$2Al+2NaOH+6H_2O =\!\!=\!\!= 2Na[Al(OH)_4]+3H_2\uparrow$$

在溶液中生成的铝酸钠形式不定，其中以 $Na[Al(OH)_4]$ 和 $Na_3[Al(OH)_6]$ 为主要代表物，经脱水后都可变成 $NaAlO_2$（偏铝酸钠）。

二、铝的重要化合物

1. 氧化铝和氢氧化铝

氧化铝是一种不溶于水的白色粉末，既能溶于酸，又能溶于碱，是一种两性氧化物。

$$Al_2O_3+6HCl =\!\!=\!\!= 2AlCl_3+3H_2O$$
$$Al_2O_3+2NaOH =\!\!=\!\!= 2NaAlO_2+H_2O$$

氧化铝又称矾土。把在自然界中以晶体状态存在的氧化铝称为刚玉，其硬度仅次于金刚石。一般氧化铝晶体是不透明的，常因含有其他元素而呈现不同的颜色。被人称为红宝石的就是含有微量氧化铬的氧化铝晶体；蓝宝石是含有微量铁和钛的氧化物的氧化铝晶体。将矾土在电炉中熔化，可以制得人造宝石，能用于制造机械的轴承和钟表的钻石。

氢氧化铝不是由氧化物制取的，而是从铝盐中加入氨水沉淀出来的，它是一种两性氢氧化物，既能与酸反应，又能与碱反应：

$$Al(OH)_3+3HCl =\!\!=\!\!= AlCl_3+3H_2O$$

或
$$Al(OH)_3+3H^+ =\!\!=\!\!= Al^{3+}+3H_2O$$
$$Al(OH)_3+NaOH =\!\!=\!\!= Na[Al(OH)_4]$$

或
$$Al(OH)_3+OH^- =\!\!=\!\!= [Al(OH)_4]^-$$

氢氧化铝是制造氧化铝的原料，在医药上用来治疗胃病、十二指肠溃疡，是一种较好的药物，由于它碱性很弱，服用过量也不会发生碱中毒，并能中和胃酸后生成氯化铝，还有收敛、止血的作用。

2. 铝盐

铝盐中以硫酸铝和氯化铝为重要。十八水合硫酸铝 $[Al_2(SO_4)_3\cdot18H_2O]$ 主要用于水的净化、造纸和媒染等方面。

氯化铝一般都带有结晶水，如 $AlCl_3\cdot6H_2O$，它经灼烧后，变成 Al_2O_3：

$$2AlCl_3\cdot6H_2O \xrightarrow{\text{灼烧}} Al_2O_3+6HCl+9H_2O$$

因此，一般不能用带结晶水的氯化铝制取无水氯化铝。无水氯化铝是用铝直接与氯气反应制取的。

第三节 铜族及其化合物

铜族元素包括铜、银和金三种元素，原子的次外层和最外层电子构型为 $(n-1)d^{10}ns^1$，位于元素周期表第 IB 族（第 11 纵列）。三种元素在地壳中的丰度为：Cu 0.003%，Ag 2×10^{-6}%，Au 5×10^{-8}%。银和金的含量较少，但金在自然界中可以单质状态存在，银很容易从矿物中提取,所以它们是最早被人们所熟悉的元素。铜也是很容易提炼的,我国早在四千多年前就已经开始炼铸铜器了。

铜和银主要以硫化物的矿石出现。最重要的铜矿石有:黄铜矿($CuFeS_2$)、辉铜矿(CuS)、赤铜矿(Cu_2O)、孔雀石$[Cu_2(OH)_2CO_3]$等。硫化银多数与方铅矿或铝锌矿共存,独立的矿石闪银矿(Ag_2S)或角银矿($AgCl$)较少。金矿有砂金矿和分布在石英岩石的岩脉金。

铜族原子的最外层电子构型为ns^1,与碱金属相似,但次外层不同,碱金属除 Li 外,其余的元素原子次外层都是 8 电子构型,而铜族元素的原子次外层有 18 个电子。这样使较多的电子处于离原子核较远的次外层,原子核对最外层的价电子(ns^1)吸引力比碱金属原子对最外层价电子(ns^1)的吸引力强,因此使铜族元素不如ⅠA族碱金属元素活泼。铜族元素的原子结构和单质的性质见表 14-2。

表 14-2 铜族元素的原子结构和单质的性质

性 质	铜(Cu)	银(Ag)	金(Au)[①]	性 质	铜(Cu)	银(Ag)	金(Au)[①]
原子序数	29	47	79	颜色	紫红色	白色	黄色
相对原子质量	63.5	107.9	197.0	密度/g·cm^{-3}	8.92	10.5	19.3
最外层电子构型[②]	$3d^{10}4s^1$	$4d^{10}5s^1$	$5d^{10}6s^1$	硬度	3.0	2.7	2.5
主要化合价	+1,+2	+1	+1,+3	熔点/℃	1083	961	1063
电负性	1.9	1.9	2.4				

① 在国产的金首饰上面都刻有 K 数,K 数是表示金的纯度的指标。如 24K 表示含金量达 99.5% 以上,18K 表示含金量为 75% 左右,14K 表示含金量为 58.3% 左右。

② 包括次外层。

一、铜及其化合物

1. 铜

铜在干燥空气中很稳定,在潮湿的空气中铜的表面会慢慢生成一种铜锈$[Cu_2(OH)_2CO_3]$。铜在高温时能与氧、硫和卤素直接化合,但不能与氮反应。铜不能与稀酸反应,但能与硝酸、热的浓硫酸反应。关于这部分内容已分别在硝酸和硫酸性质中介绍过。

2. 铜的主要化合物

(1) 氧化铜(CuO) 当铜在空气中加热至 300℃时,可生成黑色的氧化铜,再继续加热至 800℃时,氧化铜会发生分解:

$$4CuO \xrightarrow{\text{高温}} 2Cu_2O + O_2 \uparrow$$

从这一反应可以看出 Cu_2O 比 CuO 的热稳定性好,它在 1235℃熔化时也不分解。

氧化铜是一种不溶于水的黑色粉末,能与各种酸反应生成盐和水。用离子反应式表示如下:

$$CuO + 2H^+ = Cu^{2+} + H_2O$$

由于铜不与非氧化性酸反应,故常用这一反应制取各种铜盐。

(2) 氢氧化铜$[Cu(OH)_2]$ 氢氧化铜一般用 Cu^{2+} 的盐与适量的碱反应制取。离子反应式如下:

$$Cu^{2+} + 2OH^- = Cu(OH)_2 \downarrow$$

氢氧化铜不溶于水,受热后很易分解为黑色的氧化铜和水。反应式如下:

$$Cu(OH)_2 = CuO + H_2O$$

氢氧化铜能与酸反应,还能与浓的 NaOH 反应,因此表现出具有两性氢氧化物的性质。例如:

$$Cu(OH)_2 + 2H^+ = Cu^{2+} + 2H_2O$$

$$Cu(OH)_2 + 2OH^- = \underset{(配离子)}{[Cu(OH)_4]^{2-}}$$

氢氧化铜与氨水作用能生成铜氨配离子:

$$Cu(OH)_2 + 4NH_3 = [Cu(NH_3)_4]^{2+} + 2OH^-$$

由于铜氨溶液能溶解某些人造纤维,因此氢氧化铜是制造人造纤维的溶剂。

(3)二水合氯化铜($CuCl_2 \cdot 2H_2O$) 氧化铜与浓盐酸反应,可以制取带有结晶水的 $CuCl_2 \cdot 2H_2O$。将它在氯化氢气流中加热可以脱结晶水,变成无水氯化铜;而直接加热它要分解:

$$2CuCl_2 \cdot 2H_2O \xrightarrow{\triangle} Cu(OH)_2 \cdot CuCl_2 + 2HCl\uparrow$$

故工业上采用在加热条件下,氯气与铜直接反应的方法制取无水氯化铜:

$$Cu + Cl_2 \xrightarrow{\triangle} CuCl_2$$

氯化铜的热稳定性差,加热时发生分解:

$$2CuCl_2 \xrightarrow{\triangle} 2CuCl + Cl_2\uparrow$$

氯化铜溶液里加入铜煮沸后,氯化铜被还原为氯化亚铜:

$$CuCl_2 + Cu \xrightarrow{\triangle} 2CuCl$$

氯化铜在火焰中,能发出深绿色的光,所以常用于制造节日烟火。

(4)五水合硫酸铜($CuSO_4 \cdot 5H_2O$) 硫酸铜是重要的铜盐之一,$CuSO_4 \cdot 5H_2O$ 是蓝色晶体,工业上叫胆矾。它经加热脱水后,变成白色硫酸铜($CuSO_4$)。反应式如下:

$$\underset{(蓝色)}{CuSO_4 \cdot 5H_2O} \xrightarrow{\triangle} \underset{(白色)}{CuSO_4} + 5H_2O$$

在实验室里常用无水硫酸铜去检查有机化合物中的微量水分。

无水硫酸铜在 750℃ 以上要分解为 CuO 和 SO_3。

硫酸铜的制法很多,工业上往往是将废铜和硫混合在一起,放在反射炉中加热,生成 Cu_2S,然后通入空气把它氧化成 CuO,再与稀硫酸反应,制取 $CuSO_4 \cdot 5H_2O$。

硫酸铜除了是制造其他铜的化合物的原料外,还大量用作农业和果树的杀虫剂。

二、银及其化合物

银的化学活泼性很差,在空气中比较稳定。纯银很软,常用银与铜制造合金,用于制造仪表的元件。银的主要化合物如下。

1. 硝酸银

将银与热的稀硝酸反应可以制取硝酸银($AgNO_3$),其反应式如下:

$$3Ag + 4HNO_3(稀) = 3AgNO_3 + NO\uparrow + 2H_2O$$

硝酸银受热或日光直接照射,会逐渐分解:

$$2AgNO_3 = 2Ag + 2NO_2\uparrow + O_2\uparrow$$

因此,无论是硝酸银固体还是水溶液都必须保存在棕色的玻璃瓶内。

硝酸银是较强的氧化剂,许多有机物能将它还原为黑色的银粉。硝酸银对有机组织具有破坏作用,因此在医药上用作消毒剂和腐蚀剂。它还大量用于制造感光胶片上用的卤化银。此外,硝酸银也是分析化学上的一种重要试剂。

2. 卤化银

卤化银(AgX)是在硝酸银的溶液中分别加入可溶性的卤化物制取的。例如:

$$AgNO_3 + NaCl \Longrightarrow AgCl\downarrow + NaNO_3 \quad K_{sp} = 1.8 \times 10^{-10}$$
(白色)

$$AgNO_3 + NaBr \Longrightarrow AgBr\downarrow + NaNO_3 \quad K_{sp} = 5.0 \times 10^{-13}$$
(淡黄色)

$$AgNO_3 + NaI \Longrightarrow AgI\downarrow + NaNO_3 \quad K_{sp} = 8.3 \times 10^{-17}$$
(黄色)

从上面三个反应可以看出,卤化银的颜色是按 Cl→Br→I 的顺序由浅变深,溶解度则由大变小。

第四节 锌族及其化合物

锌族包括锌、汞和镉三种元素,位于元素周期表第ⅡB族(第12纵列)。它们在地壳中的丰度为:Zn 0.001%,Cd 8×10^{-6}%,Hg 6×10^{-7}%。锌的矿石有闪锌矿(ZnS)和菱锌矿($ZnCO_3$)。镉有硫镉矿(CdS),但它没有独立的矿石存在,而常与闪锌矿共存。汞的矿石是辰砂(朱砂 HgS)。锌族元素的原子结构和单质的性质见表14-3。

表14-3 锌族元素的原子结构和单质的性质

性质	锌(Zn)	镉(Cd)	汞(Hg)	性质	锌(Zn)	镉(Cd)	汞(Hg)
原子序数	30	48	80	电负性	1.6	1.7	1.9
相对原子质量	65.38	112.41	200.61	密度/g·cm^{-3}	7.14	8.64	13.6
最外层电子构型①	$3d^{10}4s^2$	$4d^{10}5s^2$	$5d^{10}6s^2$	硬度	2.5	2	(液体)
主要化合价	+2	+2	+2(+1)	熔点/℃	419	321	-38.87

① 包括次外层。

一、锌及其化合物

1. 锌

锌是青白色的金属,经磨光的锌具有银样的光泽。锌的硬度随温度而改变。在常温下锌虽然有一定的韧性,但硬度较大,当在100~150℃时开始变软而且还有延展性,在200℃时又开始变硬而且很脆,甚至在研钵中用力研磨就可以把它粉碎。

锌是两性金属,既能与酸反应,也能与碱反应。例如:

$$Zn + 2HCl \Longrightarrow ZnCl_2 + H_2\uparrow$$
$$Zn + 2NaOH + 2H_2O \Longrightarrow Na_2[Zn(OH)_4] + H_2\uparrow$$

虽然铝和锌都是两性金属,但二者有区别,锌和氨水能生成配合物亦溶于氨水,其反应式如下:

$$Zn + 4NH_3 \cdot H_2O \Longrightarrow [Zn(NH_3)_4](OH)_2 + 2H_2O + H_2\uparrow$$

而铝则不能与氨水形成配合物。在分析化学上常根据这一性质对锌和铝进行分离。另外锌与硝酸反应比较复杂(见硝酸的性质)。

2. 锌的主要化合物

(1) 氧化锌(ZnO) 氧化锌是锌在空气中加热至500℃燃烧反应生成的。它是两性氧化物，既能与酸反应，又能与碱反应。例如：

$$ZnO + H_2SO_4 = ZnSO_4 + H_2O$$
$$ZnO + 2NaOH = Na_2ZnO_2 + H_2O$$

氧化锌是不溶于水的白色粉末，主要用于制颜料，在医疗上制软膏，化妆用油膏，还大量用作橡胶的填料。

(2) 氢氧化锌 [$Zn(OH)_2$] 氢氧化锌是用可溶性锌盐与碱作用而制取的白色沉淀：

$$ZnSO_4 + 2NaOH = Zn(OH)_2\downarrow + Na_2SO_4$$

氢氧化锌是两性氢氧化物，与酸、碱的反应式为：

$$Zn(OH)_2 + 2HCl = ZnCl_2 + 2H_2O$$
$$Zn(OH)_2 + 2NaOH = Na_2ZnO_2 + 2H_2O$$

氢氧化锌与氨水反应生成配合物：

$$Zn(OH)_2 + 4NH_3 = [Zn(NH_3)_4](OH)_2$$

氢氧化锌用作造纸填料。

(3) 硫化锌（ZnS） 硫化锌是用可溶性锌盐溶液通入 H_2S 而制取的。硫化锌是白色的，故可作白色涂料。它同硫酸钡共沉淀所形成的混合晶体 $ZnS \cdot BaSO_4$ 叫立德粉，也叫锌白粉，是一种优良的白色颜料。锌白粉生成的反应式如下：

$$ZnSO_4(溶液) + BaS(溶液) = ZnS \cdot BaSO_4\downarrow$$

(4) 一水合氯化锌（$ZnCl_2 \cdot H_2O$） 氯化锌一般可用锌、氧化锌或碳酸锌与盐酸作用制取，但得到的都是带结晶水的氯化锌。带结晶水的氯化锌不能用加热的方法制取无水氯化锌，因为氯化锌与水在加热时发生水解反应，生成碱式氯化锌：

$$ZnCl_2 + H_2O \xrightarrow{\triangle} Zn(OH)Cl + HCl\uparrow$$

为了防止产生水解，可在氯化氢气体存在下加热带结晶水的氯化锌，制取无水氯化锌。无水氯化锌是白色易吸湿的固体，在有机化学中常用它作脱水剂或催化剂。它也是木材的防腐剂。氯化锌还是焊接铁时的除锈剂。这种除锈剂一般都是将锌粒直接投入在浓盐酸中制成饱和的 $ZnCl_2$ 盐酸溶液，人们称之为"坏水"。

二、汞及其化合物

1. 汞

汞在常温下是液体。在 0~200℃ 之间汞的热膨胀系数很均匀，又不润湿玻璃，故用来制作温度计。汞的蒸气吸入体内，会产生慢性中毒，如牙齿松动、毛发脱落、神经错乱等。所以在接触或使用汞时一定要注意安全，不许将其洒落在地面或实验台上。万一不慎将汞洒在地面或实验台面上，务必尽量收集起来，然后用硫黄粉撒在有汞的地方，使汞转变为 HgS。汞的密度较大，常以瓷瓶盛装，并且密封，若不密封时则在汞的表面一定要覆盖一层水，以免汞挥发出来。

汞除有一般金属的通性外，还能溶解某些金属，形成汞齐。所生成的汞齐一般是液态或糊状。汞齐在性质上同合金相似，但被溶解的金属仍然保持自己的特性。如钠汞齐与水反应，其中汞仍然保持惰性，而钠与水反应生成 NaOH 并放出 H_2，只不过是反应程度比单纯的金属钠平稳一些，故钠汞齐常用作有机合成中的还原剂。

汞能溶解金和银，因此常用汞去提炼金和银等贵重金属。汞的用途很多，如利用汞的蒸气在电弧中能导电并辐射高强度的可见光和紫外线的性能制造日光灯和高压汞灯。用汞的化合物制药，如 HgS 是中药中有名的朱砂，有镇静、催眠作用，可治疗小儿惊风等病。

2. 汞的重要化合物

(1) 氯化汞和氯化亚汞　汞的氯化物也有氯化汞和氯化亚汞两种。氯化亚汞由硝酸亚汞溶液与盐酸反应制得：

$$Hg_2(NO_3)_2 + 2HCl = Hg_2Cl_2\downarrow + 2HNO_3$$

氯化亚汞俗名甘汞，是一种不溶于水的白色粉末，在光的照射下发生分解，生成有毒的氯化汞：

$$Hg_2Cl_2 \xrightarrow{\text{光}} HgCl_2 + Hg$$

为了防止分解，一定要用棕色玻璃瓶盛装 Hg_2Cl_2。在医药上氯化亚汞作利尿剂，外用可治疗慢性溃疡及皮肤病等。

氯化汞由汞与氯气在高温下直接化合而制得，或者用氧化汞与盐酸反应制取。

氯化汞也叫升汞，是白色针状晶体，易溶于水，易升华，有毒！内服 0.2～0.4g 致死。在医疗上常用 1∶1000（质量）的水溶液消毒器具。

(2) 硝酸汞　硝酸汞是将汞溶解在过量的热硝酸中制取的：

$$3Hg + 8HNO_3 = 3Hg(NO_3)_2 + 2NO\uparrow + 4H_2O$$

它是易溶于水的汞盐之一，在水溶液中会发生强烈的水解：

$$2Hg(NO_3)_2 + H_2O = HgO\cdot Hg(NO_3)_2\downarrow + 2HNO_3$$

所以在配制硝酸汞溶液时，要将它溶解在稀硝酸溶液中。

硝酸汞的热稳定性很差，受热分解为红色的氧化汞：

$$2Hg(NO_3)_2 \xrightarrow{\triangle} 2HgO + 4NO_2\uparrow + O_2\uparrow$$

继续加热，氧化汞也会分解成单质汞和氧气：

$$2HgO \xrightarrow{\triangle} 2Hg + O_2\uparrow$$

Hg^{2+} 可以生成很多配离子，其中 Hg^{2+} 与 I^- 能形成 $[HgI_4]^{2-}$，$K_2[HgI_4]$ 是分析化学中有名的奈斯勒试剂，它是检查铵离子的灵敏试剂。

第五节　钒、铬、锰及其化合物

一、钒

钒位于元素周期表中第ⅤB族（第 5 纵列），其次外层和最外层电子构型为 $3d^34s^2$，共有 5 个价电子，主要化合价有 +2、+3、+4、+5 价，其中以 +5 价的化合物最稳定。其电负性为 1.45。钒在地壳中含量较少，大约是 0.005%（原子百分数）。纯钒是浅灰色金属，熔点 1735℃，密度为 $6g\cdot cm^{-3}$。

钒在常温下不与空气、水、碱反应，也不与非氧化性酸反应，但能溶于硝酸。钒的粉末可以在空气中燃烧生成 V_2O_5。

钒的主要用途是制造钒钢，钒钢具有良好的韧性、弹性和耐磨性，是制造弹簧、工具和铁轨的重要材料。

钒的主要化合物是五氧化二钒（V_2O_5）。它是橙黄色结晶粉末或深红色针状晶体，是无臭、无味、有毒的物质。五氧化二钒的重要用途是在接触法制硫酸中作催化剂。

二、铬、锰及其化合物

铬、锰两元素,分别位于元素周期表中第ⅥB和第ⅦB族(第6纵列和7纵列),并同属第4周期。它们的次外层和最外层电子构型分别为 $3d^54s^1$ 和 $3d^54s^2$。铬的主要化合价为 +6、+3。锰的主要化合价为 +7、+6、+5、+4、+3 和 +2,其中常见的是锰的 +7、+6、+4 和 +2 价态的化合物。

铬、锰的重要化合物有如下几种。

1. 铬的主要化合物

铬的主要化合物有氧化物、氢氧化物,这里只介绍铬酸盐和重铬酸盐。

铬酸和重铬酸都是非常不稳定的,至今为止,还没有制得它们的纯品,只能存在于水溶液中。但是它们的盐是可以稳定存在的,其中比较重要的有 K_2CrO_4、Na_2CrO_4、$K_2Cr_2O_7$ 等,由于 CrO_4^{2-} 能与某些离子生成有特殊颜色的沉淀,如:

$$Ba^{2+} + CrO_4^{2-} =\!=\!= BaCrO_4 \downarrow$$
(黄色)

$$Pb^{2+} + CrO_4^{2-} =\!=\!= PbCrO_4 \downarrow$$
(黄色)

$$2Ag^+ + CrO_4^{2-} =\!=\!= Ag_2CrO_4 \downarrow$$
(砖红色)

故在分析化学中常用 CrO_4^{2-} 作滴定终点的指示剂。

重铬酸钾 ($K_2Cr_2O_7$) 和重铬酸钠 ($Na_2Cr_2O_7$) 都是大粒状的红色晶体,而且不含结晶水,通过重结晶的方法可以制取高纯度的晶体,因此可作分析化学中的基准物质。另外它们在酸性介质中都是强氧化剂,在实验室中用饱和 $K_2Cr_2O_7$ 溶液和浓硫酸混合的溶液(5g $K_2Cr_2O_7$ 热的饱和溶液与100mL浓硫酸混合)叫洗液,具有很强的氧化性,专供洗涤各种玻璃仪器。此外重铬酸钾在印染、电镀和医药工业也大量使用。

2. 锰及其化合物

(1) 二氧化锰(MnO_2) 二氧化锰是锰的 +4 价态氧化物,在常温下比较稳定,为黑色固体,不溶于水。在酸性介质中是一种强氧化剂,与浓盐酸反应可以放出氯气:

$$MnO_2 + 4HCl(浓) =\!=\!= MnCl_2 + 2H_2O + Cl_2 \uparrow$$

故实验室常利用这一反应制取氯气。

二氧化锰的用途较广,是制造各种锰的化合物的原料。在有机合成反应中用作催化剂,还大量用于制造干电池、玻璃和火柴等。

(2) 高锰酸钾($KMnO_4$) 高锰酸钾是锰的 +7 价态的化合物,为深紫色晶体,易溶于水,加热到200℃能分解并放出氧气:

$$2KMnO_4 \xrightarrow{\triangle} K_2MnO_4 + MnO_2 + O_2 \uparrow$$

利用这一反应,在实验室制取氧气。$KMnO_4$ 受日光照射可分解,因此不论固体还是它的溶液都要放在棕色玻璃瓶内保存。

高锰酸钾是重要的氧化剂之一。它作为氧化剂而被还原的产物,因介质的酸、碱性不同而不同。在酸性介质中被还原为 Mn^{2+},例如:

$$10FeSO_4 + 2KMnO_4 + 8H_2SO_4 =\!=\!= 5Fe_2(SO_4)_3 + 2MnSO_4 + K_2SO_4 + 8H_2O$$

或

$$MnO_4^- + 5Fe^{2+} + 8H^+ == Mn^{2+} + 5Fe^{3+} + 4H_2O \quad E^{\ominus}(MnO_4^-/Mn^{2+}) = 1.51V$$

在碱性、中性或微酸性介质中高锰酸根被还原为 MnO_2。例如：

$$KI + 2KMnO_4 + H_2O == 2MnO_2 + KIO_3 + 2KOH$$

或

$$I^- + 2MnO_4^- + H_2O == 2MnO_2 + IO_3^- + 2OH^- \quad E^{\ominus}(MnO_4^-/MnO_2) = 0.588V$$

在强碱性介质中，高锰酸根被还原为 MnO_4^{2-}。例如：

$$K_2SO_3 + 2KMnO_4 + 2KOH == 2K_2MnO_4 + K_2SO_4 + H_2O$$

或

$$2MnO_4^- + SO_3^{2-} + 2OH^- == 2MnO_4^{2-} + SO_4^{2-} + H_2O \quad E^{\ominus}(MnO_4^-/MnO_4^{2-}) = 0.564V$$

从 $E^{\ominus}$ 值可以看出，在酸性介质中 $KMnO_4$ 的氧化能力最强。

高锰酸钾在分析化学中是重要的分析试剂。此外 $KMnO_4$ 的 0.1%（质量分数）水溶液可用于水果和食具的消毒，4%（质量分数）的溶液可治疗烫伤。

第六节 钢 铁

钢铁的产量是衡量一个国家发达与否的重要标志之一。钢铁被人们称为工业的骨骼，国民经济建设的基础。我们所说的钢铁是广义的名词，实际上应包括生铁和钢。目前我国还是先生产铁，而后炼钢。

一、铁

含铁的矿石很多，但可用来炼铁的矿石有磁铁矿（Fe_3O_4）、赤铁矿（Fe_2O_3）、褐铁矿 [$Fe_2O_3 \cdot 2Fe(OH)_3$] 等。其中以 Fe_2O_3 和 Fe_3O_4 为最主要。

从铁矿石炼出的是生铁，全部冶炼过程是一个相当复杂的物理-化学过程。炼铁的主要原料有：铁矿石、焦炭和石灰石等。焦炭通过燃烧供给热量使铁矿石熔化，同时产生 CO 气体，将铁的氧化物还原成单质铁；石灰石的作用是使铁矿石和焦炭中的杂质形成低熔点的炉渣，如 $CaSiO_3$ 等浮在铁水上面，达到与铁水分离的目的。

生铁是指碳的质量分数为 1.7% 以上的铁碳合金，它的冶炼是在高炉中进行的。

炼铁时各种原料按比例按时间投料。铁矿石中的氧化铁是用焦炭燃烧生成的 CO 作还原剂进行还原，以赤铁矿为例，其还原过程反应式如下：

$$3Fe_2O_3 + CO == 2Fe_3O_4 + CO_2 + Q$$
$$2Fe_3O_4 + 2CO == 6FeO + 2CO_2 + Q$$
$$+) \quad 6FeO + 6CO == 6Fe + 6CO_2 + Q$$

总反应 $Fe_2O_3 + 3CO == 2Fe + 3CO_2 + Q$

二、钢

碳的质量分数在 0.2% 以下的铁叫熟铁，碳的质量分数在 0.2%～1.7% 的铁叫钢。生铁硬而脆不易加工，熟铁太软，只有钢才既有一定的硬度又有一定的韧性，因而钢是工业中不可缺少的材料。

从钢和生铁的含碳量可以知道，炼钢主要是降低生铁中的含碳量及其他元素（硫、磷等）的含量。炼钢的方法很多，近年来发展的纯氧顶吹炼钢法得到广泛的应用。

钢的用途十分广泛。为适应不同的需要，可制造各类钢材，现将几种常用钢材的分类、主要性能和用途归纳于表 14-4 中。

表 14-4　钢材的分类、主要性能和用途

分 类			主 要 性 能 和 用 途
碳素钢	碳素结构钢	普通碳素钢	甲类钢——只保证机械性能，一般用于不重要的机械零件和建筑材料。如螺丝、销子和工字钢等 乙类钢——只保证化学成分，用时常经热处理。如薄铁皮，一般用轴、犁等 特类钢——性能和成分都保证，可做较重要的机械零件，也可代替部分优质结构钢
		优质碳素钢	杂质含量较少，成分控制较严格，用途广泛。其中低碳钢塑性、韧性好，可用于受力不大及表面化学热处理的零件。中碳钢综合机械性能好，经热处理后，可用于受力较大的各类轴、齿轮。高碳钢经热处理后，可做强度高、弹性好的各种结构零件
		易切削钢	含 Mn、P、S 较高，易切削加工，一般用于机械性能要求不高，而表面光洁度高的零件，如螺母、螺丝等
	碳素工具钢	优质碳素工具钢	含碳量>0.7%，性能坚硬、耐磨，但热硬性低。用于手工工具和各种低速切削工具，如凿子、锯条、一般要求的量具和小型模具等
		高级优质碳素工具钢	与优质碳素工具钢不同，含 S、P 一般<0.03%，有时甚至在 0.02% 以下
合金钢	合金结构钢	合金结构钢	含一定量合金元素，具有优异的综合性能，用于各种要求高的机械零件。如拖拉机的重要齿轮和轴
		弹簧钢	一般在中碳钢或高碳钢中加入 Si、Mn、W、Al 等合金元素而制成具有高弹性、高疲劳强度、足够韧性和塑性的弹簧钢。如拖拉机的气门弹簧
		滚珠轴承钢	在高碳钢中加入 Cr、Mn、Si 等元素制成，具有高强度、耐磨性、好的淬透性
	合金工具钢	合金工具钢	含一定量的 Cr、Mn、V、Si、W 等元素。具有高强度、高硬度、耐磨性和较好的韧性，热处理变形小，适用于制造各种性能要求较高、尺寸较大的刃具、模具和量具
		高速工具钢	含较高量的 W、Cr、V、Mo 等元素，具有高强度、高热硬性、高耐磨性和足够的韧性，适用于制造各种高速切削和切削高硬度金属的刃具，如白钢刀
	特殊钢		具有特殊物理、化学性能的合金钢，主要用于特殊条件下工作的零件，如化工容器、易腐蚀介质中的工作零件，高温下发动机零件

实 验 部 分

实验须知与常用仪器

一、实验规则

1. 实验前应遵守的规则

(1) 实验前应认真阅读实验教材及有关参考资料，以便对实验的目的、要求、原理和操作步骤有足够的了解和掌握。

(2) 不得私自进入实验室。在上课前十分钟经指导教师允许后才可以进入实验室。

(3) 应准备好记录本，以便做记录。

(4) 实验前应该把自己的实验台擦干净，然后洗涤仪器。

2. 实验过程中应遵守的规则

(1) 不得大声谈笑。

(2) 随时保持实验台的整洁，火柴杆、纸张、碎玻璃等物质不要随手乱丢，也不要投入水槽，应该把它们放入废物缸中。

(3) 进行实验时，应细心观察实验的每一个过程，并研究过程的每一细节。把看到的和想到的及时地记录在记录本上。

(4) 实验后的废液，如果没有回收意义，应该倒入废物缸中，不要倒入水槽中。

3. 实验后应遵守的规则

(1) 实验结束后应立即洗涤仪器和擦净实验台。

(2) 应根据原始记录，联系理论知识，认真处理实验数据，分析问题，写出实验报告，按时交给指导教师。

(3) 把实验室打扫干净，经教师允许后才能离开实验室。

二、化学药品的取用

根据药品中杂质含量的不同，我国把试剂级化学药品分为优级纯、分析纯和化学纯三种规格。可以根据实验的不同要求选用不同级别的试剂。一般来说，在无机化学实验中，化学纯级别的试剂已够用，只有在个别的实验中才需要使用分析纯级别的试剂。

固体试剂一般都装在易于拿取的广口瓶中，液体试剂或配制的溶液则盛放在易于倒取的细口瓶或带有滴管的滴瓶中。见光易分解的试剂（例如硝酸银等）则应盛放在棕色瓶中。每一个试剂瓶上都应贴有标签，上面写明试剂的名称、浓度（若为溶液时）和日期，在标签外面应涂上一层蜡来保护它。

1. 固体试剂的取用规则

(1) 不能用手拿取化学试剂，必须用干净的药匙取试剂。用过的药匙必须洗净和擦干后才能再使用，以免玷污试剂。

(2) 取用药品后，必须立即盖上瓶塞，并且应该避免盖错瓶塞。取完药品后，应该把药品瓶放回原处。

(3) 取用和称量固体试剂时，应按照实验中规定的量取用，未指定用量时应尽量取用最小量，千万注意不要多取。取多了的药品，不能倒回原瓶，可放在指定容器中供他人使用。

（4）一般的固体试剂可以在干净的纸上或表面皿上进行称量。具有腐蚀性、强氧化性或易潮解的固体试剂不能在纸上称量。不准使用滤纸来盛放和称量固体试剂，以免浪费。

（5）有毒药品必须在教师指导下才能取用。

2. 液体试剂的取用规则

（1）从滴瓶中取用液体试剂时，滴管绝不能触及所使用的容器器壁，以免玷污。滴管放回原滴瓶时不要放错。不准用自己的滴管到瓶中取药。

（2）取用细口瓶中的液体试剂时，先将瓶塞反放在桌面上，不要弄脏。然后把试剂瓶上贴有标签的一面握在手心中，逐渐倾斜瓶子，倒出试剂。试剂应该沿着洁净的试管壁流入试管或沿着洁净的玻璃棒注入烧杯。取出所需量后逐渐竖起瓶子，把瓶口剩下的一滴试剂碰到试管或烧杯中去，以免液滴沿着瓶子外壁流下。盖瓶盖时不要盖错。

（3）定量取用液体药品时，可使用量筒或移液管。取多了的试剂不能倒回原瓶，可倒入指定容器中供他人使用。

三、实验室安全规则

（1）煤气灯不使用时，一定要关闭进气开关，否则煤气大量逸出会引起中毒、燃烧和爆炸事故。

（2）实验室内严禁饮食、吸烟。实验完毕，必须洗净双手。

（3）易燃药品（如乙醇、乙醚、丙酮、汽油、苯、二硫化碳等）应远离火源，并且不能直接用火加热，一旦燃着必须用砂子来覆盖火焰。

（4）钾、钠和白磷等暴露在空气中易燃烧。所以钾、钠应保存在煤油中，白磷则可保存在水中。取用它们时要用镊子。

（5）能产生有刺激性或有毒气体的实验必须在通风橱内进行。

（6）有毒药品（如重铬酸钾、钡盐、铅盐、砷的化合物、汞的化合物、氰化物等）不得进入口内或接触伤口。剩余的废液也不能随便倒入下水道。

（7）不纯的氢气遇火易爆炸，操作时必须严禁接近烟火。在点燃前，必须先检验并确保纯度。银氨溶液不能保存，因久置后也易爆炸。某些强氧化剂（如氯酸钾、硝酸钾、高锰酸钾等）或其混合物不能研磨，否则将引起爆炸。

（8）浓酸、浓碱具有强腐蚀性，切勿使其溅在皮肤或衣服上，眼睛更应注意。稀释它们（特别是浓硫酸）时，应将它们慢慢倒入水中，而不能相反进行，以避免飞溅。

（9）不要俯视正在加热的液体，以免烫伤。当加热试管时，试管口不要对着自己或旁人。不要俯向容器去嗅放出的气体，应离开一些，慢慢地用手把逸出的气体扇向自己的鼻子。

（10）金属汞易挥发，它通过人的呼吸而进入体内，逐渐积累会引起慢性中毒。所以不能把汞洒落在桌上或地上。一旦洒落，必须尽可能收集起来，并用硫黄粉盖在洒落的地方，使汞转变为不挥发的硫化汞。

（11）实验室所有药品不得携出室外。用剩的有毒药品应交还给教师。

（12）离开实验室时，应检查一下水门、电门、煤气开关、门窗是否关闭。

四、实验室中一般伤害的处理

（1）玻璃管割伤，伤口内若有玻璃碎片，须先挑出，然后抹上红药水并进行包扎。

（2）烫伤，切勿用水冲洗。在烫伤处抹上黄色的苦味酸溶液，或用浓高锰酸钾溶液润湿伤口，至皮肤变为棕色。

（3）酸（或碱）溅入眼内，立刻先用大量水冲洗，然后相应地用硼酸溶液或饱和碳酸氢钠溶液冲洗，最后再用水冲洗。

（4）吸入氯、氯化氢等刺激性或有毒气体时，可吸入少量酒精或乙醚的混合蒸气使之解毒。吸入硫化氢气体而感到不适时，应立即到通风处或室外呼吸新鲜空气。

（5）毒物进入口内时，先把 5~10mL 稀硫酸铜溶液加入一杯温水中，内服后，用手指伸入咽喉部，促使呕吐，然后立即送医院。

（6）触电，首先切断电源，然后在必要时进行人工呼吸。

五、灭火常识

一般起火的原因有四种：

（1）可燃的固体药品或液体药品因接触火焰或处在高温下而燃烧。

（2）能自燃的物质由于接触空气或长时间的氧化作用而燃烧（如白磷的自燃）。

（3）化学反应（如金属钠与水的反应）引起的燃烧和爆炸。

（4）电火花引起的燃烧（如电热器材因接触不良而出现火花，导致附近可燃气体着火）。

一旦起火，千万不能惊慌失措，要沉着、冷静果断地根据起火的原因和火场周围的情况，采取不同的扑灭方法。

1. 防止火势扩展

（1）关闭煤气灯和停止加热。

（2）停止通风以减少空气流通。

（3）拉开电闸以免引起电线燃烧。

（4）把一切可燃性物质（特别是有机物质和易爆炸的物质）移至远处。

2. 扑灭火焰

扑灭火焰一般常采用下面几种方法。

（1）固体物质着火，一般可把沙子抛撒在着火的物体上（各实验室都应备有沙箱，并放在固定的位置上），就可灭火。

（2）用泡沫灭火器喷射起火处，泡沫就把燃烧的物体包住，使它与空气隔绝，而使火焰熄灭。

（3）用四氯化碳灭火器（四氯化碳沸点低、密度大、不可燃）喷洒在燃烧物的表面，四氯化碳液体迅速汽化，生成密度较大的气体使燃烧物体与空气隔绝，而把火焰熄灭。此法最适合于扑灭电火花引起的火灾。注意，电气设备引起着火时，要先切断电源，不能用泡沫灭火器和水去灭火，而要用此方法灭火。

（4）只有火场及其周围没有存放与水发生剧烈反应的药品（如金属钠）时才能用水来灭火。

（5）衣服着火时，应迅速用水或湿布抹熄。抹不熄时，应立即将衣服脱下，千万不能乱跑，以免火势扩大。

六、无机化学实验常用仪器

无机化学实验常用仪器如实验图-1 所示。

实验图-1 无机化学实验常用仪器

实验一 玻璃仪器的洗涤和煤气灯等的使用

一、目的要求
1. 掌握洗涤、干燥常用玻璃仪器的方法。
2. 掌握使用煤气灯、酒精灯和酒精喷灯的方法。

二、仪器、药品和材料
仪器：烧杯、试管、滴定管、试管刷、毛刷、酒精灯、酒精喷灯和煤气灯等。
药品和材料：肥皂、去污粉、铬酸洗液等。

三、实验内容
1. 常用仪器的洗涤和干燥

（1）仪器的洗涤　化学实验室经常使用各种玻璃仪器，而这些仪器是否干净，常常影响到结果的准确性，所以应该保证所使用的仪器是很干净的。"干净"两字的含义绝不是我们日常所说的干净，而是具有纯净的意思。

洗涤玻璃仪器的方法很多，应根据实验的要求、污物的性质和玷污的程度来选用。一般来说，附着在仪器上的污物既有可溶性物质，也有尘土和其他不溶性物质，还有油污和有机物质。针对这种情况，可以分别采用下列洗涤方法。

① 用水刷洗　用毛刷就水刷洗，既可以使可溶物溶去，也可以使附着在仪器上的尘土和不溶物脱落下来。但往往洗不去油污和有机物质。

② 用去污粉、肥皂或合成洗涤剂洗　肥皂和合成洗涤剂的去垢原理已众所周知，不必重述。去污粉是由碳酸钠、白土、细沙等混合而成的。使用时，首先把要洗的仪器用水湿润（水不能多），撒入少量去污粉，然后用毛刷擦洗。碳酸钠是一种碱性物质，具有强烈的去油污能力，而细沙的摩擦作用以及白土的吸附作用则增强了仪器清洗的效果。待仪器的内外器壁都经过仔细的擦洗后，用自来水冲去仪器内外的去污粉，要冲洗到没有微细的白色颗粒状粉末留下为止。最后，用蒸馏水冲洗仪器三次，把由自来水中带来的钙、镁、铁、氯等离子洗去，每次的蒸馏水用量要少一些，注意节约，采取"少量多次"的原则。这样洗出来的仪器的器壁就完全干净了，把仪器倒置时就会观察到仪器中的水可以完全流尽而没有水珠附着在器壁上。

③ 用铬酸洗液洗　这种洗液是由等体积的浓硫酸和饱和的重铬酸钾溶液配制而成的，具有很强的氧化性，对有机物和油污的去污能力特别强。在进行精确的定量实验时，往往遇到一些口小、管细的仪器很难用上述的方法洗涤，就可用铬酸洗液来洗。

往仪器内加入少量洗液，使仪器倾斜并慢慢转动，让仪器内壁全部为洗液湿润。转几圈后，把洗液倒回原瓶内。然后用自来水把仪器壁上残留的洗液洗去。最后用蒸馏水洗三次。

如果用洗液把仪器浸泡一段时间，或者用热的洗液洗，则效率更高。但要注意安全，不要让热洗液灼伤皮肤。

能用别的洗涤方法洗干净的仪器（除实验要求高的仪器），就不要用铬酸洗液洗，因为铬酸洗液的成本较高。

洗液的吸水性很强，应该随时把装洗液的瓶子盖严，以防吸水，降低去污能力。当洗液用到出现绿色时（重铬酸钾还原成硫酸铬的颜色），就失去了去污能力，不能继续使用。

④ 特殊物质的去除　应该根据玷污在器壁上的这种物质的性质，对症下药，采用适当的药品来处理它。例如，玷污在器壁上的二氧化锰用浓盐酸来处理时，就很容易除去。

凡是已洗净的仪器，绝不能再用布或纸去擦拭。否则，布或纸的纤维将会留在器壁上而玷污仪器。

(2) 仪器的干燥

① 加热烘干　洗净的仪器可以放在电烘箱内（控制在105℃左右）烘干。应先尽量把水倒干，然后放进去烘。一些常用的烧杯、蒸发皿可置于石棉网上用小火烤干。试管则可以直接用火烤干，但必须把试管向下，以免水珠倒流炸裂试管（见实验图-2）。同时要不断来回移动试管，烤到不见水珠后，将管口朝上，赶尽水汽。

② 晾干和吹干　洗净的仪器如果不马上用，可倒置于干净的实验柜内或仪器架上晾干。

带有刻度的计量仪器不能用加热的方法进行干燥，因为它会影响仪器的精密度。为了使这些仪器很快干燥，可以在已洗净的仪器中加入少量易挥发的有机溶剂（最常用的是酒精或酒精与丙酮按体积比1:1的混合物），然后倾斜并转动仪器，使器壁上的水与这些有机溶剂互相溶解混合，然后倾出它们。少量残留在仪器中的混合物，很快就会挥发而干燥，假如利用吹风机往仪器中吹风，那就干得更快。

实验图-2　烤干试管

2. 煤气灯、酒精灯和酒精喷灯的使用

(1) 煤气灯　煤气灯是化学实验室最常用的加热器具，使用十分方便。它的式样虽多，但构造原理是一样的。它由灯管和灯座所组成（见实验图-3）。灯管的下部有螺旋，可与灯座相连，灯管下部还有几个圆孔，为空气的入口。旋转灯管，即可完全关闭或不同程度地开启圆孔，以调节空气的进入量。灯座的侧面有煤气的入口，可接上橡皮管把煤气导入灯内。灯座下面（或侧面）有一螺旋形针阀，用以调节煤气的进入量。

当灯管圆孔完全关闭时，点燃进入煤气灯的煤气，此时的火焰呈黄色（系碳粒发光所产生的颜色），煤气的燃烧不完全，火焰温度并不高。逐渐加大空气的进入量，煤气的燃烧就逐渐完全，并且火焰分为三层（见实验图-4）。

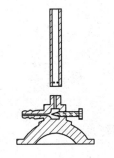　　　　

　　　　　　　　　　　　　　　　　　　　　　　　　　正常火焰　凌空火焰　侵入火焰

实验图-3　煤气灯的构造　　实验图-4　正常火焰的各部分　　实验图-5　各种火焰的形状
　　　　　　　　　　　　　　1—氧化焰；2—还原焰；3—焰心

内层（焰心）——煤气、空气混合物并未燃烧，温度低，约为300℃。

中层（还原焰）——煤气不完全燃烧，并分解为含碳的产物，所以这部分的火焰具有还原性，称为"还原焰"，温度较高，火焰呈淡蓝色。

外层（氧化焰）——煤气完全燃烧，过剩的空气使这部分火焰具有氧化性，称为"氧化焰"，温度最高。高温点在还原焰上部的氧化焰中，约为800～900℃，火焰呈淡紫色。实验时，一般都用氧化焰来加热。

当空气或煤气的进入量调节得不合适时，会产生不正常的火焰（见实验图-5）。当煤气和空气的进入量都很大时，火焰就会凌空燃烧，称为"凌空火焰"。当引燃用的火柴熄灭时，它也立刻自行熄灭。当煤气进入量很小，而空气进入量很大时，煤气会在灯管内燃烧而不是在灯管口燃烧，这时还能听到特殊的嘶嘶声和看到一根细长的火焰。这种火焰叫做"侵入火焰"。

实验图-6　酒精灯

它将烧热灯管，一不小心就会烫伤手指。有时在煤气灯使用过程中，煤气量突然因某种原因而减少，这时就会产生侵入火焰，这种现象称为"回火"。遇到凌空火焰或侵入火焰时，应关闭煤气门，重新调节和点燃。

（2）酒精灯　酒精灯一般是玻璃制的，其灯罩带有磨口（见实验图-6）。不用时，必须将灯罩罩上，以免酒精挥发。酒精易燃，使用时必须注意安全：a. 灯内酒精不能装得太满，一般以不超过其总容量的 2/3 为宜；b. 点燃酒精灯之前，应先将灯头提起，吹去灯内的酒精蒸气；c. 应该用火柴点燃，不要用点燃着的酒精灯直接去点燃，否则灯内的酒精会洒在外面，引起燃烧；d. 需要添加酒精时，应先将火焰熄灭，然后借漏斗将酒精加入灯内；e. 要熄灭灯焰时，可将灯罩盖上，切勿用嘴去吹。

（3）酒精喷灯　酒精喷灯一般是金属制的，有挂式和座式两种（见实验图-7）。使用前，先往预热盆内注满酒精，然后点燃盆内的酒精，以加热铜质灯管。待盆内酒精将近燃完时，开启开关。这时由于酒精在灼热的灯管内汽化，并与来自气孔的空气混合，如以火源点燃管口，即可得到温度很高的火焰。调节开关的螺丝，可以控制火焰的大小。用毕后，向右旋紧开关，即可使火焰熄灭。

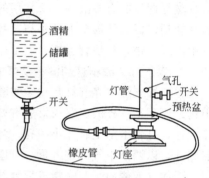

实验图-7　酒精喷灯

应该注意，在开启开关、点燃管口以前，必须充分灼烧灯管，否则，酒精在灯管内不会全部汽化，会有液体酒精由管口喷出，形成"火雨"，甚至引起火灾；喷灯不用时，必须关好酒精储罐的开关，以免酒精漏失，发生危险。

实验二　玻璃管操作和塞子钻孔

一、目的要求
练习玻璃管的截、拉、弯曲基本操作和塞子钻孔。
二、仪器和材料
仪器：锉刀、鱼尾灯头、钻孔器、平底烧瓶、煤气灯（或酒精喷灯）。
材料：玻璃管、橡皮塞、橡皮管。
三、操作方法
1. 玻璃管操作

（1）玻璃管的截断和平光　将玻璃管平放在桌子边缘上，左手按住要切断的地方，右手用锉刀的棱边在要切断的部位用力向前或向后锉一下（不要来回锉），便锉出一道深而短的凹痕。然后将两个拇指放在切痕后面，轻轻向后一折，玻璃管即成两段（见实验图-8）。

玻璃管的截断面很锋利，容易割破皮肤、橡皮管或塞子，故必须放在火焰中烧熔，使之

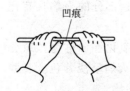

实验图-8　玻璃管的折断

平光。烧熔时,将玻璃管以约 45°角斜插入氧化焰中加热,不断转动玻璃管,直到管口红热并变成平光为止。取出玻璃管,放在石棉网上冷却(切不可直接放在实验台上,以免烧焦台面)。

(2)玻璃管的弯曲 在弯玻璃管时,最好用一鱼尾灯头插在煤气灯上,使火焰分散,以增加玻璃管的受热面积。鱼尾灯头上的火焰必须均匀,假使火焰形成如实验图-9(a)的形状,可将鱼尾灯头取下,用手捏鱼尾灯头两端或扩大中间裂缝,使火焰形成实验图-9(b)的形状。

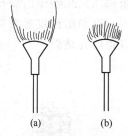

实验图-9 鱼尾灯头

将玻璃管放入火焰中,其受热部分约为 5～6cm 长,并在火焰中不断旋转(见实验图-10)。这时应该注意玻璃管的两端一定要同时转动(否则在玻璃软化时会使玻璃管扭歪),并保持一定的距离(否则在玻璃软化时会使玻璃管拉长或缩短)。等玻璃管受热部分充分软化后,将它从火焰中取出,逐渐弯成所需要的角度(应注意使整个玻璃管尽量在同一平面上)。如果弯曲不能达到所需的角度则应趁热再放入焰中加热,再取出弯曲,直到弯成所需要的角度为止;然后放在石棉网上,使之自然冷却。检查弯好的玻璃管,它们的形状如果像实验图-11 中的(a)、(b)、(c)那样,则合格;如果像实验图-11 中的(d)、(e)那样,则不合格。

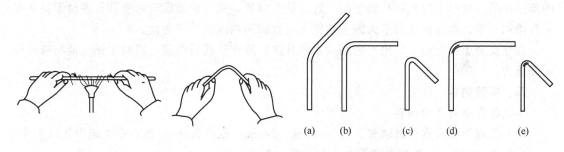

实验图-10 玻璃管的弯曲　　　　　　实验图-11 弯好的玻璃管的形状

(3)玻璃管的拉细 将玻璃管放入火焰中加热,并不断旋转,等玻璃管充分软化后,将它从火焰中取出,在同一平面向两旁逐渐拉开到所需要的细度(见实验图-12)。注意在拉开的同时,应将玻璃管来回旋转。冷却后,在拉细部分的中间把玻璃管截成两个管嘴,并用火平光。

用相似的方法可以拉制滴管。把玻璃管在

实验图-12 玻璃管的拉细

拉细部分截断后,将玻璃管粗的一端烧熔,立即垂直地往石棉网上轻轻地压一下,冷却后再安上橡皮奶头,即制成滴管。

2. 塞子的钻孔

在实验室中,常用塞子塞瓶子、试管、烧瓶等,或用塞子连接仪器。用作塞子的材料有软木、橡皮和玻璃等。

塞子的钻孔可用钻孔器(见实验图-13)或钻孔机来进行。

用钻孔器钻孔时,应先选择一个合适的钻孔器,它的外径必须和待插入塞子的玻璃管相配合。令塞子小的一端向上,平放在桌面上。左手持橡皮塞,右手持钻孔器,在橡皮塞小的一端定好钻孔的位置,使钻孔器循一个方向旋转(一般为顺时针方向),同时用力向下压，再慢慢钻入塞子（见实验图-14）。当钻到塞子厚度的一半时，取出钻孔器，用铁条捅出钻孔器中的橡皮。再用同法从塞子大的一端（应使钻孔的位置与原孔相对应）钻入，直到把橡皮塞两端的圆孔贯穿为止。注意在钻孔时，钻孔器必须和塞子的平面垂直，以免将孔钻斜。

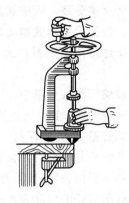

实验图-13　钻孔器　　　　实验图-14　用钻孔器钻孔　　　　实验图-15　用钻孔机钻孔

使用钻孔机钻孔（见实验图-15）时，先把合适的钻孔器固定在螺旋夹上，将需要钻孔的塞子小的一端向上放在钻孔器下面，选定钻孔位置，然后转动摇轮，使钻孔器慢慢钻入塞子厚度的一半，然后再从塞子大的一端钻入，直到两端圆孔贯穿为止。

在橡皮塞上钻孔时，要用润滑剂（水或甘油）涂在钻孔器前端，以减少钻孔器与橡皮间的摩擦力。

四、实验内容

本实验有下列 7 项内容。

（1）截成下列长度的玻璃管：16cm 两根，24cm 一根，20cm 一根，在火焰中加以平光。

（2）将一根 16cm 长的玻璃管在中间加热，弯成直角。

（3）将另一根 16cm 长的玻璃管在中间加热，弯成 135°角。

（4）将一根 24cm 长的玻璃管弯成 45°角，并使一边长 4cm，一边长 20cm。

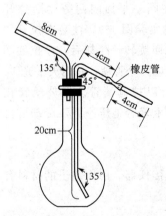

实验图-16　洗瓶

（5）将一根 20cm 长的玻璃管在中间加热、烧软、拉细、冷却后，在中间截断为两根，其中一根用来制成滴管，另一根制成 4cm 长的管嘴。

（6）选择一只和烧瓶口相配合的橡皮塞（塞进烧瓶口的部分以不超过塞子高度的 1/2 为限），然后在塞上钻两个孔，大小与实验内容（3）、（4）所弯制的玻璃管相配。

（7）装配洗瓶：按实验图-16 装配洗瓶一只。

将上面（3）、（4）中弯好的玻璃管插入塞子内，用橡皮管连接长玻璃管弯的一端和管嘴。然后把长玻璃管的另一端弯成 135°角。将塞子塞在烧瓶上，即成洗瓶。装好后的洗瓶在瓶外面的两根玻璃管应该位于同一直线上。

注意：当把玻璃管插入塞子时，应先用水将玻璃管的前端润湿。然后用手握住玻璃管的前端，将其慢慢旋入塞孔内至合适的位置，不得用手握在玻璃管弯曲的部分或离开塞子较远的地方，用力亦不宜过猛，以免折断玻璃管，造成事故。

思 考 题

1. 截断玻璃管时应注意些什么？为什么截断后的玻璃管要进行平光？
2. 怎样弯曲和拉细玻璃管？应该注意些什么？
3. 塞子钻孔是怎样操作的？应该注意些什么？
4. 怎样装配洗瓶？将弯好的玻璃管插入塞子的孔中时，应该注意什么？

实验三　粗食盐的精制

一、目的要求

1. 了解用物理方法精制食盐的过程，掌握溶解、加热、过滤、蒸发、结晶等操作。
2. 学习使用滤纸、烧杯、漏斗、蒸发皿、量筒等仪器。

二、仪器和药品

仪器：500mL烧杯两只、玻璃棒、洗瓶、漏斗、滤纸、三脚铁架、酒精灯、石棉网等。
药品：粗食盐。

三、实验内容

1. 粗食盐的称量

用托盘天平称取粗食盐7～10g。

2. 加热溶解

将称取已知质量的粗食盐，放在100mL烧杯中加水40mL。把烧杯放在石棉网上用电炉或酒精灯加热，直到溶液里只剩下不溶性机械杂质时停止加热。冷却、澄清。

加热、搅拌能加速溶解速度，搅拌应沿烧杯壁搅动液体，如实验图-17所示。

3. 过滤

将固体物质和溶液分开的操作叫过滤。过滤时可用不同的多孔性物质，如滤纸、棉花、布等。在实验室里最常用的是滤纸。过滤前必须准备好过滤器。具体准备过程如下。

过滤前先将滤纸对折两次，然后张开滤纸使其成圆锥形（见实验图-18），一边三层，另一边一层，放入漏斗，使滤纸边缘比漏斗稍低。然后用少量蒸馏水润湿，使它与漏斗壁紧贴在一起，中间不能存有气泡。将食盐溶液沿着玻璃棒徐徐倾入漏斗，

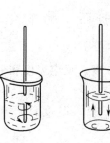

正确的搅拌　　不正确的搅拌　　加热搅拌溶解

实验图-17　溶解

玻璃棒应放在三层滤纸的一边。倾入液体的量应使液面低于滤纸边缘。漏斗要放在漏斗架上，下面放烧杯或蒸发皿，漏斗颈的尖端要紧靠烧杯或蒸发皿的内壁（见实验图-19）。过滤完毕后要用洗瓶吹洗残渣2～3次（见实验图-20）。

4. 蒸发

用加热的办法，将溶液中的水分除去的操作叫蒸发。将烧杯中的滤液转入蒸发皿里，放在石棉网上用小火加热、搅拌，使水分蒸发。当开始有食盐晶体析出时，为了防止食盐在蒸干过程中爆溅，要在蒸发皿上罩一个漏斗。当快要干涸时，停止加热，用余热蒸干。待冷却

后取出精制食盐，用纸包好。

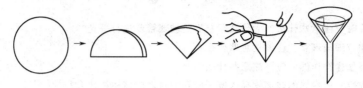

实验图-18 滤纸的折叠与装入漏斗

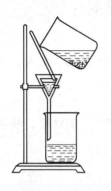

实验图-19 过滤

实验图-20 洗涤

5. 计算精制过程收率

$$收率 = \frac{精制无水食盐的质量}{粗食盐的质量} \times 100\%$$

思 考 题

1. 滤纸如何折叠和安放？
2. 粗食盐精制共经过几个过程？写出每一过程的原理。

实验四 影响化学反应速率的因素

一、目的要求

通过实验加深反应物浓度、反应温度和催化剂对化学反应速率影响的理解。

二、仪器和药品

仪器：表（有秒针）1只，温度计（100℃）2支，100mL、400mL 的烧杯各2只，500mL 量筒2只。

药品：固体 MnO_2，$0.05mol \cdot L^{-1} KIO_3$ 溶液（称取 10.7g 分析纯 KIO_3 晶体溶于 1L 水中），$0.05mol \cdot L^{-1} NaHSO_3$ 溶液（称取 5.2g 分析纯 $NaHSO_3$ 和 5g 可溶性淀粉，配制成 1L 溶液。配制时先用少量水将 5g 淀粉调成浆状，然后倒入 100～200mL 沸水中，煮沸，冷却后加入 $NaHSO_3$ 溶液，然后加水稀释到 1L），质量分数为 3％的 H_2O_2 溶液。

三、实验内容

1. 浓度对反应速率的影响（需两人合做）

碘酸钾（KIO_3）可氧化亚硫酸氢钠，而本身被还原，其反应如下：

$$2KIO_3 + 5NaHSO_3 = Na_2SO_4 + 3NaHSO_4 + K_2SO_4 + I_2 + H_2O$$

反应中生成的碘可使淀粉变为蓝色。如果在溶液中预先加入淀粉作指示剂，则淀粉变蓝所需时间（t）的长短，即可用来表示反应速率的快慢。时间 t 和反应速率成反比。

实验方法如下：

用 50mL 量筒准确量取 10mL $NaHSO_3$ 和 35mL 水，倒入 100mL 小烧杯中，搅动均匀。用另一只 50mL 量筒准确量取 5mL $0.05mol·L^{-1} KIO_3$ 溶液。准备好表和搅拌棒，将量筒中的 KIO_3 溶液迅速倒入盛有 $NaHSO_3$ 溶液的小烧杯中，立刻看表计时并加以搅动，记录溶液变蓝所需的时间，并填入下面表格中。用同样的方法依次按下表中的实验号数进行。

实验号数	$NaHSO_3$ 的体积/mL	H_2O 的体积/mL	KIO_3 的体积/mL	溶液变蓝的时间/s
1	10	35	5	
2	10	30	10	
3	10	25	15	
4	10	20	20	
5	10	15	25	

根据上列实验数据，说明反应物浓度对反应速率的影响。

2. 温度对反应速率的影响（需两人合做）

在一只 100mL 小烧杯中加入 10mL $NaHSO_3$ 和 35mL 水，用量筒量取 5mL KIO_3 溶液加入另一试管中，将小烧杯和试管同时放在热水浴中，加热到比室温高 10℃ 左右，拿出，将 KIO_3 溶液倒入 $NaHSO_3$ 溶液中，立刻看表计时，记录淀粉变蓝所需的时间，并填入下面表格中。

实验号数	$NaHSO_3$ 的体积/mL	H_2O 的体积/mL	KIO_3 的体积/mL	实验温度/℃	淀粉变蓝时间/s

水浴可用 400mL 烧杯加水，用小火加热，控制温度高出要测定的温度约 10℃ 左右，不宜过高。

如果在室温 30℃ 以上做本实验时，用冰浴来代替热水浴温度要比室温低 10℃ 左右，记录淀粉变蓝时间并与室温时淀粉变蓝时间作比较。

根据实验的结果，作出温度对反应速率影响的结论。

3. 催化剂对反应速率的影响

H_2O_2 溶液在常温下能分解而放出氧，但分解很慢，如果加入催化剂（如二氧化锰、活性炭等），则反应速率立刻加快。

在试管中加入 3mL 质量分数为 3% 的 H_2O_2 溶液，观察是否有气泡产生。用角匙的小端加入少量 MnO_2，观察气泡产生的情况，试证明放出的气体是氧气。

思 考 题

1. 反应物的浓度和反应温度都能加快化学反应速率，但二者的区别是什么？
2. 催化剂对化学反应速率有何影响？

实验五　离子反应和盐类的水解

一、目的要求

1. 通过离子反应，熟悉 NH_4^+、Fe^{2+}、Fe^{3+}、SO_4^{2-}、CO_3^{2-} 和 Cl^- 等离子的特性反应，并以此进行检验。

2. 定性地了解各种类型盐水解后其溶液的酸、碱性。

二、仪器、药品和材料

仪器：半微量试管 8 支，玻璃棒 1 根，试管 3 支，大烧杯 1 只。

药品和材料：石蕊试纸，$6mol·L^{-1}$ NaOH 溶液，$2mol·L^{-1}$ HCl 溶液，$1mol·L^{-1}$ H_2SO_4 溶液，$BaCl_2$ 溶液，$Ca(OH)_2$ 溶液，$AgNO_3$ 溶液，KSCN 溶液，质量分数为 10% 的 $K_3[Fe(CN)_6]$ 溶液，NaCl、NaAc、NH_4Cl 固体，NH_4^+、Ag^+、Fe^{3+}、Fe^{2+}、SO_4^{2-}、CO_3^{2-}、Cl^- 试液（每毫升含 2mg），pH 试纸。

三、实验内容

1. 离子反应

（1）铵离子（NH_4^+）反应：

$$NH_4^+ + OH^- === NH_3\uparrow + H_2O$$

取 NH_4^+ 试剂 2 滴于半微量试管中，加 $6mol·L^{-1}$ NaOH 2 滴，立即在试管口上置 1 张用蒸馏水湿润过的红色试纸（不要与碱接触），然后放在盛有热水的大烧杯中加热，试纸变蓝，表明有 NH_4^+ 存在。

（2）亚铁离子（Fe^{2+}）反应：

$$3Fe^{2+} + 2K_3[Fe(CN)_6] === Fe_3[Fe(CN)_6]_2\downarrow + 6K^+$$
（藤氏蓝）

取 1 滴 Fe^{2+} 试液于半微量试管中，加 $2mol·L^{-1}$ HCl 1 滴酸化，加 10% 的 $K_3[Fe(CN)_6]$ 溶液 1 滴，出现深蓝色沉淀，表明有 Fe^{2+} 存在。

（3）铁离子（Fe^{3+}）反应：

$$Fe^{3+} + 3KSCN === Fe(SCN)_3 + 3K^+$$
（深红色）

取 Fe^{3+} 试液 2 滴于半微量试管中，加入 $2mol·L^{-1}$ HCl 和 KSCN 溶液各 1 滴，生成深红色溶液，表明有 Fe^{3+} 存在。

（4）硫酸根离子（SO_4^{2-}）反应：

$$Ba^{2+} + SO_4^{2-} === BaSO_4\downarrow$$
（白色）

取 SO_4^{2-} 试液 2 滴于半微量试管中，滴加 $BaCl_2$ 溶液，生成白色沉淀。再加 $2mol·L^{-1}$ HCl 2 滴，沉淀不溶解，表明有 SO_4^{2-} 存在。该反应也能用来证明 Ba^{2+} 的存在。

（5）碳酸根离子（CO_3^{2-}）反应：

$$CO_3^{2-} + 2H^+ === CO_2\uparrow + H_2O$$
$$CO_2 + Ca(OH)_2 === CaCO_3\downarrow + H_2O$$
（白色）

取 CO_3^{2-} 试液 5 滴滴于半微量试管，滴加 $2mol·L^{-1}$ H_2SO_4 5 滴，迅速将装有毛细管的塞子塞住管口，毛细管尖端悬有 1 滴新制的 $Ca(OH)_2$ 饱和溶液，若 $Ca(OH)_2$ 液滴变混浊，表示有 CO_3^{2-} 存在［如现象不明显可将试液增量，在试管中反应，将生成的 CO_2 气体直接导入 $Ca(OH)_2$ 的澄清液中，观察］。

（6）氯离子（Cl^-）反应：

$$Cl^- + Ag^+ === AgCl\downarrow$$
（白色）

取 Cl^- 试液 2 滴于半微量试管中，加入 $AgNO_3$ 滴液 2 滴，生成白色沉淀（沉淀不溶于硝酸），表明有 Cl^- 存在。该反应也能用来证明 Ag^+ 的存在。

2. 盐的水解

简单原理：NaCl 是强酸强碱盐，它的水溶液应显中性。NaAc 是强碱弱酸盐，它的水溶液应显碱性。NH_4Cl 是强酸弱碱盐，它的水溶液应显酸性。

在三支试管中，各加入 10~15mL 蒸馏水，再分别加入少量 NaCl、NaAc 和 NH_4Cl 固体，搅拌，使这些固体溶解，用 pH 试纸检验它们的 pH。

思 考 题

现有 $(NH_4)_2SO_4$、$AgNO_3$ 和 KCl 三种物质，试分别鉴定。

实验六　铜-锌原电池

一、目的要求

观察化学反应产生电流的现象，了解铜-锌原电池的装置和原理。

二、仪器和药品

仪器：250mL 烧杯 2 只，10mL 量筒 1 只，演示电流计 1 台，锌、铜电极各 1 支及盐桥❶。

药品：$1mol·L^{-1}ZnSO_4$ 溶液，$1mol·L^{-1}CuSO_4$ 溶液。

三、实验内容

1. 铜-锌原电池装置

铜-锌原电池按实验图-21 装置组成。左边烧杯加入 100mL $1mol·L^{-1}ZnSO_4$ 溶液，并插入锌电极；右边烧杯加入 $1mol·L^{-1}CuSO_4$ 溶液 100mL，并插入铜电极。用导线将铜电极和锌电极接通，中间串联电流计，最后把盐桥的两臂分别插入 2 个烧杯的溶液之中，这时电流计指针偏转，说明有电流产生。

2. 盐桥的作用

取下盐桥，电流计指针回到 0 点，说明盐桥确实起到沟通两个装置的作用。

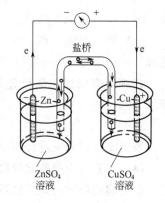

实验图-21　铜-锌原电池装置

思 考 题

1. 原电池中的锌电极和铜电极各发生什么样的化学反应？
2. 盐桥起什么作用？

实验七　卤素及其化合物的性质

一、目的要求

1. 了解卤素的氧化性和卤离子的还原性，特别是氯的强氧化性。
2. 了解 Cl^-、Br^-、I^- 的鉴定。
3. 了解碘的溶解及碘与淀粉的作用。

二、仪器和药品

仪器：试管 8 支，酒精灯 1 个。

---

❶ 在等臂的 U 形管中，注入饱和的 KCl 溶液和琼脂（加热使琼脂溶解后将热的琼脂与 KCl 溶液混合），但要注意管内不要有气泡。放置冷却至胶冻状，盐桥即制成。盐桥不用时，浸没在饱和 KCl 溶液中保存。

药品：0.1mol·L^{-1} KBr溶液，CCl$_4$，氯水，溴水，碘水，0.1mol·L^{-1} Na$_2$S$_2$O$_3$溶液，氢硫酸，0.1mol·L^{-1} KI溶液，KI、KBr、NaCl、MnO$_2$固体，浓H$_2$SO$_4$，醋酸铅试纸，碘化钾淀粉试纸，浓氨水，氯仿，酒精，固体碘，0.1mol·L^{-1} AgNO$_3$溶液。

三、实验内容

1. 卤素的氧化性

(1) 卤素的置换次序　取三支试管，分别进行下列实验。

① 在一支试管中加入1滴0.1mol·L^{-1}溴化钾和10滴四氯化碳，再加2滴氯水，边加边振荡。观察四氯化碳液层的颜色变化，写出反应式。

② 在另一支试管中加入1滴0.1mol·L^{-1}碘化钾溶液和10滴四氯化碳，再加溴水2滴，边加边振荡。观察四氯化碳液层的颜色变化，写出反应式。

③ 在第三支试管中加入1滴0.1mol·L^{-1}碘化钾溶液和10滴四氯化碳，再加2滴氯水，边加边振荡。观察四氯化碳液层的颜色变化，写出反应式。

从以上的实验结果，说明卤素之间的置换次序，比较卤素的氧化性大小。

(2) 碘的氧化性　取两支试管，各加碘水10～15滴，然后分别再滴加0.1mol·L^{-1} Na$_2$S$_2$O$_3$溶液、氢硫酸溶液，观察每一试管所发生的现象，写出反应式。

(3) 氯水对溴、碘离子混合液的反应　取试管一支，加入1mL 0.1mol·L^{-1} KBr溶液和1～2滴0.1mol·L^{-1} KI溶液，再加0.5mL四氯化碳。然后滴加氯水，同时振荡试管，仔细观察四氯化碳层先后出现不同颜色的现象，写出反应式，试用标准电极电势解释之。

2. 卤素离子的还原性

取四支试管分别进行如下实验。

(1) 在盛有少量碘化钾固体的试管中，加入1mL浓H$_2$SO$_4$，观察反应产物的颜色和状态。把湿润的醋酸铅试纸移近试管口，会发生什么变化？此气体是什么？写出反应式。

(2) 在盛有少量溴化钾固体的试管中，加入1mL浓H$_2$SO$_4$，观察反应产物的颜色和状态。把湿润的碘化钾试纸移近试管口，会发生什么现象？此气体是什么？写出反应式。

(3) 在盛有少量NaCl固体的试管中，加入1mL浓H$_2$SO$_4$，观察反应产物的颜色和状态。用玻璃棒蘸一点浓氨水，移近试管口，会发生什么变化？此气体是什么？写出反应式。

(4) 在盛有少量固体NaCl和MnO$_2$的试管中，加入1mL浓H$_2$SO$_4$，稍稍加热，观察反应产物的颜色和状态。从气体的颜色和气味来判断反应产物，写出反应式。

从以上四个实验的结果，说明I$^-$、Br$^-$、Cl$^-$还原性的大小。

3. 碘的溶解及碘与淀粉的作用

取四支试管各加入少量固体碘，再分别加水、酒精、氯仿、碘化钾溶液各1mL，振荡后观察溶解情况。

再取两支试管各加入淀粉溶液1mL，在一支试管中加入碘液1滴，在另一支试管中加入碘化钾溶液1滴，振荡后，比较两支试管中溶液的颜色变化，说明什么问题？

4. Cl$^-$、Br$^-$、I$^-$的鉴定

取三支试管，分别加入0.1mol·L^{-1} KCl、KBr、KI溶液各1mL，然后再各加0.1mol·L^{-1} AgNO$_3$溶液4～5滴，观察析出沉淀的颜色，写出离子反应式。

思 考 题

1. 按卤素的氧化性强弱依次排列出次序。
2. 按卤素离子的还原性强弱依次排列出次序。
3. 如何鉴定 Cl^-、Br^- 和 I^-？

实验八　硫化合物的性质

一、目的要求

1. 了解硫化氢的制备，掌握硫化氢的性质。
2. 了解硫酸的主要性质，掌握 S^{2-}、SO_3^{2-}、$S_2O_3^{2-}$ 的鉴定方法。

二、仪器和药品

仪器：大试管 1 支，试管 8 支，玻璃棒，蒸发皿，坩埚夹等。

药品：FeS，稀 H_2SO_4（1∶5），$0.1 mol \cdot L^{-1}$ 的可溶性 Cu^{2+}、Pb^{2+}、Cd^{2+}、Sb^{3+}、As^{3+}、Fe^{2+} 和 Zn^{2+} 盐溶液，氢硫酸，浓硫酸。

三、实验内容

1. 硫化氢的制备和性质

在大试管中放入少量的硫化铁，并注入 3～5mL 硫酸水溶液（1∶5），然后用带有导管的塞子塞好。观察 H_2S 的产生（注意气味），写出反应式。

（1）H_2S 气体的可燃性　当硫化氢开始剧烈产生时，在导管中将 H_2S 气体点燃（一定在反应剧烈时，否则管内有空气，点燃时能引起爆炸）。观察 H_2S 气体燃烧的蓝色火焰，并发现有刺激性臭味，写出反应式。

用坩埚夹夹持蒸发皿，并将蒸发皿底放在 H_2S 火焰上，不久，可以看到蒸发皿的底部生成一薄层黄色的硫（不完全燃烧），写出反应式。

（2）难溶硫化物的生成和颜色　按下表将所需的盐溶液（$0.1 mol \cdot L^{-1}$）分别加入七支试管中（2～3mL），然后在所有的试管中各加入 2～3mL 氢硫酸（或硫化铵溶液）。观察生成硫化物的颜色。写出反应式。

硫化物及其颜色

编号	1	2	3	4	5	6	7
离子	Cu^{2+}	Pb^{2+}	Cd^{2+}	Sb^{3+}	As^{3+}	Fe^{2+}	Zn^{2+}
产物	CuS	PbS	CdS	Sb_2S_3	As_2S_3	FeS	ZnS
颜色	黑色	黑色	黄色	橙色	黄色	暗绿色	白色

2. 浓 H_2SO_4 的性质

（1）浓 H_2SO_4 的氧化性　取 2 支试管分别加入木炭和硫黄各一小块，然后都加入浓 H_2SO_4，观察发生的现象，注意生成气体的气味，写出反应式。

（2）浓 H_2SO_4 的脱水性　用玻璃棒蘸取浓 H_2SO_4，在纸上写字，然后在石棉网上用酒精灯烘烤，会发生什么现象？为什么？

3. S^{2-}、SO_3^{2-}、$S_2O_3^{2-}$ 的鉴定

（1）S^{2-} 的鉴定　根据硫化物的颜色，鉴定 S^{2-} 的存在。取 1 支试管，加入含有 S^{2-} 的微酸性溶液 2mL，加入 $AgNO_3$ 产生棕黑色 AgS 沉淀，证明 S^{2-} 的存在。

（2）SO_3^{2-} 的鉴定　根据 SO_3^{2-} 与 Ba^{2+} 生成的难溶于水的白色沉淀 $BaSO_3$ 能溶于盐酸

的性质，来鉴定 SO_3^{2-} 的存在并区别于 $BaSO_4$。但这一方法一般不可靠，因为在 SO_3^{2-} 中难免含有 SO_4^{2-}。因此，通常用酸来分解亚硫酸盐，放出 SO_2 气体，利用 SO_2 气体可使 $KMnO_4$ 溶液还原褪色来鉴定 SO_3^{2-} 的存在，反应式如下：

$$SO_3^{2-} + 2H^+ \Longrightarrow SO_2\uparrow + H_2O$$
$$2KMnO_4 + 5SO_2 + 2H_2O \Longrightarrow 2MnSO_4 + K_2SO_4 + 2H_2SO_4$$

步骤：取少量试液于试管中，加入盐酸，当发现有气体生成时立刻将气体用导管导入酸性 $KMnO_4$ 溶液中，溶液的紫色消失，证明有 SO_3^{2-} 存在。

（3）$S_2O_3^{2-}$ 的鉴定　根据 $S_2O_3^{2-}$ 与 Ag^+ 反应生成白色 $Ag_2S_2O_3$ 沉淀，且 $Ag_2S_2O_3$ 能迅速分解为 H_2SO_4 和 Ag_2S 沉淀，同时沉淀的颜色从白色经黄色、棕色最后变为黑色，来鉴定 $S_2O_3^{2-}$ 的存在。

步骤：取少量试液于试管中，加入过量的 $AgNO_3$ 溶液，若见到开始有白色沉淀，并经过黄色、棕色，最后变为黑色（Ag_2S），证明有 $S_2O_3^{2-}$ 存在。

思 考 题

1. 如何鉴定 S^{2-}、SO_3^{2-}、$S_2O_3^{2-}$？
2. 点燃 H_2S 气体时应注意什么？

实验九　硝酸盐的性质

一、目的要求

了解硝酸盐的热分解性质。

二、仪器和药品

仪器：4支试管，酒精灯，木炭，试管夹。

药品：固体 KNO_3、$Cu(NO_3)_2$、$AgNO_3$。

三、实验内容

1. 取三支干燥的试管，分别加入 KNO_3、$Cu(NO_3)_2$、$AgNO_3$ 的少量固体，并用酒精灯加热。观察反应现象，注意产物的状态和颜色，比较三者耐热的程度，写出反应式。

2. 取一支试管，加入少量固体 KNO_3，用试管夹夹住试管，放在酒精灯上加热熔化，当开始出现气体时，急速将一小块烧红的木炭投入试管中，观察反应现象，写出反应式。

思 考 题

硝酸盐在热分解时产生的气体是什么？

实验十　高锰酸钾的氧化性

一、目的要求

了解高锰酸钾在不同介质中的氧化性。

二、仪器和药品

仪器：石棉板，研钵，滴管，玻璃棒，药匙。

药品：$KMnO_4$ 固体，蔗糖，$1 mol \cdot L^{-1} H_2SO_4$ 溶液，$0.01 mol \cdot L^{-1} KMnO_4$ 溶液，$0.1 mol \cdot L^{-1} NaSO_3$ 溶液，$6 mol \cdot L^{-1} NaOH$ 溶液。

三、实验内容

1. 高锰酸钾的强氧化性

将 $KMnO_4$ 和蔗糖各半匙分别用两个研钵研成粉末，在纸上混合均匀，然后将此混合物堆放在石棉板上（圆锥形），在顶端开一个小浅坑，并滴入 1 滴水，此时立即引起燃烧，产生白色烟雾，反应式为

$$12KMnO_4 + C_{12}H_{22}O_{11} = 6K_2CO_3 + 6Mn_2O_3 + 6CO_2 + 11H_2O$$

2. 高锰酸钾在不同介质中的氧化性

（1）$KMnO_4$ 在酸性中的氧化性　取一支试管加入 0.5mL 0.1mol·L^{-1} Na_2SO_3 溶液和 1mol·L^{-1} H_2SO_4 溶液 0.5mL，再加入 0.01mol·L^{-1} $KMnO_4$ 溶液，观察反应，注意反应产物的颜色和状态，写出反应式。

（2）$KMnO_4$ 在中性介质中的氧化性　取一支试管，加入 0.5mL 蒸馏水代替 1mol·L^{-1} H_2SO_4 溶液，进行同上的实验，观察反应，注意反应产物的颜色和状态，写出反应式。

（3）$KMnO_4$ 在碱性介质中的氧化性　取一支试管，加入 0.5mL 6mol·L^{-1} NaOH 溶液代替 1mol·L^{-1} H_2SO_4 溶液，进行同上的实验，观察反应，注意反应产物的颜色和状态，写出反应式。

思 考 题

高锰酸钾在不同介质中的氧化性的反应式是什么？

附 表

附表一 国际单位制（SI）基本单位

量的名称	单位名称	单位符号	量的名称	单位名称	单位符号
长度	米	m	热力学温度	开[尔文]	K
质量	千克[公斤]	kg	物质的量	摩[尔]	mol
时间	秒	s	发光强度	坎[德拉]	cd
电流	安[培]	A			

附表二 用于构成十进倍数和分数单位的词头

所表示的因数	词头名称	词头符号	所表示的因数	词头名称	词头符号
10^{18}	艾[可萨]	E	10^{-1}	分	d
10^{15}	拍[它]	P	10^{-2}	厘	c
10^{12}	太[拉]	T	10^{-3}	毫	m
10^{9}	吉[咖]	G	10^{-6}	微	μ
10^{6}	兆	M	10^{-9}	纳[诺]	n
10^{3}	千	k	10^{-12}	皮[可]	p
10^{2}	百	h	10^{-15}	飞[母托]	f
10^{1}	十	da	10^{-18}	阿[托]	a

附表三 国际相对原子质量表
（按照元素原子序数排列）

原子序数	元素名称	读音（同音字）	读音（汉语拼音）	元素符号	相对原子质量	原子序数	元素名称	读音（同音字）	读音（汉语拼音）	元素符号	相对原子质量
1	氢	轻	qīng	H	1.0079	22	钛	太	tài	Ti	47.9_0
2	氦	亥	hài	He	4.00260	23	钒	凡	fán	V	50.941_4
3	锂	里	lǐ	Li	6.94_1	24	铬	各	gè	Cr	51.996
4	铍	皮	pí	Be	9.01218	25	锰	猛	měng	Mn	54.9380
5	硼	朋	péng	B	10.81	26	铁		tiě	Fe	55.84_7
6	碳		tàn	C	12.011	27	钴	古	gǔ	Co	58.9332
7	氮	淡	dàn	N	14.0067	28	镍	臬	niè	Ni	58.7_1
8	氧	养	yǎng	O	15.999_4	29	铜		tóng	Cu	63.54_6
9	氟	弗	fú	F	18.99840	30	锌	辛	xīn	Zn	65.38
10	氖	乃	nǎi	Ne	20.17_9	31	镓	家	jiā	Ga	69.72
11	钠	纳	nà	Na	22.98977	32	锗	者	zhě	Ge	72.5_9
12	镁	美	měi	Mg	24.305	33	砷	申	shēn	As	74.9216
13	铝	吕	lǚ	Al	26.98154	34	硒	西	xī	Se	78.9_6
14	硅	归	guī	Si	28.08_6	35	溴	秀	xiù	Br	79.904
15	磷		lín	P	30.97376	36	氪	克	kè	Kr	83.80
16	硫		liú	S	32.06	37	铷	如	rú	Rb	85.467_8
17	氯	绿	lǜ	Cl	35.453	38	锶	思	sī	Sr	87.62
18	氩	亚	yà	Ar	39.94_8	39	钇	乙	yǐ	Y	88.9059
19	钾	甲	jiǎ	K	39.09_8	40	锆	告	gào	Zr	91.22
20	钙	盖	gài	Ca	40.08	41	铌	尼	ní	Nb	92.9064
21	钪	亢	kàng	Sc	44.9559	42	钼	目	mù	Mo	95.9_4

续表

原子序数	元素名称	读音 同音字	读音 汉语拼音	元素符号	相对原子质量	原子序数	元素名称	读音 同音字	读音 汉语拼音	元素符号	相对原子质量
43	锝	得	dé	Tc	98.9062	77	铱	衣	yī	Ir	192.2_2
44	钌	了	liǎo	Ru	101.0_7	78	铂	博	bó	Pt	195.0_9
45	铑	老	lǎo	Rh	102.905	79	金		jīn	Au	196.9665
46	钯	把	bǎ	Pd	106.4	80	汞	拱	gǒng	Hg	200.5_9
47	银		yín	Ag	107.868	81	铊	他	tā	Tl	204.3_7
48	镉	隔	gé	Cd	112.40	82	铅		qiān	Pb	207.2
49	铟	因	yīn	In	114.82	83	铋	必	bì	Bi	208.9804
50	锡		xī	Sn	118.6_9	84	钋	泼	pō	Po	(209)
51	锑	梯	tī	Sb	121.7_5	85	砹	艾	ài	At	(210)
52	碲	帝	dì	Te	127.6_0	86	氡	冬	dōng	Rn	(222)
53	碘	典	diǎn	I	126.9045	87	钫	方	fāng	Fr	(223)
54	氙	仙	xiān	Xe	131.30	88	镭	雷	léi	Ra	226.0254
55	铯	色	sè	Cs	132.9054	89	锕	阿	ā	Ac	(227)
56	钡	贝	bèi	Ba	137.3_4	90	钍	土	tǔ	Th	232.0381
57	镧	栏	lán	La	138.905_5	91	镤	仆	pú	Pa	231.0359
58	铈	市	shì	Ce	140.12	92	铀	由	yóu	U	238.029
59	镨	普	pǔ	Pr	140.9077	93	镎	拿	ná	Np	237.0482
60	钕	女	nǚ	Nd	144.2_4	94	钚	不	bù	Pu	(244)
61	钷	叵	pǒ	Pm	(145)	95	镅	眉	méi	Am	(243)
62	钐	杉	shān	Sm	150.4	96	锔	局	jú	Cm	(247)
63	铕	有	yǒu	Eu	151.96	97	锫	陪	péi	Bk	(247)
64	钆	嘎	gá	Gd	157.2_5	98	锎	开	kāi	Cf	(251)
65	铽	忒	tè	Tb	158.9254	99	锿	哀	āi	Es	(254)
66	镝	滴	dī	Dy	162.5_0	100	镄	费	fèi	Fm	(257)
67	钬	火	huǒ	Ho	164.9304	101	钔	门	mén	Md	(258)
68	铒	耳	ěr	Er	167.2_6	102	锘	诺	nuò	No	(255)
69	铥	丢	diū	Tm	168.9342	103	铹	劳	láo	Lr	(256)
70	镱	意	yì	Yb	173.0_4	104	𬬻	卢	lú	Rf	261.11↑
71	镥	鲁	lǔ	Lu	174.97	105	𬭊	杜	dù	Db	262.11↑
72	铪	哈	hā	Hf	178.4_9	106	𬭳	喜	xǐ	Sg	263.12↑
73	钽	坦	tǎn	Ta	180.947_9	107	𬭛	波	bō	Bh	264.12↑
74	钨	乌	wū	W	183.85	108	𬭶	黑	hēi	Hs	265.13↓
75	铼	来	lái	Re	186.2	109	鿏	麦	mài	Mt	(268)
76	锇	鹅	é	Os	190.2						

注：1. 相对原子质量加括号的为半衰期最长的同位素。

2. 相对原子质量末尾数准确至±1，排低半格的准确至±3。

附表四 强酸、强碱、氨溶液的质量分数与密度（ρ）和物质的量浓度（c）的关系

质量分数/%	H_2SO_4 ρ /g·cm^{-3}	H_2SO_4 c /mol·L^{-1}	HNO_3 ρ /g·cm^{-3}	HNO_3 c /mol·L^{-1}	HCl ρ /g·cm^{-3}	HCl c /mol·L^{-1}	KOH ρ /g·cm^{-3}	KOH c /mol·L^{-1}	NaOH ρ /g·cm^{-3}	NaOH c /mol·L^{-1}	NH_3 溶液 ρ /g·cm^{-3}	NH_3 溶液 c /mol·L^{-1}
2	1.013		1.011		1.009		1.016		1.023		0.992	
4	1.027		1.022		1.019		1.033		1.046		0.983	
6	1.040		1.033		1.029		1.048		1.069		0.973	
8	1.055		1.044		1.039		1.065		1.092		0.967	
10	1.069	1.1	1.056	1.7	1.049	2.9	1.082	1.9	1.115	2.8	0.960	5.6
12	1.083		1.068		1.059		1.100		1.137		0.953	

续表

质量分数/%	H₂SO₄ ρ/g·cm⁻³	H₂SO₄ c/mol·L⁻¹	HNO₃ ρ/g·cm⁻³	HNO₃ c/mol·L⁻¹	HCl ρ/g·cm⁻³	HCl c/mol·L⁻¹	KOH ρ/g·cm⁻³	KOH c/mol·L⁻¹	NaOH ρ/g·cm⁻³	NaOH c/mol·L⁻¹	NH₃溶液 ρ/g·cm⁻³	NH₃溶液 c/mol·L⁻¹
14	1.098		1.080		1.069		1.118		1.159		0.964	
16	1.112		1.093		1.079		1.137		1.181		0.939	
18	1.127		1.106		1.089		1.156		1.213		0.932	
20	1.143	2.3	1.119	3.6	1.100	6	1.176	4.2	1.225	6.1	0.926	10.9
22	1.158		1.132		1.110		1.196		1.247		0.919	
24	1.178		1.145		1.121		1.217		1.268		0.913	12.9
26	1.190		1.158		1.132		1.240		1.289		0.908	13.9
28	1.205		1.171		1.142		1.263		1.310		0.903	
30	1.224	3.7	1.184	5.6	1.152	9.5	1.268	6.8	1.332	10	0.898	15.8
32	1.238		1.198		1.163		1.310		1.352		0.893	
34	1.255		1.211		1.173		1.334		1.374		0.889	
36	1.273		1.225		1.183	11.7	1.358		1.395		0.884	18.7
38	1.290		1.238		1.194	12.4	1.384		1.416			
40	1.307	5.3	1.251	7.9			1.411	10.1	1.437	14.4		
42	1.324		1.264				1.437		1.458			
44	1.342		1.277				1.460		1.478			
46	1.361		1.290				1.485		1.499			
48	1.380		1.303				1.511		1.519			
50	1.399	7.1	1.316	10.4			1.533	13.7	1.540	19.3		
52	1.419		1.328				1.564		1.560			
54	1.439		1.340				1.590		1.580			
56	1.460		1.351				1.616	16.1	1.601			
58	1.482		1.362						1.622			
60	1.503	9.2	1.373	13.3					1.643	24.6		
62	1.525		1.384									
64	1.547		1.394									
66	1.571		1.403	14.6								
68	1.594		1.412	15.2								
70	1.617	11.6	1.421	15.8								
72	1.640		1.429									
74	1.664		1.437									
76	1.687		1.445									
78	1.710		1.453									
80	1.732		1.460	18.5								
82	1.755		1.467									
84	1.776		1.474									
86	1.793		1.480									
88	1.808		1.486									
90	1.819	16.7	1.491	23.1								
92	1.830		1.496									
94	1.837		1.500									
96	1.840		1.504									
98	1.841	18.4	1.510									
100	1.838		1.522	24								

附表五 弱酸及氨水的解离常数

物　　质	解　离　常　数 K_a
H₃AlO₃	$K_1 = 6.3 \times 10^{-12}$
H₃AsO₄	$K_1 = 6.3 \times 10^{-3}$; $K_2 = 1.05 \times 10^{-7}$; $K_3 = 3.15 \times 10^{-12}$
H₃AsO₃	$K_1 = 6.0 \times 10^{-10}$
H₃BO₃	$K_1 = 5.8 \times 10^{-10}$
HCOOH(甲酸)	1.77×10^{-4}

续表

物　质	解　离　常　数 K_a
CH_3COOH(乙酸)	1.8×10^{-5}
$ClCH_2COOH$(氯代乙酸)	1.4×10^{-3}
$H_2C_2O_4$(草酸)	$K_1=5.4\times10^{-2}$;$K_2=5.4\times10^{-5}$
$H_2C_4H_4O_6$(酒石酸)	$K_1=1.12\times10^{-2}$;$K_2=1.0\times10^{-4}$
$H_3C_6H_5O_7$(柠檬酸)	$K_1=7.4\times10^{-4}$;$K_2=1.73\times10^{-5}$;$K_3=4\times10^{-7}$
H_2CO_3	$K_1=4.2\times10^{-7}$;$K_2=5.6\times10^{-11}$
$HClO$	3.2×10^{-8}
HCN	6.2×10^{-10}
$HSCN$	1.4×10^{-1}
H_2CrO_4	$K_1=9.55$;$K_2=3.15\times10^{-7}$
HF	6.6×10^{-4}
HIO_3	1.7×10^{-1}
HNO_2	5.1×10^{-4}
H_2O	1.8×10^{-16}
H_3PO_4	$K_1=7.6\times10^{-3}$;$K_2=6.30\times10^{-8}$;$K_3=4.35\times10^{-13}$
H_2S	$K_1=1.32\times10^{-7}$;$K_2=7.10\times10^{-15}$
H_2SO_3	$K_1=1.26\times10^{-2}$;$K_2=6.3\times10^{-8}$
$H_2S_2O_3$	$K_1=2.5\times10^{-1}$;$K_2\approx10^{-1.4\sim-1.7}$
H_4Y(乙二胺四乙酸)	$K_1=10^{-2}$;$K_2=2.1\times10^{-3}$;$K_3=6.9\times10^{-7}$;$K_4=5.9\times10^{-11}$
$NH_3\cdot H_2O$	1.8×10^{-5}

注：附表五、六、七的数据主要取于："Lange's Handbook of Chemistry"，11版，1973。

附表六　溶度积常数

化　合　物	溶度积 K_{sp}	化　合　物	溶度积 K_{sp}	化　合　物	溶度积 K_{sp}
$AgAc$	4.4×10^{-3}	$CuCl$	1.2×10^{-6}	$MnCO_3$	1.8×10^{-11}
$AgBr$	5.0×10^{-13}	Cu_2S	2.5×10^{-48}	$Mn(OH)_2$	1.9×10^{-13}
$AgCl$	1.8×10^{-10}	$CuCO_3$	1.4×10^{-10}	MnS(无定形)	2.5×10^{-10}
Ag_2CO_3	8.1×10^{-12}	$CuCrO_4$	3.6×10^{-6}	MnS(结晶)	2.5×10^{-13}
$Ag_2C_2O_4$	3.4×10^{-11}	$Cu(OH)_2$	2.2×10^{-20}	$NiCO_3$	6.6×10^{-9}
Ag_2CrO_4	1.1×10^{-12}	$Cu_3(PO_4)_2$	1.3×10^{-37}	$Ni(OH)_2$	2.0×10^{-15}
$Ag_2Cr_2O_7$	2.0×10^{-7}	$Cu_2P_2O_7$	8.3×10^{-16}	NiS	
AgI	8.3×10^{-17}	CuS	6.3×10^{-36}	α	3.2×10^{-19}
$AgIO_3$	3.0×10^{-8}	$BaCrO_4$	1.2×10^{-10}	β	1×10^{-24}
$AgNO_2$	6.0×10^{-4}	BaF_2	1.0×10^{-6}	γ	2.0×10^{-26}
$AgOH$	2.0×10^{-8}	$BaSO_4$	1.1×10^{-10}	$PbCl_2$	1.6×10^{-5}
Ag_2S	6.3×10^{-50}	$BaSO_3$	8×10^{-7}	$PbCO_3$	7.4×10^{-14}
Ag_2SO_4	1.4×10^{-5}	$BiOCl$	1.8×10^{-31}	$PbCrO_4$	2.8×10^{-13}
Ag_2SO_3	1.5×10^{-14}	$Bi(OH)_3$	4×10^{-31}	PbS	8.0×10^{-28}
$Al(OH)_3$	1.3×10^{-33}	$BiO(NO_3)$	2.82×10^{-3}	$PbSO_4$	1.6×10^{-8}
$BaCO_3$	5.1×10^{-9}	Bi_2S_3	1×10^{-97}	$Sn(OH)_2$	1.4×10^{-28}
BaC_2O_4	1.6×10^{-7}	$CaCO_3$	2.8×10^{-9}	$FeCO_3$	3.2×10^{-11}
$Cd(OH)_2$	2.5×10^{-14}	$CaC_2O_4\cdot H_2O$	4×10^{-9}	$FeC_2O_4\cdot 2H_2O$	3.2×10^{-7}
CdS	8.0×10^{-27}	$CaCrO_4$	7.1×10^{-4}	$Fe_4[Fe(CN)_6]_3$	3.3×10^{-41}
$CoCO_3$	1.4×10^{-13}	CaF_2	2.7×10^{-11}	$Fe(OH)_2$	8.0×10^{-16}
$Co(OH)_2$	1.6×10^{-15}	$Ca(OH)_2$	5.5×10^{-6}	$Fe(OH)_3$	4×10^{-38}
$Co(OH)_3$	1.6×10^{-44}	$CaSO_4$	9.1×10^{-6}	FeS	6.3×10^{-18}
CoS		$Ca_3(PO_4)_2$	2.0×10^{-29}	Fe_2S_3	$\approx10^{-88}$
α	4×10^{-21}	$CdCO_3$	5.2×10^{-12}	Hg_2Cl_2	1.3×10^{-18}
β	2×10^{-25}	$CdC_2O_4\cdot 3H_2O$	9.1×10^{-8}	Hg_2CO_3	8.9×10^{-17}
$Cr(OH)_3$	6.3×10^{-31}	$MgCO_3$	3.5×10^{-8}	Hg_2CrO_4	2.0×10^{-9}
$CuBr$	5.3×10^{-9}	$Mg(OH)_2$	1.8×10^{-11}	Hg_2S	1.0×10^{-47}

续表

化合物	溶度积 K_{sp}	化合物	溶度积 K_{sp}	化合物	溶度积 K_{sp}
HgS(红)	4×10^{-53}	$Sn(OH)_4$	1×10^{-56}	$ZnCO_3$	1.4×10^{-11}
HgS(黑)	1.6×10^{-52}	SnS	1.0×10^{-25}	$Zn(OH)_2$	1.2×10^{-17}
Hg_2SO_4	7.4×10^{-7}	$SrCO_3$	1.1×10^{-10}	ZnS	
$KHC_4H_4O_6$	3.0×10^{-4}	$SrCrO_4$	2.2×10^{-5}	α	1.6×10^{-24}
$K_2NaCo(NO_2)_6 \cdot 6H_2O$	2.2×10^{-11}	$SrC_2O_4 \cdot H_2O$	1.6×10^{-7}	β	2.5×10^{-22}
K_2PtCl_6	1.1×10^{-5}	$SrSO_4$	3.2×10^{-7}		

附表七　标准电极电势（298.15K）

电极反应		$E^{\ominus}/V$	电极反应		$E^{\ominus}/V$
氧化态	还原态		氧化态	还原态	
$Li^+ + e$	$\rightleftharpoons Li$	-3.045	$*S + 2e$	$\rightleftharpoons S^{2-}$	-0.48
$K^+ + e$	$\rightleftharpoons K$	-2.925	$Fe^{2+} + 2e$	$\rightleftharpoons Fe$	-0.44
$Rb^+ + e$	$\rightleftharpoons Rb$	-2.925	$Cr^{3+} + e$	$\rightleftharpoons Cr^{2+}$	-0.41
$Cs^+ + e$	$\rightleftharpoons Cs$	-2.923	$Cd^{2+} + 2e$	$\rightleftharpoons Cd$	-0.403
$Ra^{2+} + 2e$	$\rightleftharpoons Ra$	-2.92	$Se + 2H^+ + 2e$	$\rightleftharpoons H_2Se$	-0.40
$Ba^{2+} + 2e$	$\rightleftharpoons Ba$	-2.90	$Ti^{3+} + e$	$\rightleftharpoons Ti^{2+}$	-0.37
$Sr^{2+} + 2e$	$\rightleftharpoons Sr$	-2.89	$PbI_2 + 2e$	$\rightleftharpoons Pb + 2I^-$	-0.365
$Ca^{2+} + 2e$	$\rightleftharpoons Ca$	-2.87	$*Cu_2O + H_2O + 2e$	$\rightleftharpoons 2Cu + 2OH^-$	-0.361
$Na^+ + e$	$\rightleftharpoons Na$	-2.714	$PbSO_4 + 2e$	$\rightleftharpoons Pb + SO_4^{2-}$	-0.3553
$La^{3+} + 3e$	$\rightleftharpoons La$	-2.52	$In^{3+} + 3e$	$\rightleftharpoons In$	-0.342
$Mg^{2+} + 2e$	$\rightleftharpoons Mg$	-2.37	$Tl^+ + e$	$\rightleftharpoons Tl$	-0.336
$Sc^{3+} + 3e$	$\rightleftharpoons Sc$	-2.08	$*Ag(CN)_2^- + e$	$\rightleftharpoons Ag + 2CN^-$	-0.31
$(AlF_6)^{3-} + 3e$	$\rightleftharpoons Al + 6F^-$	-2.07	$PtS + 2H^+ + 2e$	$\rightleftharpoons Pt + H_2S$	-0.30
$Be^{2+} + 2e$	$\rightleftharpoons Be$	-1.85	$PbBr_2 + 2e$	$\rightleftharpoons Pb + 2Br^-$	-0.280
$Al^{3+} + 3e$	$\rightleftharpoons Al$	-1.66	$Co^{2+} + 2e$	$\rightleftharpoons Co$	-0.277
$Ti^{2+} + 2e$	$\rightleftharpoons Ti$	-1.63	$H_3PO_4 + 2H^+ + 2e$	$\rightleftharpoons H_3PO_3 + H_2O$	-0.276
$Zr^{4+} + 4e$	$\rightleftharpoons Zr$	-1.53	$PbCl_2 + 2e$	$\rightleftharpoons Pb + 2Cl^-$	-0.268
$(TiF_6)^{2-} + 4e$	$\rightleftharpoons Ti + 6F^-$	-1.24	$V^{3+} + e$	$\rightleftharpoons V^{2+}$	-0.255
$(SiF_6)^{2-} + 4e$	$\rightleftharpoons Si + 6F^-$	-1.2	$VO_2^+ + 4H^+ + 5e$	$\rightleftharpoons V + 2H_2O$	-0.253
$Mn^{2+} + 2e$	$\rightleftharpoons Mn$	-1.18	$(SnF_6)^{2-} + 4e$	$\rightleftharpoons Sn + 6F^-$	-0.25
$*SO_4^{2-} + H_2O + 2e$	$\rightleftharpoons SO_3^{2-} + 2OH^-$	-0.93	$Ni^{2+} + 2e$	$\rightleftharpoons Ni$	-0.246
$TiO^{2+} + 2H^+ + 4e$	$\rightleftharpoons Ti + H_2O$	-0.89	$N_2 + 5H^+ + 4e$	$\rightleftharpoons N_2H_5^+$	-0.23
$*Fe(OH)_2 + 2e$	$\rightleftharpoons Fe + 2OH^-$	-0.877	$Mo^{3+} + 3e$	$\rightleftharpoons Mo$	-0.20
$H_3BO_3 + 3H^+ + 4e$	$\rightleftharpoons B + 3H_2O$	-0.87	$CuI + e$	$\rightleftharpoons Cu + I^-$	-0.185
$SiO_2(固) + 4H^+ + 4e$	$\rightleftharpoons Si + 2H_2O$	-0.86	$AgI + e$	$\rightleftharpoons Ag + I^-$	-0.152
$Zn^{2+} + 2e$	$\rightleftharpoons Zn$	-0.763	$Sn^{2+} + 2e$	$\rightleftharpoons Sn$	-0.136
$*FeCO_3 + 2e$	$\rightleftharpoons Fe + CO_3^{2-}$	-0.756	$Pb^{2+} + 2e$	$\rightleftharpoons Pb$	-0.126
$Cr^{3+} + 3e$	$\rightleftharpoons Cr$	-0.74	$*Cu(NH_3)_2^+ + e$	$\rightleftharpoons Cu + 2NH_3$	-0.12
$As + 3H^+ + 3e$	$\rightleftharpoons AsH_3$	-0.60	$*CrO_4^{2-} + 2H_2O + 3e$	$\rightleftharpoons CrO_2^- + 4OH^-$	-0.12
$*2SO_3^{2-} + 3H_2O + 4e$	$\rightleftharpoons S_2O_3^{2-} + 6OH^-$	-0.58	$WO_3(晶) + 6H^+ + 6e$	$\rightleftharpoons W + 3H_2O$	-0.09
$*Fe(OH)_3 + e$	$\rightleftharpoons Fe(OH)_2 + OH^-$	-0.56	$*2Cu(OH)_2 + 2e$	$\rightleftharpoons Cu_2O + 2OH^- + H_2O$	-0.08
$Ga^{3+} + 3e$	$\rightleftharpoons Ga$	-0.56	$*MnO_2 + H_2O + 2e$	$\rightleftharpoons Mn(OH)_2 + 2OH^-$	-0.05
$Sb + 3H^+ + 3e$	$\rightleftharpoons SbH_3(气)$	-0.51	$(HgI_4)^{2-} + 2e$	$\rightleftharpoons Hg + 4I^-$	-0.04
$H_3PO_2 + H^+ + e$	$\rightleftharpoons P + 2H_2O$	-0.51	$*AgCN + e$	$\rightleftharpoons Ag + CN^-$	-0.017
$H_3PO_3 + 2H^+ + 2e$	$\rightleftharpoons H_3PO_2 + H_2O$	-0.50	$2H^+ + 2e$	$\rightleftharpoons H_2$	0.00
$2CO_2 + 2H^+ + 2e$	$\rightleftharpoons H_2C_2O_4$	-0.49	$[Ag(S_2O_3)_2]^{3-} + e$	$\rightleftharpoons Ag + 2S_2O_3^{2-}$	0.01

续表

电极反应 (氧化态)	电极反应 (还原态)	$E^{\ominus}/V$	电极反应 (氧化态)	电极反应 (还原态)	$E^{\ominus}/V$
* $NO_3^- + H_2O + 2e$	$\rightleftharpoons NO_2^- + 2OH^-$	0.01	* $ClO^- + H_2O + 2e$	$\rightleftharpoons Cl^- + 2OH^-$	0.89
$AgBr(固) + e$	$\rightleftharpoons Ag + Br^-$	0.071	$2Hg^{2+} + 2e$	$\rightleftharpoons Hg_2^{2+}$	0.920
$S_4O_6^{2-} + 2e$	$\rightleftharpoons 2S_2O_3^{2-}$	0.08	$NO_3^- + 3H^+ + 2e$	$\rightleftharpoons HNO_2 + H_2O$	0.94
* $[Co(NH_3)_6]^{3+} + e$	$\rightleftharpoons [Co(NH_3)_6]^{2+}$	0.1	$NO_3^- + 4H^+ + 3e$	$\rightleftharpoons NO + 2H_2O$	0.96
$TiO^{2+} + 2H^+ + e$	$\rightleftharpoons Ti^{3+} + H_2O$	0.10	$HNO_2 + H^+ + e$	$\rightleftharpoons NO + H_2O$	1.00
$S + 2H^+ + 2e$	$\rightleftharpoons H_2S(气)$	0.141	$NO_2 + 2H^+ + 2e$	$\rightleftharpoons NO + H_2O$	1.03
$Cu^{2+} + e$	$\rightleftharpoons Cu^+$	0.159	$Br_2(液) + 2e$	$\rightleftharpoons 2Br^-$	1.065
$Sn^{4+} + 2e$	$\rightleftharpoons Sn^{2+}$	0.154	$NO_2 + H^+ + e$	$\rightleftharpoons HNO_2$	1.07
$SO_4^{2-} + 4H^+ + 2e$	$\rightleftharpoons H_2SO_3 + H_2O$	0.17	$Cu^{2+} + 2CN^- + e$	$\rightleftharpoons Cu(CN)_2^-$	1.12
$(HgBr_4)^{2-} + 2e$	$\rightleftharpoons Hg + 4Br^-$	0.21	* $ClO_2 + e$	$\rightleftharpoons ClO_2^-$	1.16
$AgCl(固) + e$	$\rightleftharpoons Ag + Cl^-$	0.2223	$ClO_4^- + 2H^+ + 2e$	$\rightleftharpoons ClO_3^- + H_2O$	1.19
$HAsO_2 + 3H^+ + 3e$	$\rightleftharpoons As + 2H_2O$	0.248	$2IO_3^- + 12H^+ + 10e$	$\rightleftharpoons I_2 + 6H_2O$	1.20
$Hg_2Cl_2(固) + 2e$	$\rightleftharpoons 2Hg + 2Cl^-$	0.268	$ClO_3^- + 3H^+ + 2e$	$\rightleftharpoons HClO_2 + H_2O$	1.21
* $PbO_2 + H_2O + 2e$	$\rightleftharpoons PbO + 2OH^-$	0.28	$O_2 + 4H^+ + 4e$	$\rightleftharpoons 2H_2O$	1.229
$BiC^+ + 2H^+ + 3e$	$\rightleftharpoons Bi + H_2O$	0.32	$MnO_2 + 4H^+ + 2e$	$\rightleftharpoons Mn^{2+} + 2H_2O$	1.23
$Cu^{2+} + 2e$	$\rightleftharpoons Cu$	0.337	* $O_3 + H_2O + 2e$	$\rightleftharpoons O_2 + 2OH^-$	1.24
* $Ag_2O + H_2O + 2e$	$\rightleftharpoons 2Ag + 2OH^-$	0.342	$ClO_2 + H^+ + e$	$\rightleftharpoons HClO_2$	1.275
$[Fe(CN)_6]^{3-} + e$	$\rightleftharpoons [Fe(CN)_6]^{4-}$	0.36	$2HNO_2 + 4H^+ + 4e$	$\rightleftharpoons N_2O + 3H_2O$	1.29
* $ClO_4^- + H_2O + 2e$	$\rightleftharpoons ClO_3^- + 2OH^-$	0.36	$Cr_2O_7^{2-} + 14H^+ + 6e$	$\rightleftharpoons 2Cr^{3+} + 7H_2O$	1.33
* $[Ag(NH_3)_2]^+ + e$	$\rightleftharpoons Ag + 2NH_3$	0.373	$Cl_2 + 2e$	$\rightleftharpoons 2Cl^-$	1.36
$2H_2SO_3 + 2H^+ + 4e$	$\rightleftharpoons S_2O_3^{2-} + 3H_2O$	0.40	$2HIO + 2H^+ + 2e$	$\rightleftharpoons I_2 + 2H_2O$	1.45
* $O_2 + 2H_2O + 4e$	$\rightleftharpoons 4OH^-$	0.410	$PbO_2 + 4H^+ + 2e$	$\rightleftharpoons Pb^{2+} + 2H_2O$	1.455
$Ag_2CrO_4 + 2e$	$\rightleftharpoons 2Ag + CrO_4^{2-}$	0.447	$Au^{3+} + 3e$	$\rightleftharpoons Au$	1.50
$H_2SO_3 + 4H^+ + 4e$	$\rightleftharpoons S + 3H_2O$	0.45	$Mn^{3+} + e$	$\rightleftharpoons Mn^{2+}$	1.51
$Cu^+ + e$	$\rightleftharpoons Cu$	0.52	$MnO_4^- + 8H^+ + 5e$	$\rightleftharpoons Mn^{2+} + 4H_2O$	1.51
$TeO_2(固) + 4H^+ + 4e$	$\rightleftharpoons Te + 2H_2O$	0.529	$2BrO_3^- + 12H^+ + 10e$	$\rightleftharpoons Br_2 + 6H_2O$	1.52
$I_2(固) + 2e$	$\rightleftharpoons 2I^-$	0.5345	$2HBrO + 2H^+ + 2e$	$\rightleftharpoons Br_2 + 2H_2O$	1.59
$MnO_4^- + e$	$\rightleftharpoons MnO_4^{2-}$	0.564	$H_5IO_6 + H^+ + 2e$	$\rightleftharpoons IO_3^- + 3H_2O$	1.60
$H_3AsO_4 + 2H^+ + 2e$	$\rightleftharpoons H_3AsO_3 + H_2O$	0.581	$2HClO + 2H^+ + 2e$	$\rightleftharpoons Cl_2 + 2H_2O$	1.63
$MnO_4^- + 2H_2O + 3e$	$\rightleftharpoons MnO_2 + 4OH^-$	0.588	$HClO_2 + 2H^+ + 2e$	$\rightleftharpoons HClO + H_2O$	1.64
* $MnO_4^{2-} + 2H_2O + 2e$	$\rightleftharpoons MnO_2 + 4OH^-$	0.60	$Au^+ + e$	$\rightleftharpoons Au$	1.68
* $BrO_3^- + 3H_2O + 6e$	$\rightleftharpoons Br^- + 6OH^-$	0.61	$NiO_2 + 4H^+ + 2e$	$\rightleftharpoons Ni^{2+} + 2H_2O$	1.68
$2HgCl_2 + 2e$	$\rightleftharpoons Hg_2Cl_2(固) + 2Cl^-$	0.63	$MnO_4^- + 4H^+ + 3e$	$\rightleftharpoons MnO_2(固) + 2H_2O$	1.695
* $ClO_2^- + H_2O + 2e$	$\rightleftharpoons ClO^- + 2OH^-$	0.66	$H_2O_2 + 2H^+ + 2e$	$\rightleftharpoons 2H_2O$	1.77
$O_2(气) + 2H^+ + 2e$	$\rightleftharpoons H_2O_2$	0.682	$Co^{3+} + e$	$\rightleftharpoons Co^{2+}$	1.84
$(PtCl_4)^{2-} + 2e$	$\rightleftharpoons Pt + 4Cl^-$	0.73	$Ag^{2+} + e$	$\rightleftharpoons Ag^+$	1.98
$Fe^{3+} + e$	$\rightleftharpoons Fe^{2+}$	0.771	$S_2O_8^{2-} + 2e$	$\rightleftharpoons 2SO_4^{2-}$	2.01
$Hg_2^{2+} + 2e$	$\rightleftharpoons 2Hg$	0.793	$O_3 + 2H^+ + 2e$	$\rightleftharpoons O_2 + H_2O$	2.07
$Ag^+ + e$	$\rightleftharpoons Ag$	0.799	$F_2 + 2e$	$\rightleftharpoons 2F^-$	2.87
$NO_3^- + 2H^+ + e$	$\rightleftharpoons NO_2 + H_2O$	0.80	$F_2 + 2H^+ + 2e$	$\rightleftharpoons 2HF$	3.06
* $HO_2^- + H_2O + 2e$	$\rightleftharpoons 3OH^-$	0.88			

注：1. 这里采用的是还原电势，它表示元素或离子得到电子而还原的趋势。此外，也有采用氧化电势的，它表示元素或离子失去电子而氧化的趋势。标准还原电势与标准氧化电势数值相等，而符号相反。如锌电极的标准还原电势为 $-0.763V$，而标准氧化电势为 $+0.763V$。目前，国际上两种电势都在使用。在查书及使用时应予以注意。

2. 表中凡前面有 * 符号的电极反应是在碱性溶液中进行，其余都在酸性溶液中进行。

附表八　无机化合物的俗名

主要化学成分	俗　名	主要化学成分	俗　名
Al	钢精、钢宗	$K_4Fe(CN)_6 \cdot 3H_2O$	黄血盐
$\alpha\text{-}Al_2O_3$	刚玉、钢玉	$K_3Fe(CN)_6$	赤血盐
$\gamma\text{-}Al_2O_3$	矾土	KNO_3	钾硝、火硝
Na_3AlF_6	冰晶石	KOH	苛性钾
As_2O_3	砒霜	MgO	苦土、方镁石
As_4S_4	雄黄、雄精	$MgCO_3$	菱镁矿
As_2S_3	雌黄	$MgSO_4 \cdot 7H_2O$	泻盐
BaO	重土	MnO	方锰矿
$BaSO_4$	重晶石、毒重石	MnO_2	软锰矿
CO_2（固态）	干冰	$KMnO_4$	灰锰氧、PP粉
CaF_2	萤石	$(NH_4)_2CO_3$	碳铵
CaO	生石灰	NH_4HCO_3	重碳酸铵
$Ca(OH)_2$	熟石灰、消石灰	NH_4NO_3	硝铵
$Ca(OH)_2$的饱和溶液	石灰水	NH_4Cl	硇砂
氧化钙和氢氧化钠的混合物	苏打石灰、碱石灰	$(NH_4)_2SO_4$	硫铵
$CaCO_3$（主要以六方晶系形式存在）	方解石	$NH_4Al(SO_4)_2 \cdot 12H_2O$	铵矾
$CaCO_3$（斜方晶系）	文石	N_2O	笑气
$CaMg(CO_3)_2$	白云石	$NaOH$	烧碱、苛性钠
$Ca(ClO)_2$	漂白粉的有效成分	$Na_2B_4O_7 \cdot 10H_2O$	硼砂、月石
$CaSO_4$	无水石膏	$NaCl$	食盐、岩盐
$CaSO_4 \cdot 2H_2O$	生石膏	Na_2CO_3	纯碱、苏打、钠碱、碱灰
$2CaSO_4 \cdot H_2O$	烧石膏、熟石膏、巴黎石膏	$Na_2CO_3 \cdot 10H_2O$	洗涤碱、晶碱
CaC_2	电石	$NaHCO_3$	小苏打、焙烧苏打、焙碱、重膏
$Ca(H_2PO_4)_2 \cdot H_2O$	过磷酸石灰		
Cu_2O	赤铜矿	$Na_2S_2O_3 \cdot 5H_2O$	大苏打、海波
$Cu_2(OH)_2CO_3$	铜绿、孔雀石	$NaNO_3$	硝石、钠硝
$Cu_3(AsO_3)_2$	巴黎绿	$NaCN$	山奈
CuS_2	辉铜矿	$Na_2SO_4 \cdot 10H_2O$	芒硝、元明粉
$CuSO_4 \cdot 5H_2O$	胆矾、蓝矾	$Na_2S_2O_4$	保险粉
$CuSiO_3 \cdot 2H_2O$	绿铜矿、硅孔雀石	Na_2SiO_3	水玻璃、泡花碱
Fe_2O_3	赤铁矿、氧化铁红	PbO	密陀僧、铅黄
$Fe_2O_3 \cdot H_2O$	针铁矿	Pb_3O_4	铅丹、红丹
$2Fe_2O_3 \cdot 3H_2O$	褐铁矿	$Pb(OH)_2 \cdot 2PbCO_3$	铅白
Fe_3O_4	磁铁矿	$PbCrO_4$	铬铅矿
$FeCO_3$	菱铁矿	PbS	方铅矿
FeS_2	黄铁矿	$PbSO_4$	铅矾
$FeSO_4 \cdot 7H_2O$	绿矾	Pt	白金
$FeAsS$	毒砂、砷黄铁矿	SiO_2（六方晶系）	水晶
H_2O_2	双氧水	$SiO_2 \cdot xH_2O$（无定形）	蛋白石
Hg	水银	SiO_2（斜方晶系）	鳞石英
HgO	三仙丹	SiC	金刚砂
$HgCl_2$	升汞	SnO_2	锡石
Hg_2Cl_2	甘汞	TiO_2（四方晶系，晶胞体积大）	金红石 ⎫ 通常总称为钛
HgS	银朱、辰砂、朱砂、丹砂	TiO_2（四方晶系，晶胞体积小）	锐钛矿 ⎬ 白或钛白粉
$Hg(OCN)_2$	雷汞	TiO_2（斜方晶系）	板钛矿 ⎭
$K_2Cr_2O_7$	红矾、红钾矾	ZnO	锌白、锌氧粉
$KCr(SO_4)_2 \cdot 12H_2O$	铬钾矾	ZnS	闪锌矿
$KCl \cdot MgCl_2$	光卤石	$ZnSO_4 \cdot 7H_2O$	皓矾、锌矾
$KAl(SO_4)_2 \cdot 12H_2O$	明矾、铝矾	$ZnS \cdot BaSO_4$	锌钡白、立德粉

参 考 文 献

[1] 王秀芳. 无机化学. 第 2 版. 北京：化学工业出版社，2005.
[2] 邵学俊，董平安，魏溢海. 无机化学. 第 2 版. 武汉：武汉大学出版社，2002.
[3] 林俊杰. 无机化学实验. 第 2 版. 北京：化学工业出版社，2007.
[4] 王元兰. 无机化学. 第 2 版. 北京：化学工业出版社，2011.
[5] 旷英姿. 化学基础. 第 2 版. 北京：化学工业出版社，2010.

元素周期表

IUPAC 2013

图例	说明
+2 +3 +4 +5 +6	氧化态(单质的氧化态为0，未列入；常见的为红色)
95	原子序数
Am	元素符号(红色的为放射性元素)
镅▲	元素名称(注▲的为人造元素)
$5f^77s^2$	价层电子构型
243.06138(2)✦	以 $^{12}C=12$ 为基准的原子量(注✦的是半衰期最长同位素的原子量)

s区元素　p区元素　d区元素　ds区元素　f区元素　稀有气体

周期 \ 族	1 IA	2 IIA	3 IIIB	4 IVB	5 VB	6 VIB	7 VIIB	8 VIIIB(VIII)	9 VIIIB(VIII)	10 VIIIB(VIII)	11 IB	12 IIB	13 IIIA	14 IVA	15 VA	16 VIA	17 VIIA	18 VIIIA(0)	电子层
1	1 H 氢 $1s^1$ 1.008 (−1, +1)																	2 He 氦 $1s^2$ 4.002602(2)	K
2	3 Li 锂 $2s^1$ 6.94 (+1)	4 Be 铍 $2s^2$ 9.0121831(5) (+2)											5 B 硼 $2s^22p^1$ 10.81 (+3)	6 C 碳 $2s^22p^2$ 12.011 (−4, +2, +4)	7 N 氮 $2s^22p^3$ 14.007 (−3, −2, −1, +1, +2, +3, +4, +5)	8 O 氧 $2s^22p^4$ 15.999 (−2, −1)	9 F 氟 $2s^22p^5$ 18.998403163(6) (−1)	10 Ne 氖 $2s^22p^6$ 20.1797(6)	L K
3	11 Na 钠 $3s^1$ 22.98976928(2) (−1, +1)	12 Mg 镁 $3s^2$ 24.305 (+2)											13 Al 铝 $3s^23p^1$ 26.9815385(7) (+3)	14 Si 硅 $3s^23p^2$ 28.085 (−4, +4)	15 P 磷 $3s^23p^3$ 30.973761998(5) (−3, +1, +3, +5)	16 S 硫 $3s^23p^4$ 32.06 (−2, +2, +4, +6)	17 Cl 氯 $3s^23p^5$ 35.45 (−1, +1, +3, +5, +7)	18 Ar 氩 $3s^23p^6$ 39.948(1)	M L K
4	19 K 钾 $4s^1$ 39.0983(1) (−1, +1)	20 Ca 钙 $4s^2$ 40.078(4) (+2)	21 Sc 钪 $3d^14s^2$ 44.955908(5) (+3)	22 Ti 钛 $3d^24s^2$ 47.867(1) (−1, 0, +2, +3, +4)	23 V 钒 $3d^34s^2$ 50.9415(1) (0, ±1, +2, +3, +4, +5)	24 Cr 铬 $3d^54s^1$ 51.9961(6) (−3, 0, ±1, ±2, +3, +4, +5, +6)	25 Mn 锰 $3d^54s^2$ 54.938044(3) (−2, 0, ±1, +2, ±3, +4, +5, +6, +7)	26 Fe 铁 $3d^64s^2$ 55.845(2) (−2, 0, ±1, +2, +3, +4, +5, +6)	27 Co 钴 $3d^74s^2$ 58.933194(4) (0, ±1, +2, +3, +4, +5)	28 Ni 镍 $3d^84s^2$ 58.6934(4) (0, ±1, +2, +3, +4)	29 Cu 铜 $3d^{10}4s^1$ 63.546(3) (+1, +2, +3, +4)	30 Zn 锌 $3d^{10}4s^2$ 65.38(2) (+1, +2)	31 Ga 镓 $4s^24p^1$ 69.723(1) (+1, +3)	32 Ge 锗 $4s^24p^2$ 72.630(8) (+2, +4)	33 As 砷 $4s^24p^3$ 74.921595(6) (−3, +3, +5)	34 Se 硒 $4s^24p^4$ 78.971(8) (−2, +2, +4, +6)	35 Br 溴 $4s^24p^5$ 79.904 (−1, +1, +3, +5, +7)	36 Kr 氪 $4s^24p^6$ 83.798(2) (+2, +4)	N M L K
5	37 Rb 铷 $5s^1$ 85.4678(3) (−1, +1)	38 Sr 锶 $5s^2$ 87.62(1) (+2)	39 Y 钇 $4d^15s^2$ 88.90584(2) (+3)	40 Zr 锆 $4d^25s^2$ 91.224(2) (+1, +2, +3, +4)	41 Nb 铌 $4d^45s^1$ 92.90637(2) (0, ±1, +2, +3, +4, +5)	42 Mo 钼 $4d^55s^1$ 95.95(1) (0, ±1, ±2, +3, +4, +5, +6)	43 Tc 锝▲ $4d^55s^2$ 97.90721(3)✦ (0, ±1, +2, +3, +4, +5, +6, +7)	44 Ru 钌 $4d^75s^1$ 101.07(2) (0, +1, ±2, +3, +4, +5, +6, +7, +8)	45 Rh 铑 $4d^85s^1$ 102.90550(2) (0, ±1, +2, +3, +4, +5, +6)	46 Pd 钯 $4d^{10}$ 106.42(1) (0, +1, +2, +3, +4)	47 Ag 银 $4d^{10}5s^1$ 107.8682(2) (+1, +2, +3)	48 Cd 镉 $4d^{10}5s^2$ 112.414(4) (+1, +2)	49 In 铟 $5s^25p^1$ 114.818(1) (+1, +3)	50 Sn 锡 $5s^25p^2$ 118.710(7) (+2, +4)	51 Sb 锑 $5s^25p^3$ 121.760(1) (−3, +3, +5)	52 Te 碲 $5s^25p^4$ 127.60(3) (−2, +2, +4, +6)	53 I 碘 $5s^25p^5$ 126.90447(3) (−1, +1, +3, +5, +7)	54 Xe 氙 $5s^25p^6$ 131.293(6) (+2, +4, +6, +8)	O N M L K
6	55 Cs 铯 $6s^1$ 132.90545196(6) (−1, +1)	56 Ba 钡 $6s^2$ 137.327(7) (+2)	57~71 La~Lu 镧系	72 Hf 铪 $5d^26s^2$ 178.49(2) (+1, +2, +3, +4)	73 Ta 钽 $5d^36s^2$ 180.94788(2) (0, ±1, +2, +3, +4, +5)	74 W 钨 $5d^46s^2$ 183.84(1) (0, ±1, ±2, +3, +4, +5, +6)	75 Re 铼 $5d^56s^2$ 186.207(1) (0, ±1, +2, +3, +4, +5, +6, +7)	76 Os 锇 $5d^66s^2$ 190.23(3) (0, +1, +2, +3, +4, +5, +6, +7, +8)	77 Ir 铱 $5d^76s^2$ 192.217(3) (0, ±1, +2, +3, +4, +5, +6)	78 Pt 铂 $5d^96s^1$ 195.084(9) (0, +2, +3, +4, +5, +6)	79 Au 金 $5d^{10}6s^1$ 196.966569(5) (+1, +2, +3, +5)	80 Hg 汞 $5d^{10}6s^2$ 200.592(3) (+1, +2, +3)	81 Tl 铊 $6s^26p^1$ 204.38 (+1, +3)	82 Pb 铅 $6s^26p^2$ 207.2(1) (+2, +4)	83 Bi 铋 $6s^26p^3$ 208.98040(1) (−3, +3, +5)	84 Po 钋 $6s^26p^4$ 208.98243(2)✦ (−2, +2, +3, +4, +6)	85 At 砹 $6s^26p^5$ 209.98715(5)✦ (±1, +5, +7)	86 Rn 氡 $6s^26p^6$ 222.01758(2)✦ (+2)	P O N M L K
7	87 Fr 钫▲ $7s^1$ 223.01974(2)✦ (+1)	88 Ra 镭 $7s^2$ 226.02541(2)✦ (+2)	89~103 Ac~Lr 锕系	104 Rf 𬬻▲ $6d^27s^2$ 267.122(4)✦	105 Db 𬭊▲ $6d^37s^2$ 270.131(4)✦	106 Sg 𬭳▲ $6d^47s^2$ 269.129(3)✦	107 Bh 𬭛▲ $6d^57s^2$ 270.133(2)✦	108 Hs 𬭶▲ $6d^67s^2$ 270.134(2)✦	109 Mt 鿏▲ $6d^77s^2$ 278.156(5)✦	110 Ds 𫟼▲ 281.165(4)✦	111 Rg 𬬭▲ 281.166(6)✦	112 Cn 鿔▲ 285.177(4)✦	113 Nh 鿭▲ 286.182(5)✦	114 Fl 𫓧▲ 289.190(4)✦	115 Mc 镆▲ 289.194(6)✦	116 Lv 𫟷▲ 293.204(4)✦	117 Ts 石田▲ 293.208(6)✦	118 Og 气奥▲ 294.214(5)✦	Q P O N M L K

系															
★ 镧系	57 La★ 镧 $5d^16s^2$ 138.90547(7) (+3)	58 Ce 铈 $4f^15d^16s^2$ 140.116(1) (+2, +3, +4)	59 Pr 镨 $4f^36s^2$ 140.90766(2) (+3, +4)	60 Nd 钕 $4f^46s^2$ 144.242(3) (+2, +3, +4)	61 Pm 钷▲ $4f^56s^2$ 144.91276(2)✦ (+3)	62 Sm 钐 $4f^66s^2$ 150.36(2) (+2, +3)	63 Eu 铕 $4f^76s^2$ 151.964(1) (+2, +3)	64 Gd 钆 $4f^75d^16s^2$ 157.25(3) (+3)	65 Tb 铽 $4f^96s^2$ 158.92535(2) (+3, +4)	66 Dy 镝 $4f^{10}6s^2$ 162.500(1) (+3, +4)	67 Ho 钬 $4f^{11}6s^2$ 164.93033(2) (+3)	68 Er 铒 $4f^{12}6s^2$ 167.259(3) (+3)	69 Tm 铥 $4f^{13}6s^2$ 168.93422(2) (+2, +3)	70 Yb 镱 $4f^{14}6s^2$ 173.045(10) (+2, +3)	71 Lu 镥 $4f^{14}5d^16s^2$ 174.9668(1) (+3)
★ 锕系	89 Ac★ 锕 $6d^17s^2$ 227.02775(2)✦ (+3)	90 Th 钍 $6d^27s^2$ 232.0377(4) (+3, +4)	91 Pa 镤 $5f^26d^17s^2$ 231.03588(2) (+3, +4, +5)	92 U 铀 $5f^36d^17s^2$ 238.02891(3) (+2, +3, +4, +5, +6)	93 Np 镎 $5f^46d^17s^2$ 237.04817(2)✦ (+3, +4, +5, +6, +7)	94 Pu 钚 $5f^67s^2$ 244.06421(4)✦ (+3, +4, +5, +6, +7)	95 Am 镅▲ $5f^77s^2$ 243.06138(2)✦ (+2, +3, +4, +5, +6)	96 Cm 锔▲ $5f^76d^17s^2$ 247.07035(3)✦ (+3, +4)	97 Bk 锫▲ $5f^97s^2$ 247.07031(4)✦ (+3, +4)	98 Cf 锎▲ $5f^{10}7s^2$ 251.07959(3)✦ (+2, +3, +4)	99 Es 锿▲ $5f^{11}7s^2$ 252.0830(3)✦ (+2, +3)	100 Fm 镄▲ $5f^{12}7s^2$ 257.09511(5)✦ (+2, +3)	101 Md 钔▲ $5f^{13}7s^2$ 258.09843(3)✦ (+2, +3)	102 No 锘▲ $5f^{14}7s^2$ 259.1010(7)✦ (+2, +3)	103 Lr 铹▲ $5f^{14}6d^17s^2$ 262.110(2)✦ (+3)